教育部职业教育与成人教育司推荐教材
中等职业学校汽车运用与维修专业教学用书

汽车运用与维修专业技能型紧缺人才培养培训教材

Qiche Weixiu Yewu Guanli

汽车维修业务管理

主编 鲍贤俊
主审 魏人杰 屠卫星

人民交通出版社

内 容 提 要

本书是教育部职业教育与成人教育司推荐教材，也是汽车运用与维修专业技能型紧缺人才培养培训教材。由交通职业教育教学指导委员会汽车运用与维修学科委员会根据教育部颁布的《中等职业院校汽车运用与维修专业领域技能型紧缺人才培养培训指导方案》以及交通行业职业技能规范和技术工人等级标准组织编写而成。本书系统阐述我国汽车维修业管理现状、维修业务工作流程、汽车维修技术标准、质量管理、零配件管理和维修设备管理等内容；介绍了我国现行汽车维修业的方针、政策、法律和法规。

该书适用于汽车运用与维修专业的学生、相关汽车专业的中高职学生、参加汽车维修专项技能认证的学员做学习教材，汽车维修业管理人员和研究人员也可做参考用书。

图书在版编目（CIP）数据

汽车维修业务管理 / 鲍贤俊主编．—北京：人民交通出版社，2005.8（重印 2008.2）

ISBN 978-7-114-05578-2

Ⅰ．汽…　Ⅱ．鲍…　Ⅲ．汽车－维修厂－工业企业管理　Ⅳ．F407.471.6

中国版本图书馆 CIP 数据核字（2005）第 051093 号

书　　名：汽车维修业务管理
著 作 者：鲍贤俊
责任编辑：张新文
出版发行：人民交通出版社
地　　址：(100011) 北京市朝阳区安定门外外馆斜街 3 号
网　　址：http://www.ccpress.com.cn
销售电话：(010) 59757973
总 经 销：人民交通出版社发行部
经　　销：各地新华书店
印　　刷：北京鑫正大印刷有限公司
开　　本：787×1092　1/16
印　　张：15.25
字　　数：277 千
版　　次：2005 年 8 月　第 1 版
印　　次：2015 年 6 月　第 14 次印刷
书　　号：ISBN 978-7-114-05578-2
印　　数：36001－38000 册
定　　价：20.20 元

前言 QIANYAN

为深入贯彻《国务院关于大力推进职业教育改革与发展的决定》以及教育部等六部委《关于实施职业院校制造业和现代服务业技能型紧缺人才培养培训工程的通知》精神，全面实施《2003—2007年教育振兴行动计划》中提出的“职业教育与培训创新工程”，积极推进课程改革和教材建设，为职业教育教学和培训提供更加丰富、多样和实用的教材，更好地满足职业教育改革与发展的需要。交通职业教育教学指导委员会汽车运用与维修学科委员会组织全国交通职业院校的专业教师，按照教育部颁布的《中等职业院校汽车运用与维修专业领域技能型紧缺人才培养培训指导方案》的要求，编写了教育部职业教育与成人教育司推荐教材，供中等职业院校汽车运用与维修专业教学使用。

本系列教材符合国家对技能型紧缺人才培养培训工作的要求，注重以就业为导向，以能力为本位，面向市场、面向社会，为经济结构调整和科技进步服务的原则，体现了职业教育的特色，满足了高素质的中、初级汽车专业实用人才培养的需要。

本系列教材在组织编写过程中，认真总结了全国交通职业院校多年来的专业教学经验，注意吸收发达国家先进的职教理念和方法，形成了以下特色：

1. 以《汽车电工与电子基础》、《汽车机械基础》、《汽车发动机构造与维修》、《汽车底盘构造与维修》、《汽车电气设备构造与维修》、《汽车维修质量检验》六门课程搭建专业基本能力平台，以若干专门化适应各地各校的实际需求；

2. 打破了教材传统的章节体例，以专项能力培养为单元确定知识目标和能力目标，使培养过程实现“知行合一”；

3. 在内容的选择上，注重汽车后市场职业岗位对人才的知识、能力要求，力求与相应的职业资格标准衔接，并较多地反映了新知识、新技术、新工艺、新方法、新材料的内容。

《汽车维修业务管理》内容包括：汽车维修行业管理概述、汽车维修企业管理制度、汽车维修业务管理、汽车维护技术管理、汽车修理技术管理、汽车维修企业质量管理、汽车维修零配件管理、汽车维修设备管理等八个单元，比较全面反映了我国汽车维修业的管理现状。书中介绍了我国现行有关汽车维修业的方针、政策、法律和法规，收集了国内汽车维修业务工作的主要管理制度和常用表格，揭示了国内外汽车维修业新动向。在此，也请读者关注交通部近期公示的《机动车维修行业管理规定(征求意见稿)》。

该书针对汽车维修企业管理人员应知应会教学，比较详细介绍了基本素质与岗位职责要求、业务接待与优质服务技巧、汽车维修与配件知识、汽车维修合同管理、汽车维修质量管理等；另介绍了国内外汽车维修业务管理经验，以方法为主，理论为辅，便于学生学习模仿，符合汽车维修企业的管理人员实际工作。该书适用于汽车运用与维修专业的学生、相关汽车专业的中高职学生、参加汽车维修专项技能认证的学员做学习教材，汽车维修业管理人员和研究人员也可做参考用书。

本书由上海市交通学校鲍贤俊主编，其中单元一由上海通运汽车综合性能检测站郑文清编写，单元二由鲍贤俊编写，单元三之2、4、5、单元七和单元八由上海笛威汽车技术有限公司黄国相编写，单元四由上海市交通学校吕坚编写，单元五和单元六由上海市交通学校杨洸编写，单元三之1由杨洸和黄国相编写，单元三之3由吕坚和黄国相编写。上海市汽车维修管理处魏人杰和南京交通职业技术学院屠卫星对全书进行了主审。

限于编者经历和水平，教材内容难以覆盖全国各地的实际情况，希望各教学单位在积极选用和推广本系列教材的同时，注重总结经验，及时提出修改意见和建议，以便再版修订时改正。

交通职业教育教学指导委员会
汽车运用与维修学科委员会
二○○五年三月

目录 MULU

单元一　汽车维修行业管理概述

学习目标

知识目标

1. 简单叙述我国从经营许可、维修经营、维修质量、质量保证期、质量信誉考核、法律责任等方面对汽车维修业实行管理；

2. 简单叙述汽车维修业务合同管理的原则、合同订立的依据、合同形式和内容、合同履行规则及其法律责任等；

3. 正确描述汽车整车维修企业、汽车专项维修业户所许可的经营范围和要求具备的相应条件。

我国的汽车维修业，自20世纪80年代末随着市场经济体制改革的不断深入，日趋发展成为一个相对独立、市场化运作、社会效益突出的服务业，被纳入行业管理以来，大致经历了从市场混乱、政府强控、渐入正轨、逐步放开这四个阶段。从1986年起，国家相继出台了《汽车维修行业管理暂行办法》、《道路运输车辆维护管理规定》、《汽车维修质量纠纷调解办法》和《中华人民共和国道路运输条例》等政策法规；2005年1月1日起GB/T 16739—2004《汽车维修业开业条件》正式生效。所有这些政策法规的实施，有效地促进了我国汽车维修业的健康发展。

汽车维修业是由汽车维护、修理、改装、维修救援、汽车综合性能检测和其他相关服务构成的，相对独立的社会化技术服务行业。汽车维修行业管理是对有关部门按照法定的职责，依照法律、法规、规章的规定，为规范汽车维修业的经营活动，维护汽车维修市场的秩序，保护汽车维修各方当事人的合法权益，保障汽车运行安全、保护环境、节约能源，促进汽车维修行业的健康发展而对汽车维修市场进行组织、指导、协调、检查、监督和处罚的总称。

1　汽车维修行业管理制度

我国汽车维修行业现行管理制度要求经营者应当依法经

营、诚实信用、公平竞争、优质服务；加强对从业人员的职业培训，提高汽车维修行业整体素质；鼓励汽车维修实行集约化、专业化、连锁化经营，进而推动汽车维修行业的合理分工和协调发展；鼓励推广运用环保、节能、不解体故障诊断和检测技术，推进行业信息化建设，满足社会对汽车维修服务的需要。行业管理制度主要从经营许可、维修经营、维修质量、质量保证期、质量信誉考核、法律责任等方面对汽车维修业实行管理。

1.1 经营许可

经营许可即由政府行政主管部门对进入市场从事经营或服务活动的经营者依法实行登记许可，以确认其合法经营资格，赋予其市场经营的权利及对汽车维修专业技术人员实施从业资格的一种管理制度。

1.2 维修经营

汽车维修经营者应按照许可的事项开展维修服务，不得擅自改装汽车、承修已报废的汽车、利用配件拼装汽车；从事改变在用汽车车身颜色、更换发动机、车身和车架的，托修方应事先到公安交通管理部门办理相关手续；维修中产生的废弃物，应当按照国家的有关规定进行处理。汽车维修经营者应当公布汽车维修工时定额和收费标准，合理收取费用，使用规定的结算票据，并向用户交付维修结算清单；按照规定及时准确地向道路运输管理机构报送统计资料。

1.3 维修质量

汽车维修经营者应当按照国家、行业或者地方的维修标准和规范进行维修，尚无标准或规范的，参照汽车生产企业提供的维修手册、使用说明书和有关技术资料进行维修。为确保维修质量，还要有相应制度。

维修档案

1.3.1 维修档案

汽车维修经营者对汽车进行二级维护、总成修理、整车修理的，应当建立车辆维修档案。车辆维修档案内容主要包括：维修合同、维修项目、具体维修人员及质量检验人员、检验单、竣工出厂合格证及结算清单等。车辆维修档案保存期为二年。

配件登记

1.3.2 配件登记

汽车维修经营者应当建立采购配件登记制度，记录购买

日期、供应商名称、地址、产品名称及规格型号等，并查验产品合格证等相关证明，汽车维修经营者不得使用假冒伪劣配件维修汽车。

1.3.3　质量检验

质量检验

汽车维修经营者对汽车进行二级维护、总成修理、整车修理的，应当实施维修前诊断检测、维修过程检验和竣工质量检验制度。承担汽车维修竣工检验的汽车维修企业或汽车综合性能检测机构，应当使用符合标准并在检定有效期内的设备，按照有关规定进行检测，确保检测结果准确，如实提供检测结果证明，并承担法律责任。汽车维修实行竣工出厂合格证制度，维修竣工质量检验合格的，由质量检验人员签发汽车维修竣工出厂合格证，未签发汽车维修竣工出厂合格证的汽车不得交付使用。

1.4　质量保证期

汽车维修行业管理制度要求汽车维修实行竣工出厂质量保证期制度。汽车维修质量保证期，从维修竣工出厂之日算起。汽车维修经营者应当公示承诺的汽车维修质量保证期(所承诺的质量保证期不得低于规定的标准)，在承诺的质量保证期内，汽车因维修质量原因造成汽车无法正常使用的，汽车维修经营者应当及时无偿返修。

1.5　质量信誉考核

在汽车维修行业实行质量信誉考核制度，汽车维修企业的质量信誉是指经营能力、管理水平、维修质量、诚信经营、规范服务、员工培训等方面素质的综合评价。

1.5.1　考核管理

考核管理

汽车维修企业质量信誉考核由县级以上道路运输管理机构按年度组织进行，具体工作一般由汽车维修相关行业协会等相关机构进行。道路运输管理机构按照下列分工对汽车维修企业实施质量信誉考核：一类汽车维修企业质量信誉考核由省级道路运输管理机构负责实施，二类汽车维修企业质量信誉考核由市级道路运输管理机构负责实施，三类汽车维修企业(业户)、摩托车维修企业(业户)及其他汽车维修企业质量信誉考核由县级道路运输管理机构负责实施。

1.5.2　考核标准

考核标准

汽车维修企业质量信誉考核体系和考核标准，由省级道路运输管理机构根据本地区实际情况制定。考核标准应当规范、细化,便于掌握与操作。

1.5.3 诚信档案

诚信档案

道路运输管理机构应当建立维修企业诚信档案,诚信档案内容要包括企业的基本情况、维修经营许可项目、信誉考核情况等信息。汽车维修企业诚信信息,除涉及国家秘密、商业秘密外,应当依法公开,供公众查阅。

1.6 法律责任

汽车维修行业管理制度还就汽车维修经营者的经营行为、应负的法律责任进行了界定,并作了相应的行政和经济处罚规定。

1.6.1 行政和经济处罚

处罚

汽车维修经营者有下列行为之一的,将由县级以上道路运输管理机构给予相应的行政和经济处罚:未取得相应的汽车维修经营许可证件,擅自从事汽车维修经营活动的;非法转让、出租汽车维修经营许可证件的;使用假冒伪劣配件维修汽车、承修已报废的汽车或者擅自改装汽车的;对汽车进行二级维护、总成修理、整车修理后,不签发或者签发虚假汽车维修竣工出厂合格证的。

汽车综合性能检测站有下列行为之一的,将由县级以上道路运输管理机构给予相应的行政和经济处罚:使用不合格或达不到标准要求的仪器、设备和计量器具进行检测的;不按照国家有关技术规范进行汽车维修性能检测的;未经检测出具检测结果或者不如实出具检测结果的。

1.6.2 限期整改

限期整改

汽车维修经营者有下列行为之一的,将由县级以上道路运输管理机构给予限期整改:不按照国家有关技术规范进行维修作业的;不按照规定执行汽车维修质量保证期制度的;伪造、转借、倒卖汽车维修竣工出厂合格证件的;只收费不维修或者虚列维修作业项目的;不按照规定在经营场所醒目位置示牌经营的;在经营场所不公布收费项目、工时定额和工时单价的;超出公布的工时定额、工时单价向托修方收费的;不按照规定建立维修档案和报送统计资料的;违反汽车维修行业管理制度其他规定的。

2 汽车维修企业分类

我国汽车维修企业,在计划经济时代以全民和集体经济

所有制为主。随着我国经济体制改革不断深入，市场经济体制不断完善，各种经济成份的汽车维修企业如雨后春笋般地涌现出来。为有效管理汽车维修行业，有关部门依照相关制度，针对市场不同需求，对汽车维修企业在经营范围和经营规模等方面进行了企业类别划分。按照《汽车维修业开业条件》（GB/T 16739—2004）和《机动车维修行业管理规定》的规定，汽车维修企业可划分为汽车整车维修企业（一、二类）和汽车专项维修业户（三类）。

2.1　汽车整车维修企业

汽车整车维修企业是指有能力对所维修车型的整车、各个总成及主要零部件进行各级维护、修理及更换，使汽车的技术状况和运行性能完全（或接近完全）恢复到原车的技术要求，并符合相应国家标准和行业标准的汽车维修企业。汽车整车维修企业按规模大小和竣工检验能力不同分为一类汽车整车维修企业和二类汽车整车维修企业。

2.2　汽车专项维修业户

汽车专项维修业户是指从事汽车发动机、车身、电气系统、自动变速器、车身清洁维护、涂装（喷漆）、轮胎动平衡及修补、四轮定位检测调整、曲轴修磨、气缸镗磨、散热器（水箱）维修、空调维修、汽车装璜（蓬布、座垫及内装饰）、汽车玻璃安装等专项维修作业的业户（三类企业）。

2.3　其他车辆维修

其他机动车维修企业的划分标准由各省级交通主管部门自行制定。摩托车维修企业划分为一类摩托车维修企业和二类摩托车维修业户。一类摩托车维修企业根据许可项目可以从事摩托车大修、总成修理、维护和小修作业；二类摩托车维修业户根据许可项目可以从事摩托车维护和小修作业。

2.4　汽车维修行业新动向

一个多元化和国际化的汽车维修市场，决定了其经营业态不可能是一成不变的，汽车维修企业必须以市场需求为导向，唯有适应汽车大市场的需求，才能在激烈的市场竞争氛围中立稳脚跟和谋求发展。近年来，随着我国国民经济和我国汽车工业的高速发展，特别是随着我国人民生活水平的不断提高，汽车进入家庭，成为人们代步工具的趋势正在加快，汽车维修业的服务主体已逐渐向私家车主转变。

私家车主的工作节奏很快,但对汽车专业知识相对缺乏,他们在遇到各种汽车故障时束手无策,因而迫切希望能及时得到专业化、规范化、个性化的售后服务。当前车主对汽车维护的需求主要体现在"优质、快捷、实惠"三个方面。优质,即服务人员素质好、业务精、维修和服务质量有保证;快捷,即维修网点密度大,能就近维修,维修程序简便;实惠,即维修价格要适宜,防止垄断价格的出现。我国汽车维修业长期以来形成的"特约店 + 大型综合维修厂 + 低档路边店"为主的产业格局已不能满足市场需求的发展,这就要求维修企业必须在体制、理念上求新,通过实行成本领先战略、差异化战略、专一化战略来谋求企业在细分市场中的新定位,创建一些充满生机的、适应市场需求的新型维修企业。

汽车快修站

2.4.1 汽车快修站

汽车快修站即指设立在公路、城市道路沿线或社区、商业聚集区周边,从事汽车快速维修项目作业的营业性汽车维修企业。

为满足车主"优质、快捷、实惠"的维修需求,一个以短(路程短)、平(价格平)、快(速度快)为标志的汽车快修站新业态在市场的呼唤中应运而生了。

自 2001 年开始,在上海、深圳、北京、沈阳等大中城市,一批以统一企业标识、统一品牌形象、统一识别服装、统一采购与配送、统一服务项目、统一服务程序的汽车快修连锁店悄然出现在公路、城市道路沿线或社区、商业聚集区周边,如美国德科、德国博世及中国强生快车手、中车快修、新焦点、百援等一批知名的汽车快修连锁集团,在短短的几年里迅速发展和壮大了起来。上海、浙江还先后出台了《上海市汽车快修站开业条件》、《浙江省汽车快修(连锁)业户经营条件》等地方性标准和地方性规范指导规章,积极引导快修新业态走专业化连锁经营的道路,以此来加速汽车维修行业的集约化、专业化、规模化建设。

就我国目前的现状来看,投资规模在数千万的特约维修站由于其规模大、运营成本高而不可能在中心城区黄金地段大量筹建,而快修连锁店一般投资在 20 ~ 50 万元之间,且占地小,人员精,其配件和维修技术可以由总部统一供应和指导,昂贵的检测诊断设备可以共享,资金周转较快等因素,使其经营成本相对要低得多;其次,各连锁店在总部的统一管理下自主经营,技术人员和维修技术资料有保障,配件来源相对

稳定、畅通且相对价廉,加之统一的服务标准和收费标准,必将增强各连锁店的诚信度和社会认知度,提升企业的市场竞争力;再者,“短、平、快”的经营特色恰恰与消费者的“优质、快捷、实惠”的愿望相吻合,因而快修连锁经营模式虽然在我国尚属刚刚起步阶段,但其旺盛的生命力和无穷的市场发展潜力(据统计,在发达国家快修店的产值约占到汽修总产值的50%)已受到了汽修业界的高度关注。政府主管部门正加强对快修连锁这一新业态在政策和法规上的扶持和引导,以加大规范市场的力度来推进行业秩序的建立,创造一个公平竞争的市场环境,以促进快修连锁新业态在我国的稳步、健康发展。

2.4.2　汽车维修救援服务网络

服务网络

为适应道路运输发展和轿车进入家庭的需求,更好地为车主服务,以全国性或区域性汽车运输和维修企业为主体,以国省干线公路为依托,通过政府交通主管部门的积极引导,行业协会的牵线搭桥,逐步建立起全国性汽车维修救援服务网络。交通部正借鉴国外成熟市场的成功经验,并结合我国的具体情况,在河北省和辽宁省区域性服务网络建设的基础上,拟采用会员制等运作的方式,通过制定统一规范、协调运转、快速畅通、有效服务、自主经营的救援机制,组建全国汽车维修救援网络,实现救援标志统一、救援车辆统一、救援电话统一、收费标准统一、服务规范统一的“五统一”。相信全国汽车维修救援服务网络的建成和良好运作,定将加速我国汽车维修市场资源的整合,从而人人提高我国汽车维修市场的整体服务能力。

3　开业和停业管理

汽车维修行业管理制度明确规定:汽车维修管理实行经营许可证制度,经营许可证制度也就是通常所称的市场准入制度。国家实行经营许可证制度的主要目的:一是对进入汽车维修市场的企业,在进入市场前按照国家标准、地方标准进行相关资质条件的审查,符合要求的方批准发放准予入市的经营许可证,以确保对社会公众利益的保护;二是通过核发经营许可证和营业执照,确认企业以法人地位或合法经营主体参与民事经济法律活动,因而汽车维修经营者开业前,必须向所在地的县级道路运输管理机构提出经营许可的申请,经审核合格取得经营许可并向工商行政管理机构办理有关登记手续后方能开业经营。

3.1 开业管理

国家标准《汽车维修业开业条件》(GB/T 16739—2004)是目前汽车维修企业的市场准入条件,即汽车维修企业只有具备了标准所规定的相应条件,方能获得经营许可。

许可条件

3.1.1 许可条件

3.1.1.1 对申请从事汽车维修经营许可的经营者,在维修场地、设备设施、人员配备、各项管理制度、环境保护措施等方面所具备的条件,依照国家标准的有关规定进行审核,符合要求的方能获得经营许可。

3.1.1.2 对从事特约维修、从事危险品运输车辆的维修、从事汽车维修救援服务和从事汽车维修连锁经营的经营者制订了专门的经营许可要求。

3.1.1.3 有下列情况之一的,将不能获得经营许可:企业被吊销汽车维修许可证件不满 1 年;个体工商户被吊销汽车维修许可证件不满 6 个月。

许可程序

3.1.2 许可程序

3.1.2.1 申请从事汽车维修经营的,应当向所在地的县级道路运输管理机构提出申请,并附送规定的申请材料。道路运输管理机构应当自受理申请之日起 15 日内审查完毕,作出许可或者不予许可的决定。

3.1.2.2 汽车维修经营许可证由各省、自治区、直辖市道路运输管理机构统一印制并编号,县级道路运输管理机构按照规定发放和管理。

3.1.2.3 获得经营许可证的汽车维修经营者应当持证依法向工商行政管理机关办理有关登记手续。

3.1.2.4 汽车维修经营许可证的有效期如下:一类汽车维修企业和一类摩托车维修企业 6 年;二类汽车维修企业 4 年;三类汽车维修企业(业户)、二类摩托车维修业户及其他汽车维修企业 3 年。

3.1.2.5 汽车维修经营者应在许可证件有效期届满前 30 日,向原许可的道路运输管理机构提出换证申请。汽车维修经营者发生名称、法定代表人等变更事项时,在向工商等部门办理相应手续的同时,应当向原作出许可维修经营的道路运输管理机构备案。

3.1.3 开业条件

《汽车维修业开业条件》(GB/T 16739—2004)是由中华

人民共和国国家质量监督检验检疫总局和中国国家标准化管理委员会于2004年1月6日发布的,2005年1月1日起实施。标准共分为两部分:即《汽车维修业开业条件 第1部分:汽车整车维修企业》(GB/T 16739.1—2004)和《汽车维修业开业条件 第2部分:汽车专项维修业户》(GB/T 16739.2—2004)。此标准是交通行政主管部门对汽车维修企业开业审核和管理的依据。

3.1.3.1　汽车整车维修企业在人员条件、组织管理条件、安全生产条件、环境保护条件、设施条件、设备条件等方面的要求。

人员条件

(1)人员条件:

①企业管理负责人、技术负责人及检验、业务、价格核算、维修(机修、电器、钣金、油漆)等关键岗位至少应配备1人,并应经过有关培训,取得行业主管部门颁发的从业资格证书,持证上岗。

②企业管理负责人应熟悉汽车维修业务,具备企业经营、管理能力,并了解汽车维修及相关行业的法规及标准。

③技术负责人应具有汽车维修或相关专业的大专以上文化程度,具有汽车维修或相关专业的中级以上专业技术职称,熟悉汽车维修业务,并掌握汽车维修及相关行业的法规及标准。

④检验人员数量应与其经营规模相适应,其中至少应有1名总检验员和1名进厂检验员。

⑤业务人员应熟悉各类汽车维修检测作业,从事汽车维修工作3年以上,具备丰富的汽车技术状况诊断经验,熟练掌握汽车维修服务收费标准及相关政策法规。

⑥企业工种设置应覆盖维修业务中涉及到的各专业。维修人员的专业知识和业务技能应达到行业主管部门规定的要求。

经营管理

(2)经营管理:

①应具有与汽车维修有关的法规等文件资料。

②应具有规范的业务工作流程,并明示业务受理程序、服务承诺、用户意见受理制度等。

③应具有健全的经营管理体系,设置技术负责、业务受理、质量检验、文件资料管理、材料管理、仪器设备管理、价格结算等岗位并落实责任人。

④应实行计算机管理。

⑤应具有汽车维修的国家标准和行业标准以及相关技术

标准。

⑥应具有所维修车型的维修技术资料及工艺文件，确保完整有效并及时更新。

⑦应具有汽车维修质量承诺、进出厂登记、竣工出厂合格证管理、技术档案管理、标准和计量管理、设备管理及维护、人员技术培训等制度。

安全条件

(3)安全生产条件：

①企业应具有与其维修作业内容相适应的安全管理制度和安全保护措施，建立并实施安全生产责任制。

②安全保护设施、消防设施等应符合有关规定。

③企业应有各工程、各类机电设备的安全操作规程，并将安全操作规程明示在相应的工位或设备处。

④存储、使用有毒、易燃、易爆物品，以及腐蚀剂、压力容器等均应有相应的安全防护措施和设施。

⑤生产厂房和停车场应符合安全、环保和消防等各项要求。

环境条件

(4)环境保护条件：

①企业应具有废油、废液、废气、废蓄电池、废轮胎及垃圾等有害物质集中收集、有效处理和保持环境整洁的环境保护管理制度。

②作业环境以及按生产工艺配置的处理“三废”(废油、废液、废气)、通风、吸尘、净化、消声等设施，均应符合有关规定。

③涂漆车间应设有专用的废水排放及处理设施，采用干打磨工艺的，应有粉尘收集装置和除尘设备，应设有通风设置。

④调试车间或调试工位应设置汽车尾气收集净化装置。

设施条件

(5)设施条件：

①企业应设有接待室(含客户休息室)，一类企业的面积不少于40m^2，二类企业的面积不少于20m^2。接待室应整洁明亮，明示各类证、照、主修车型、作业项目、工时定额及单价等，并应有客户休息的设施。

②企业应有与承修车型、经营规模相适应的合法停车场地，一类企业的面积不少于200m^2，二类企业的面积不少于150m^2。停车场地面平整坚实，区域界定标志明显。

③生产厂房地面应平整坚实，面积应能满足所需设备的工位布置、生产工艺和正常作业，一类企业的面积不少于800m^2，二类企业的面积不少于200m^2。

④租赁的停车场地、生产厂房应具有合法的书面合同书。

设备条件

(6)设备条件:

①企业应配备与其所承修车型相适应的量具、机工具及手工具,量具应定期进行检定。

②企业应按规定配备通用设备、专用设备及检测设备,其规格和数量应与其生产纲领和生产工艺相适应。

③各种设备应符合相应的产品技术条件等国家标准和行业标准的要求,满足加工、检测精度的要求和使用要求。

④允许外协的设备,应具有合法的合同书,并能证明其技术状况符合规定的要求。

3.1.3.2　汽车专项维修业户在通用条件和专项维修项目条件等方面的要求。

通用条件

(1)通用条件:

①从事专项维修关键岗位的人员数量应能满足生产的需要,并取得行业主管部门颁发的从业资格证书,持证上岗。

②应具有相关的法规、标准、规章等文件以及相关的维修技术资料和工艺文件等,并确保完整有效、及时更新。

③应具有规范的业务工作流程,并明示业务受理程序、服务承诺、用户意见受理制度等。

④生产厂房的面积、结构及设施应满足专项维修作业设备的工位布置、生产工艺和正常作业要求。停车场地界定标志明显,不得占用道路和公共场所进行作业和停车,地面应平整坚实。租赁的生产厂房、停车场地应具有合法的书面合同书,应符合安全生产、环保和消防的各项要求。

⑤配备的设备应与其生产作业规模及生产工艺相适应,其技术状况应完好,符合相应的产品技术条件等国家标准或行业标准的要求,并能满足加工、检测精度的要求和使用要求。检测设备及量具应按规定经有资质的计量检定机构检定合格。

⑥存储、使用有毒、易燃、易爆物品,粉尘、腐蚀剂、污染物、压力容器等均应有安全防护措施和设施。作业环境以及按生产工艺安装、配置的处理“三废”(废油、废液、废气)、通风、吸尘、净化、消声等设施,均应符合国家有关法规、标准的规定。

(2)专项维修经营范围、人员、设施、设备条件:针对发动机修理、电气系统修理、自动变速器修理、轮胎动平衡及修补等各专项维修项目的作业特点,均有相应具体要求,由于专项维修项目众多,在此不再一一例举。

3.2 停业管理

(1)汽车维修经营者需要终止经营的,应当在终止经营前30日,告知作出许可的道路运输管理机构,并办理经营许可的有关注销手续。

(2)汽车维修经营者在取得汽车维修经营许可后180日内,未开展维修经营活动或者停业时间超过180日的,由作出许可的道路运输管理机构注销其经营许可和相关证件。

(3)汽车维修经营者非法转让、出租汽车维修经营许可证的,由县级以上道路运输管理机构责令停止违法行为,收缴出租、转让的有关证件。

(4)汽车维修经营者使用假冒伪劣配件维修汽车,承修已报废的汽车或者擅自改装汽车且情节严重的,由原许可机关吊销其经营许可证件。

(5)汽车维修经营者对汽车进行二级维护、总成修理、整车修理后,不签发或者签发虚假汽车维修竣工出厂合格证,且情节严重的,由原许可机关吊销其经营许可证件。

4 维修业务合同管理

为加强汽车维修行业管理,维护汽车维修经营活动的正常秩序,保障汽车维修业户(以下简称承修方)与送修单位或车主(以下简称托修方)当事人的合法权益,根据《中华人民共和国经济合同法》和《加工承揽合同条例》的有关规定,承、托修双方当事人应签订书面的汽车维修合同(以下简称合同)。根据汽车维修行业管理要求,遇下列情况之一时,承、托修双方必须签订合同:汽车大修;主要总成大修;二级维护;维修预算费用在1000元以上的。凡属于规定应签而不签合同的,交通主管部门可对维修业户予以警告和罚款,并责令其整改。

4.1 合同的原则

合同是当事人之间关于确立、变更、终止民事权利、义务关系的协议。《中华人民共和国合同法》确立的基本原则是:

4.1.1 合同当事人的法律地位平等原则

法律地位平等

"合同当事人的法律地位平等,一方不得将自己的意志强加给另一方。"此原则的含义包括:合同当事人的民事权利平等,即当事人自始至终均可以独立地作出意思表示,而不受他人意志的强迫、支配,及当事人平等地享有权利和平等地承

担义务；合同当事人平等的受法律的约束和保护。

4.1.2　合同自愿原则

自愿

合同自愿是当事人意志自由的体现。“当事人依法享有自愿订立合同的权利，任何单位和个人不得非法干预。”此原则主要包括以下方面：订立合同自愿，即当事人有权决定是否与他人订立合同；选择相对人自由，即当事人有权选择与谁订立合同；合同内容自由，即订立什么样的合同由当事人决定，但其内容不得违反法律的强制性规定；合同形式自由，即采用何种方式订立合同由当事人依法决定。

4.1.3　合同公平原则

公平

公平原则是民法的基本原则之一，它贯穿于合同法的始终。“当事人应当遵循公平原则确定各方的权利和义务。”公平原则有三层含义：在订立合同时，要根据公平原则确定双方的权利和义务，不得滥用权利；不得欺诈，根据公平原则确定风险的合理分担；根据公平原则确定违约责任。

4.1.4　诚实信用原则

诚信

诚实信用原则是一项极为重要的民法和合同法的基本原则。“当事人行使权利、履行义务应当遵循诚实信用原则。”其含义为：当事人之间要相互努力协作，以促成合同的成立和生效，要真实地向对方当事人陈述与合同有关的情况，不得有欺诈或其他违背诚实信用的行为；在合同履行过程中，当事人要积极履行法律和合同规定的义务，即依据合同的性质、目的和交易惯例履行通知、协助、提供必要的条件、防止损失扩大、保密等义务；在合同终止后，当事人也应当遵循诚实信用的原则，依据交易惯例履行通知、协助、保密等义务。

4.1.5　禁止权利滥用原则

禁止权利滥用

禁止权利滥用原则即要遵守法律、法规，维护社会公德，不得扰乱社会经济秩序，这是合同法的重要基本原则。“当事人订立、履行合同，应当遵守法律、行政法规，尊重社会公德，不得扰乱社会经济秩序。”这就是提醒人们：合同绝不仅仅是当事人之间的事情，有时可能涉及社会公共利益、社会公德和社会经济秩序，因而合同当事人的意思表达应当在法律、法规允许的范围内。

4.2　合同的订立

合同的订立就是合同承、托修双方当事人在平等自愿的基础上进行协商，使得各方的意思表达趋于一致的过程和结果。根据需要可签订单车或成批车辆的维修合同，也可签订一定期限的包修合同。订立合同主要包括要约和承诺两个阶段。

要约

4.2.1 要约

要约就是希望和他人订立合同的意思表示，它具备下列要点：是特定的合同当事人所为的意思表示；必须具有与他人订立合同的目的；内容具体确定；表明经受要约人承诺，要约人即受该意思表示约束。

发出要约的人称为要约人，受领要约的人称为受要约人。要约对受要约人的效力在要约到达受要约人时生效，要约一经受要约人承诺，合同即宣告成立。

承诺

4.2.2 承诺

承诺是指受要约人同意要约的意思表示，它具备下列要点：由受要约人向要约人作出；承诺的内容（如合同的标的、数量、质量、价款或报酬、履行期限、履行地点和方式、违约责任和解决争议的办法等）不得实质性的改变要约，否则，受要约人的意思表示不构成承诺，而成为一项新的要约，称为反要约；承诺应当在要约确定的期限内到达要约人，要约没有确定承诺期限的，承诺应当依照下列规定到达：要约以对话方式作出的，应当即时作出承诺，但当事人另有约定的除外。要约以非对话方式作出的，承诺应当在合理的期限内到达。

承诺生效时合同成立，要约人和受要约人转化为合同的双方当事人，均受到生效合同的约束。

时间和地点

4.2.3 合同订立的时间和地点

合同订立的时间，对于确认合同双方当事人的权利和义务具有重要的意义。对于要式合同，除要求合同双方当事人的意思表示一致外，还须履行特定的手续。履行完毕特定的手续之时，为合同成立的时间。根据汽车维修行业管理要求，合同须经承、托修双方签章后生效。

合同成立的地点，对于合同纠纷的诉讼管辖、适用交易惯例等具有重大意义。合同成立的地点，原则上是以承诺生效的地点为准。当事人采用合同书形式订立合同的，当事人双方签字或盖章的地点作为合同成立的地点；采用数据电文形式订立合同的，收件人的主营业地点为合同成立的地点，没有主营业地的，其经常居住地为合同成立的地点；当事人另有约定的，从其约定。

4.3 合同的形式和内容

4.3.1 合同的形式

当事人订立合同，有书面形式、口头形式和其他形式。根

据汽车维修行业管理要求，汽车维修合同文本由省级交通主管部门统一印制；县级道路运输管理部门负责合同文本的发放和日常管理；承、托修双方必须按要求使用汽车维修合同（见本单元后附录）。

形式

4.3.2　合同的内容

合同的内容具体由当事人约定，可以参照各类合同的示范文本订立合同。

内容

4.3.2.1　合同的法定条款是指在当事人对合同某些内容没有约定或者约定不明确的，双方当事人对如何履行合同产生争议，且又不能达成补充协议时，应当参照执行合同法的有关规定，其具体条款为：

（1）质量要求不明确的，按照国家标准、行业标准履行；没有国家标准、行业标准的，按照通常标准或符合合同目的的特定标准履行。

（2）价款或报酬不明确的，按照订立合同时履行地的市场价格履行；依法应当执行政府定价或者政府指导价的，按照规定执行。

（3）履行地点不明确的，给付货币的，在接受货币一方所在地履行；交付不动产的，在不动产所在地履行；其他标的的，在履行义务一方所在地履行。

（4）履行期限不明确的，债务人可以随时履行，债权人也可以随时要求履行，但应当给对方必要的准备时间。

（5）履行方式不明确的，按照有利于实现合同目的的方式履行。

（6）履行的费用负担不明确的，由履行义务一方负担。

4.3.2.2　汽车维修合同的主要内容：承、托修方的名称，签订日期及地点，合同编号，送修车辆的车种车型、牌照号、发动机型号（编号）、底盘号，维修类别及项目，预计维修费用，质量保证期，送修日期、地点、方式，交车日期、地点、方式，托修方所在地提供材料的规格、数量、质量及费用结算原则，验收标准和方式，结算方式及期限，违约责任和金额，解决合同纠纷的方式，双方商定的其他条款。

4.4　合同的履行

合同的履行是合同生效后，合同的当事人按照合同的约定实施合同规定的义务，从而使合同的目的得以实现的行为。合同的履行是合同的核心内容，合同的订立就是为了履行合同，合同的成立仅仅是合同履行的前提。

履行规则

4.4.1 合同履行的规则

4.4.1.1 当事人应当按照约定全面履行自己的义务，也就是合同的当事人应当依据诚实信用的原则，根据合同的目的、性质和交易惯例，履行通知、协助、保密等义务。

4.4.1.2 合同生效后，当事人就质量、价款或报酬、履行地点等内容没有约定或者约定不明确的，可以协议补充；不能达成协议的，按照合同有关条款或者交易惯例确定，还不能确定的，则应参照合同法的法定条款来确定。

4.4.1.3 执行政府定价或者政府指导价的，在合同约定的期限内政府价格调整时，按照交付时的价格计价；逾期交付标的物的，遇价格上涨时，按照原价格执行，价格下降时，按照新价格执行；逾期提取标的物或逾期付款的，遇价格上涨时，按照新的价格执行，价格下降时，按照原价格执行。

变更、解除和终止

4.4.2 合同的变更、解除和终止

4.4.2.1 合同的变更是指合同内容的变更，是在合同成立以后未予履行或未完全履行之前，当事人经过协商对合同的内容进行修改或补充。合同法规定：当事人协商一致时可以变更合同。合同变更的效力原则上不溯及既往，未变更的内容继续有效。承修方在维修过程中发现其他故障需增加维修项目及延长维修期限时，应及时通知托修方，在征得托修方的同意后着手进行合同的变更，并在经托修方签字确认后生效。

4.4.2.2 合同的解除是指合同当事人单方或双方的行为，使得生效的合同效力归于消灭的法律行为。合同当事人协商一致，可以解除合同。

当事人一方依据法定解除或约定解除的条件主张解除合同的，应通知对方，合同自到达对方时解除。对方有异议的，可以请求人民法院或者仲裁机构确认合同解除的效力。

法律、行政法规规定合同的解除应当办理批准、登记等手续的，应按规定办理。合同解除后，尚未履行的，终止履行，已经履行的，根据履行情况和合同性质，当事人可以要求恢复原状，采取其他补救措施，并且有权要求赔偿损失。

4.4.2.3 合同的终止，又称合同权利和义务的终止，是指因某种原因而引起的债权债务客观上不复存在。有下列情形之一的，合同的权利义务终止：债务已经按照合同得到履行；合同经过法定或者约定解除；债务相互抵消；债务人依法将标的物提存；债权人免除债务人部分或者全部债务的，合同的权利义务部分或者全部终止；债权债务同归于一人的，合同

的权利义务终止，但涉及第三人的利益除外；法律规定或者当事人约定终止的其他情形。

合同的权利义务终止，不影响合同中结算和清理条款的效力。

4.5　合同的责任

合同当事人一方不履行合同义务或履行合同义务不符合约定的，应当承担继续履行、采取补救措施或者赔偿损失等违约责任。

4.5.1　合同的违约责任

违约责任

合同的违约责任是指当事人违反合同规定的义务应当承担的民事责任。当事人承担违约责任的前提是合同的有效成立，如果合同尚未成立，或者合同成立后无效、被撤销，当事人又存在过失，这也不是当事人应当承担违约责任的情形。

构成违约责任的要素是一方当事人存在违反合同义务的行为，该方合同的当事人不存在免责事由。承担违约责任的方式有：强制履行；支付违约金；损害赔偿。如托修方未按合同规定时间内送修车辆，或承修方未按合同规定时间交付竣工车辆，应按合同规定支付对方违约金。

4.5.2　违约行为

违约行为

根据我国合同法的规定，违约行为有下列四种：履行不能，就是合同不履行，即指归因于债务人的事由不能履行或者拒绝履行合同义务；履行迟延，即指履行期限已经届满，而能够履行的债务因债务人的事由未给付所发生的迟延；履行不当，即指债务人没有完全按照合同的内容所为的履行；履行拒绝，即指债务人在债务成立之后，履行期限届满前，能够履行而明示拒绝履行的意思表示。

4.5.3　免责事由

免责事由

违约责任的免责事由为：不可抗力；约定的免责事由等。但约定造成对方人身伤害及因故意或者重大过失造成对方财产损失的免责条款为无效的约定。

思考与练习

简答题

1. 目前我国汽车维修行业管理全国性的标准和法规、规章有哪些？

2. 我国汽车维修行业管理机构有哪些？

3. 何为经营许可?

4. 何为质量信誉?

5. 汽车维修企业开业审核的依据是什么?

6. 什么情况下必须签订汽车维修合同?

选择题

1. ______年国务院颁布了《中华人民共和国道路运输条例》。

A. 2002　B. 2003　C. 2004　D. 2005

2. ______即由政府行政主管部门对进入市场从事经营或服务活动的经营者依法实行登记许可,以确认其合法经营资格,赋予其市场经营的权利。

A. 经营许可　B. 经营范围

C. 经营策略　D. 经营申请

3. 汽车维修经营者对汽车进行二级维护、总成修理、整车修理的,应当建立______。

A. 质保体系　B. 环保体系

C. 车辆维修档案　D. 检验档案

4. 汽车维修质量保证期,从______之日算起。

A. 签订维修合同

B. 客户送修

C. 客户付清维修费用

D. 维修竣工出厂

5. 按照《汽车维修业开业条件》(GB/T 16739—2004)和《机动车维修行业管理规定》的规定,汽车维修企业可划分为______类。

A. 二　B. 三　C. 四　D. 五

6. 汽车维修经营者应在许可证件有效期届满前______日向原许可的道路运输管理机构提出换证申请。

A. 60　B. 30　C. 45　D. 15

7. 一类汽车维修企业和一类摩托车维修企业的经营许可证的有效期为____年。

A. 4　B. 6　C. 5　D. 7

判断题(错误画×,正确画√)

1. 2004 年 1 月 1 日起,《汽车维修业开业条件》正式生效。(　)

2. 质量信誉是指对维修经营者在经营能力、管理水平、维修质量、诚信经营、规范服务、员工培训等方面的综合评价。(　)

3. 国家标准《汽车维修业开业条件》(GB/T 16739—2004)是目前汽车维修企业的市场准入条件。 (　)

4. 汽车维修企业承接任何维修作业时，承、托修双方必须签订合同。 (　)

5. 汽车维修经营者需要终止经营的，应当在终止经营前15日告知作出许可的道路运输管理机构，并办理经营许可的有关注销手续。 (　)

6. 二类汽车维修企业的经营许可证的有效期为4年。 (　)

7. 企业被吊销汽车维修许可证件不满2年的，将不能获得经营许可。 (　)

8. 汽车维修合同文本由省级交通主管部门统一印制。 (　)

附录

汽车维修合同

GF－92－0304

托修方________签订时间________合同编号________

承修方__________ 签订地点______________

一、车辆型号：

车　种		牌照号		发动机	型号	
车　型		底盘号			编号	

二、车辆交接期限(事宜)：

送　修				接　车			
日期		方式		日期		方式	
地点				地点			

三、维修类别及项目：

预计修费总金额(大写)__________元(其中工时费)__________元

四、材料提供方式：

五、质量保证期：

维修车辆自出厂之日起，在正常使用情况下，______天或行驶______公里以内出现维修质量问题承修方负责。

六、验收标准及方式________________________

七、结算方式及期限：

现金__________转帐__________银行汇款__________期限__________

八、违约责任及金额________________________

九、如需提供担保，另立合同担保书，作为本合同附本。

十、解决合同纠纷的方式：经济合同仲裁__________法院起诉__________

十一、双方商定的其他条款________

托修方单位名称(章)	承修方单位名称(章)
单位地址:	单位地址:
法定代表人:	法定代表人:
代表人	代表人
电　话　　电　挂	电　话　　电　挂
开户银行　　帐　号	开户银行　　帐　号
邮政编码	邮政编码

说明:

1. 承、托修方签订书面合同的范围:汽车大修、主要总成大修、二级维护及维修费在1000元以上的。

2. 本合同正式一式二份,经承、托修方签章生效。

3. 本合同维修费是概算费用,结算时凭维修工时费、材料明细表,按实际发生金额结算。

4. 承修方在维修过程中,发现其他故障需增加维修项目及延长维修期限时,承修方应及时以书面形式(包括文书、电报)通知托修方,托修方必须在接到通知后__________天内给予书面答复,否则视为同意。

5. 承、托修方签订本合同时,应以《汽车维修合同实施细则》的规定为依据。

注:本合同一式　份。承、托修双方各一份,维修主管部门各　份。

监制　　　　印制

相关链接

4S店是一种汽车销售服务方式,其包括整车销售、零配件供应、售后服务、信息反馈等功能。4S是其4项主要功能的4个英文单词的字头缩写,意为将4项功能集于一体的汽车销售服务企业。虽然我国汽车产业的历史没有发达国家悠久,但是服务方式的演化基本上借鉴了国外的发展历程,可以说是国外汽车行业一百多年历史的缩影。4S店,是1999年以后才逐步由欧洲传入中国的舶来品。由于它与各个制造厂家之间建立的紧密产销关系,且融入了品牌意识、服务意识以及其优美的环境设施、规范的优质服务和良好的企业形象等优势,一度被国内诸多厂家所效仿。

连锁经营始于19世纪50年代末的西方发达国家,由于其兼具了大机器工业生产和传统商业特点两方面的优势,实现了经营过程的标准化、专业化、集中化和简单化，所以自问世以来就发展迅猛，已成为当代商业领域占主导地位的经营组织形式。在欧、美发达国家，作为服务业重要组成部分的汽车维修业，大约在20世纪50年代末开始导入连锁经营模式，其伴随着汽车工业的繁荣而发展。目前我国汽车维修领域，快修连锁经营的发展趋势不断扩大，促进了维修行业的不断革新，经营形式、部门化管理方式、自助服务、配件超市、专业应急维修等一系列经营管理技术相继问世，连锁经营水平逐步提高，形成了一套独特的连锁方式，使得汽车维修领域在经营理念、经营方式等方面发生了一场根本性的变革。

单元二　汽车维修企业管理制度

学习目标

知识目标

1. 简单叙述构成汽车维修企业组织结构的要素；

2. 简单叙述汽车维修企业组织结构形式和管理制度内容；

3. 正确描述汽车维修企业主要业务岗位的职责。

能力目标

1. 会分析汽车维修站的管理制度内容和主要业务岗位设置之间的关系；

2. 能解决汽车维修站主要业务岗位之间分工与协作问题。

汽车维修企业的管理制度反映的是组织结构、资源配置和运作体系，管理制度大体上可以分为规章制度和岗位职责。规章制度侧重于工作内容、范围、程序和方式，如行政管理制度、生产管理制度、考勤管理细则等；岗位职责侧重于规范责任、职权和利益的界限及其关系。各种规章制度除了在某个特定范畴内对人们起着制约或激励作用外，综合起来还会形成该企业的整体氛围，会影响人们的精神面貌及举止谈吐。企业管理制度在一定意义上对广大员工的积极性、主动性、创造性起决定性作用。

1　企业组织结构

企业为了达到特定目标，通过分工合作及不同层次的权力和责任制度的建立，构成企业人员的各种组合，而企业的组织结构，是对企业系统中的目标、人员、职务、职责、相互关系、信息和协同等8大要素的组合。企业的组织结构主要指企业组织的规模、企业组织领导结构、企业组织的层次结构和企业组织的职能结构等内容。

企业组织结构的不同层次和不同专业活动之间有密切的联系，从而使企业系统正常地运转，达到原先的系统目标，这种联系主要有两种：一是横向联系，这是企业中横向沟通的渠道,使组织中各单位、各职能部门之间的人员做到相互了解,行动一致;二是纵向联系,它主要是指企业的各个层次之间,为组织内各个系统提供沟通渠道和进行必要的控制。

1.1 企业组织结构设置原则

1.1.1 注重系统功能

注重系统功能

维修企业内部组织结构设置时,应体现在整个管理系统功能提高的基础上,充分考虑以下 3 个方面:

结构完整——企业管理系统如同一部机器,只有结构完整才能产生预期的效益,完整的结构包括决策系统、执行系统、操作系统、监督系统和反馈系统。

要求齐全——要求齐全并不是说在管理系统中要求越多越好,而是必要要素不能缺少。如岗位设置、人员编制、管理制度、岗位责任、岗位权限等,要达到指挥自如、协调容易、控制严密的目的。

确保目标——在保证达到预期目标的实现中,要把总目标与组织机构中的每一个成员,每一个岗位连成一个整体的目标网络,保证整体目标的实现。

注重分工协作

1.1.2 注重分工与协作

分工是建立企业内部组织结构的基础。无论采用哪种分工形式,都是力图使从事某一岗位的人员,以达到积累经验,发挥专长,明确责任,减少扯皮,提高效率的目的。但是,由于各机构之间彼此存在着有机的联系,产生相互促进、相互制约的影响,因此,在组织机构的设置中,既要明确各自的分工界限,又要保证相互间的团队合作,做到分工与协作相结合。

1.1.3 注重管理幅度和管理层次合理

注重管理

管理幅度是指一个管理人员所能有效地直接领导和控制下级的人员数,管理层次是指系统内纵向管理结构所划分的等级数。管理层次通常有高型结构和扁平结构之分,一般来说,随着管理层次的上升,越到高层,决策性和组织性的工作越多,需要作出决策的时间相对较长,管理的幅度就小些。越往下层,执行性和日常性工作越多,管理幅度就相应大些。在维修企业内部的组织结构中,为了使整个管理系统运行的有效性得到保证,要处理好管理幅度和管理层次两者的关系。

1.2 企业组织结构的形式

1.2.1 直线型

直线型组织结构中各种职位均按垂直系统直线排列,机

构简单、权力集中、命令统一、决策迅速、管理幅度较大。这种组织结构上下级和同级之间的关系很明确,职权从上到下逐级降低。由于实行的是没有职能结构的管理,要求各级主管人员必须具有多方面管理业务的知识和技能。这种组织结构具有结构简单,责权明确,目标清楚等特点,适宜在一些规模较小,生产技术与工艺过程比较简单的小型维修企业中采用。

1.2.2 职能型

职能型组织结构是对企业按职能实行专业分工管理,在各级行政负责人下设相应的职能机构,并且各职能机构都可以在自己的职权范围内直接进行指挥。这种组织结构形式的优点是有助于加强各项专业管理,发挥职能机构的作用,其缺点是如果职能部门横向通气协商不够,容易形成管理混乱。

1.2.3 直线—职能型

直线—职能型组织结构是综合直线型和职能型的优点而发展形成的(见图2-1)。各职能机构由企业分管经理统一领导,基层企业(车间)的生产运行则在分管经理的集中领导下统一指挥,各职能机构对基层企业(车间)只执行业务指导。这种形式既保证了生产过程的集中统一指挥,又发挥了各职能机构的业务专长,有利于现代化生产企业的经营活动。

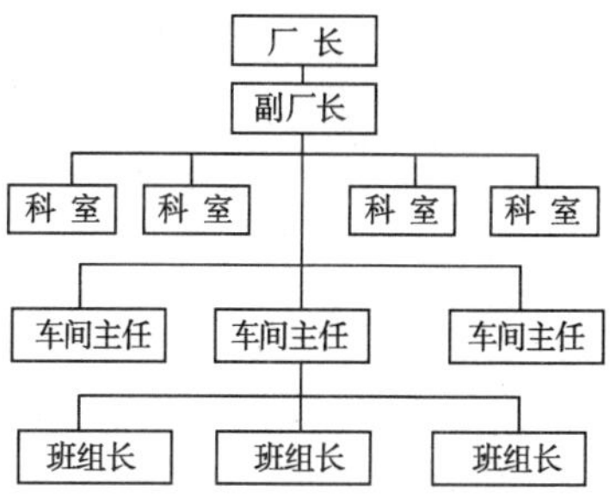

图2-1 汽车维修企业直线职能型组织结构图

1.2.4 事业部制

这种组织结构的管理原则是集中决策,分散经营,即在集中指导下进行分权管理。在这种结构中企业按生产特点、地区和经营部门分别成立若干个事业部,各事业部分别对自己所辖部门的工作负责,实行独立经营、单独核算。企业最高管理机构只保留人事任免、财务控制、规定价格幅度和监督等权利,并通过主要经营效益指标对各事业部进行控制管理。这种组织结构适用于规模较大,产品品种较多,技术比较复杂,市场广阔多变的企业。

1.3 企业战略与组织结构的选择

企业根据确定的战略目标,相应开展企业各项活动的组织模式,在战略目标的实施过程中,如果组织结构与之不相匹配,就会对战略的成功实施产生严重的阻碍作用,反之,如果组织结构能够与企业的发展战略匹配,就会对战略的成功实施产生巨大的保证作用。

企业的组织结构与单一经营战略相适应的是直线型结构,与市场开发战略相适应的是直线—职能型结构,与纵向一体化战略相适应的是事业部制结构。图2-2 所示为汽车特约维修站组织结构图。

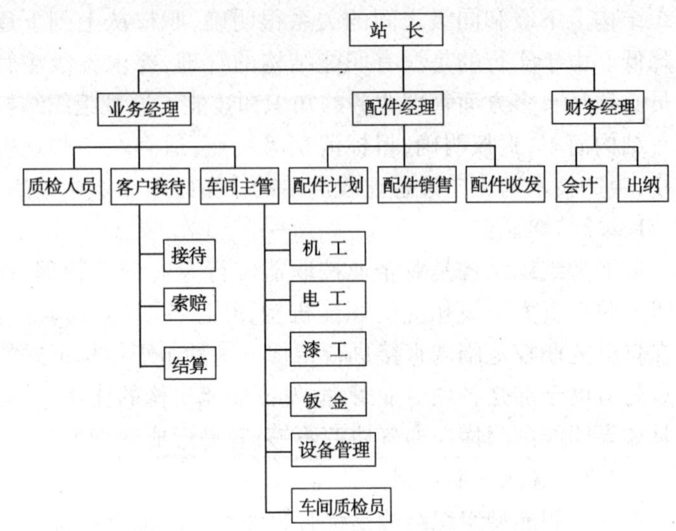

图 2-2　汽车特约维修站组织结构图

2　企业规章制度

企业规章制度包括组织人事、经营核算、计划财务、企业发展等管理制度，它涉及党、政、工、团等各类组织，供应、生产、销售等各个环节，人、财、物等各种要素。本节简要介绍与汽车维修业务管理有关的一些规章制度。

2.1　计划管理制度

计划管理要在科学预测的基础上，为企业的发展方向、发展规模和发展速度提供依据，制定企业的长远规划，并通过组织实施近期计划，逐步实现长远规划；要根据市场需要和企业能力，签订各项经济合同，编制企业的年度、季度计划，使企业各项生产经营活动和各项工作在统一的计划下协调进行；要充分挖掘及合理利用企业的人力、物力和财力，不断改善企业的各项技术经济指标，以取得最佳的经济效益。

企业各级的主要精力，应放在计划的编制、执行、检查和考核上。根据“统一领导，归口管理”的原则，分厂部、车间、班组三级进行计划管理。为保证计划工作的正常开展，应加强计划管理部门，提高它在企业中应有地位和综合作用，各级计划部门和归口部门也必须按计划工作要求配备专职（或兼职）的计划人员。企业计划必须认真进行综合平衡，坚持“积极平衡，留有余地”的原则，不留缺口，不“打埋伏”。企业的

各项计划是生产经营活动的依据,计划一经下达,各级部门都应发动群众,采取切实有效措施,保证计划实现。统计工作是企业的一项基础工作,是监督检查计划执行情况的重要工具,应准确、及时、全面反馈计划执行情况,反对弄虚作假。

2.2　合同管理制度

企业对经济合同实行二级管理、专业归口制度,法人委托书制度,合同专用章制度及基础管理制度。

2.2.1　二级管理和专业归口制度

二级管理和专业归口

企业对合同二级管理具体是:由总经理总负责,业务经理具体负责,定期检查汽车维修合同的履行情况,及时发现和解决合同履行中的问题。企业对合同专业归口是:管理部门为生产科或办公室,参与有关合同的谈判、签约、履行等工作,对签订的合同负责日常管理及年终审查的初审把关;保管好汽车维修合同及履行、变更、解除汽车维修合同等有关文件,建立汽车维修合同档案;设专人(或兼管)管理汽车维修合同的签订、登记台帐、建立档案和履行情况检查等有关工作。

2.2.2　法人委托书制度

法人委托书

各法人委托人具体负责各自授权范围的合同签订、履行工作。法人委托书于每年年终重新审核一次,审核的主要内容是:法人委托人在本年度的工作、学习及思想情况,取得什么成绩,发生什么问题,有无违纪行为等。审核后,法定代表人可根据情况分别作出:维持授权范围、变更授权范围、撤销授权及吊销法人委托书等决定。法人委托证书应妥善保管,防止遗失。不准将法人委托证书转借他人或用作其他证明,否则,除吊销其法人委托证书外,还要追究相应的责任。法人委托人工作调动时,应向所在企业注销其法人委托证书。

2.2.3　合同专用章制度

合同专用章

签订合同一律使用合同专用章,其他印章不准代替使用,否则,财务部门有权拒绝办理结算手续。合同专用章由企业统一刻制、编号和颁发,严禁任何人私自刻制、使用。合同专用章应妥善保管,若有遗失,除立即登报声明作废外,还要追究有关人员的责任。要严格合同专用章用印审查和管理,如发生开具盖有印章的空白合同文本或合同专用章被人非法利用的事情,要追究有关人员责任。

2.2.4　合同基础管理制度

合同基础管理

每一份合同都必须有一个编号,不得重复或遗漏。每一份合同包括合同正本、副本及附件,合同文本的签收记录,合同分批履行的情况记录，变更、解除合同的协议（包括文书、电传等），均应妥善保管。

应根据合同的不同种类，建立经济合同的分类台帐和总台帐。企业必须设一个总台帐，其主要内容包括：序号、合同号、经手人、签约日期、合同标的、价额、对方单位、履行情况及备注等。台帐应逐日填写，做到准确、及时、完整。

按规定每月填写“经济合同情况月报表”，报送总经理，抄报计划财务部，书面报送当地汽车维修管理部门。

2.3 质量检验制度

汽车进厂、维修和竣工出厂，必须由质量检验员进行检验，并填写检验单。质量检验员必须经汽车维修管理部门培训考核，并取得《汽车维修质量检验证》后方可上岗。

2.3.1 进厂检验

进厂检验

汽车进厂交接时，由厂检验员根据“维修车辆进厂检验单”规定的内容、送修单位提供的情况及汽车维修技术档案的记载进行检验。对能行驶的汽车作有针对性的路试，掌握汽车的技术情况；对不能行驶的汽车，要详细询问用户，了解汽车损坏情况及部位，作好记录。检验后认真填写进厂检验单，由检验员和送修人签字。

2.3.2 过程检验

过程检验

承修人员按规定作业内容及附加修理项目进行维修，在自检合格后先填写“过程检验单”，并签字，再交由检验员检验。检验员在接到承修人修竣签字的“过程检验单”后，按检验单对所维修的项目逐项检验，在检验合格后签字。

2.3.3 竣工出厂检验

竣工验收

检验员对竣工车辆按“汽车维修竣工检验单”规定的项目进行检验，在竣工检验中发现的不合格项目，要及时开出“返修单”，由承修人负责返修。返修完工后应自检合格，交由厂检验员复验，直至合格。对维修竣工的车辆，由厂检验员签发《汽车维修竣工出厂合格证》，经送修单位验收合格，并在合格证上签字，办理汽车维修竣工出厂交接手续。

2.4 计量管理制度

汽车维修企业的质量管理部门应设专人（或兼职）管理计量器具，负责计量器具的申购、建帐、立卡、周期检定，以及计量标准器和计量检修设备的管理、维护工作。计量管理员必须经过专门培训和考核，并取得上岗证后持证上岗。

2.4.1　计量器具周期检定

周期检定

企业的计量器具须建立统一台帐,其内容有:类别、名称、编号、量程、精度、台数、检定日期及添置、报废等情况。根据计量器具的检测精度和使用频率,编制并严格执行计量器具周期检定计划,受检率要达到百分之百。新购置的计量器具,须经检定合格后方可使用,《检定合格证》应随同置于量具盒内。使用中的量具,须按"周期检定通知单"的要求,在规定时间内由使用者送交计量管理员,再转送计量检定机构进行周期检定。如遇特殊情况不能按时进行周期检定的计量器具,必须报请计量管理员办理周期检定计划的调整手续。严禁使用未经检定、检定不合格、超过检定周期的计量器具。

2.4.2　计量器具使用规定

使用规定

生产人员中需要个人保管、使用的计量器具,应办理领用手续,填写领料单(申请单),经本人及计量管理员签字后方可领取。使用人员要认真做好计量器具的保管与维护工作,保证在受检期内正常使用,如有损坏,应及时送修。公用的计量器具应由工具间(或料间)统一保管。借用量具须办理借用手续和返回手续,并做好返回检定工作。计量器具遗失或损坏,要及时上报计量管理员,办理遗失、损坏手续,并根据情节与使用年限等具体情况,追究责任人并酌情赔偿。

2.5　返工返修制度

2.5.1　内部返修

用户接车时经试车所提出的故障或缺陷,经厂检验员确认需要排除的,须尽力排除直至用户满意,办理出厂手续为止。用户试车后,若在"车辆验收意见单"的意见栏中没有提出返修项目,即在《汽车维修竣工出厂合格证》上签字,办理出厂手续。若用户提出返修项目,经检验员验证后安排返修。用户提出的返修项目,应按"先外后内"、"先返修后生产"的原则及时安排返修。用户在试车中发生事故,发生车辆碰(擦)坏等情况,要按规定妥善处理,及时组织修复。

2.5.2　车辆返修

车辆维修竣工出厂后(已签发竣工出厂合格证),在质量保证期内,用户使用过程中出现故障或损坏,需回厂返修的均作车辆返修。对返修车辆,厂检验员和业务人员应热情接待,及时办理返修手续。返修项目须经检验员技术鉴定和双方确诊后,填写"返修通知单",下达到承修人员,及时返修。承修人对承修的返修项目竣工必须自检合格,再交厂检验员复检。

返修车辆经检验合格后,及时通知用户来厂接车,待用户确认满意,办理出厂手续,并凭返修通知单,按车辆返修规定结算费用。

2.5.3 质量保证期

凡经维修的汽车,对用户实行"三包",即维修车辆在严格执行汽车运行技术规定,正常使用和维护的情况下,自出厂之日起实行质量保证期。在质量保证期内,汽车发生故障或机件提前损坏,经双方技术鉴定、分析研究,按以下原则处理:

如属维修过失而造成的,均由承修单位实行"三包",优先安排修理,及时解决,不收工、料费用。如属使用维护不当而造成的,原则上由送修单位自行解决,如无能力修复,也可委托承修单位修理,工、料费用由送修单位承担。

2.6 质量回访制度

2.6.1 质量访问

质量访问

每年定期或不定期召开用户座谈会,征求用户对汽车维修、服务质量的意见,以便进一步改进工作,提高修车和服务质量。对意见多、修车量大的用户,领导要亲自组织走访,主动上门听取意见。对用户反映严重的问题应带回及时解决,并举一反三,保证维修质量。积极开展技术服务工作,每年组织以技术工人为主的若干技术服务小组,上门修车,征求质量、服务方面的意见,以便改进管理。

2.6.2 质量信访

质量信访

对用户反映质量问题的来电,要做好记录,及时研究回复。用户来访,要热情接待、认真研究、及时解决,对信访中较重大的问题应及时向领导请示汇报,按领导批示的意见处理。对用户的来信、来电、来访都应立案、编号,作为档案保存。对质量信访的处理,在质量保证期内,由企业质量管理部门(或人员)负责解决(含回信答复、派员返修)。要做好外出返修的情况记录、资料汇总工作,不断完善用户质量信访工作。

2.7 原材料入库制度

2.7.1 原材料入库

原材料(含零配件,下同)入库必须按收料单认真核对货物名称、规格、数量和质量,要有产品合格证或质量保证书,不符合要求的,保管员有权拒绝入库。根据生产任务、耗用定额、原材料库存量及周转日数编制月度原材料申请计划表,经厂领导审批后按计划采购。因生产任务变更或特殊需要,临

时急需短缺原材料，应及时填写请购单，经厂领导批准后交采购员购买。

2.7.2　原材料保管

保管员必须加强责任性，严格遵守有关管理制度，负责供应好、管理好各种原材料。库存原材料必须定期盘点、核对，保证帐、卡、物三相符，不准张冠李戴。原材料应保持完整无损，不锈蚀损坏。严禁烟火入库，禁止非料库人员进入料库。认真做好原材料的保管、保养和防护工作。保管员应随时掌握原材料库存储备，有计划地控制储备量，以免造成原材料呆滞积压。保管员应保持料库、料架、货位的整齐、清洁，按统一顺序排列编号，实现原材料的存放和管理上的系列化、条理化、规格化和整洁化。由于保管员保管不当，造成原材料遗失、损坏的，当事人应予以赔偿。

2.7.3　原材料领用

仓库发料一律凭领料单或调拨单，单据各栏目应填写清楚，经领料人签章、部门主管或指定专人签章后方为有效。原材料出库应按照先收先发和有期限先发的原则，防止时久失效。

2.8　设备管理制度

企业技术部门设专人(或兼职)管理设备，负责设备的申购、验收、调拨、报废和事故损坏的鉴定，建帐立卡。

2.8.1　设备购置

由使用部门提出申请，经管理部门审核和企业领导批准后交采购人员购买。凡购置、调入和自制的设备，必须经设备管理员验收后，由财务部门登记入固定资产帐册。　**购置**

2.8.2　设备调拨

应先填发调拨通知单，通知原使用单位和接收单位办理调拨手续。原使用单位要将设备档案、技术文件、设备附属装置、配件、工具一并调出，双方须办理验收交接手续。　**调拨**

2.8.3　设备档案

各类机具设备实行统一管理、建立台帐，按类别进行编号，逐台设立卡片，建立设备档案，包括设备使用说明书、技术图样、维修手册及维护修理记录等。每年须检查一次，做到帐、卡、物相符。　**建档**

2.8.4　设备使用

主要设备实行定机定人，操作人员应严格遵守安全操作规程，要管好、用好设备，做好日常维护工作；公用设备须指定　**使用**

保管人,负责日常管理和维护。未经批准,不得对设备进行改造、改装。凡因违反操作规程或保管不良造成设备事故者,须由设备员鉴定,会同使用部门分析责任,提出处理意见,经厂领导批准后给予处罚。

2.8.5　设备维修

维修

设备管理人员要根据设备维护修理制度和实际使用情况,编制安排好设备维修计划,以定期对设备进行维护和修理,使其经常处于良好技术状况。设备维修分为例行维护、每周维护、定期检查、小修、中修和大修。设备因使用年久、无法修复或无修复价值的,由设备管理员鉴定后,经厂领导批准办理报废手续。

2.9　安全环保制度

2.9.1　安全生产

安全生产

安全生产是企业管理的一项重要工作,工厂必须有人兼管安全工作。各部门和各级人员要认真执行安全生产责任制,遵守安全操作规程和各项安全生产规定。管生产必须管安全,要做到在计划、布置、检查、总结、评比生产工作的同时抓好安全工作。在生产过程中,对违章操作或不安全的作业,安全值班人员应及时纠正违章操作或采取有效措施,防止事故的发生。

2.9.2　防止火灾

防火

工厂的停车场及放置易燃易爆物品的区域,应有明显的禁火标记,严禁吸烟。在工厂生产工作区域,均属禁烟区,一律禁止吸烟。油棉纱、木屑木花、废油等可燃物品,应放在规定地点,专人负责清理,不得乱丢乱倒。一切焊接明火作业应严格遵守规定,明火作业前必须清除场地周围的可燃物。修理汽车有焊接作业时,必须在油箱盖上加盖石棉布。装有一级易燃品的汽车,不准在场地内停放过夜。各工种生产作业完毕,应切断电源、清理场地、关闭门窗、清除隐患,经检查确无危险因素后,方可离开。存放危险物品的仓库,严禁带入火种。使用危险物品必须遵守有关安全操作规程,非本工种人员不得私自动用。对危险物品(如油漆、香蕉水、汽油等)实行专人保管,生产工作区域必须配有消防设施。

2.9.3　三废治理

三废治理

企业要积极开展三废治理的管理和研究工作,不断完善现有三废处理设备。各类三废处理设备须经常进行检查、维护、并做好运行记录。加强对各类有害烟、气、尘、水的管理及

处理工作，必须做到每周出灰一次，每日对废水测试、排放一次，废电解液必须按规定要求处理后方可排放。各种废油要进行回收，不准排入地沟。汽车喷漆必须在喷漆间或喷烤漆房内进行，喷漆间的各种防污、防爆设备必须齐全有效。

2.10　生产现场管理制度

2.10.1　生产环境

生产环境

厂区整洁、布局合理，应设有总成修理间、工具库房、配件库房和废旧件存放库房，制度要齐全，并统一格式上墙张贴。厂房各工位要在明显处张贴该岗位安全操作规程，在特殊区域(如发电房、油料房等)、特殊工位、特殊设备的醒目处张贴有关注意事项。设备、工具配备合理、齐全，性能良好，实行定人管理。维修人员着装整齐、清洁，佩戴工作牌，持证上岗。维修作业要求“三不落地”(工具不落地、配件不落地、油污不落地)，保持工作场地的清洁。

2.10.2　作业规范

作业规范

维修过程的每道工序都要检验，并在过程检验单上记录，合格才可放行。必须追加维修项目时，须由技术负责人确认，并征得客户同意后，方能增加费用开始施工，并同时要追加工作单或在原工作单上补项。在维修过程中，需要更换配件而维修合同又未约定时，须由技术负责人确认，并征得客户同意后，方可更换。更换配件时，应以旧件换取库房的新件，旧件应交库房保存，维修工位不得存放在修汽车配件以外的其他配件。维修过程中拆下待装的配件和领用待装的配件要妥善保管，防止配件串换或丢失，做到原件装回原车。客户自己带来的配件存放于配件库房，由维修工领用。需要用比较法判断配件性能时，应使用合格的标准配件，不得借用其他汽车的配件用作试验，用于比较试验的标准配件要集中保管。所有维修工序结束后，必须进行维修质量竣工检验，检验员检验合格，签名后方可通知客户接车。需要延期交车时，业务接待员应提前通知客户并做好解释，小修车至少提前一小时，大修车至少提前一天。

3　企业岗位职责

企业合理的岗位责任制是挖掘人力资源的重要手段，它把个人的活动纳入企业经营目标和计划任务所要求的轨道，可以为个人的智慧和才干的发挥提供平台，也是确保每项工作按要求如期完成的一个重要制度。

与企业组织结构和管理制度相对应，每个职位或岗位群应有相应的责任制，它涉及企业的各个工作部门及岗位。本节仅介绍汽车特约维修站中与汽车维修业务管理相关职位或岗位的业务概要和工作内容。

3.1　业务经理

3.1.1　职位概要

职位概要

规划和实施企业的市场战略和目标，负责汽车维修合同的评审、签订和履行等工作，制定并执行生产计划，组织和管理生产系统，实现企业发展目标。

3.1.2　工作内容

在站长授权下负责维修车辆的合同评审；协助站长制定市场发展战略和目标，及时提供市场反馈；制定和实施业务计划，配合市场推广业务计划，并组织相关人员培训；制定企业品牌管理策略，维护企业品牌；指导、参与市场开拓、渠道管理等日常工作；平衡年度生产任务，制定下达月度生产计划，做到均衡生产；组织新技术、新工艺、新设备的应用推广，管理维修费用使用以及本部门工作。

3.2　财务经理

3.2.1　职位概要

主持企业财务管理及内部控制工作，筹集企业运营所需资金，完成企业财务计划。

3.2.2　工作内容

工作内容

协助站长制定企业战略以及市场发展目标；建立科学、系统、符合实际的财务核算体系和财务监控体系，进行有效的内部控制；制定资金运营计划，监管资金运作，提交资金预算、决算报告；审核财务报表，提供筹集运营资金的最有效方式，保证企业发展资金需求；主持对重大投资项目和经营活动的风险评估、指导、跟踪和财务风险控制；协调企业同银行、工商、税务等政府部门的关系，维护企业利益；为企业生产经营、业务发展及对外投资等事项提供财务方面的分析和决策依据。

3.3　配件经理

3.3.1　职位概要

制定和实施汽车零配件采购和供应计划，实现所期望的品种和利润目标。

3.3.2　工作内容

协助站长制定汽车零配件采购和供应计划，根据市场价格和配件质量分类，有效地管理特定零配件的供应计划；处理好企业生产所依赖的供应链，改进采购工作流程和标准，通过尽可能少的流通环节，减少库存时间和额外支付，确保进货质量；选择和发展供应商关系，发展和维护总部及区域采购部、销售部和市场部、物流以及其他组织的相关职能部门的内部沟通渠道。

3.4　质量主管

3.4.1　岗位概要

制定并实施汽车维修质量控制方案，实现企业质量方针和目标。

3.4.2　工作内容

协助业务经理建立和完善质量管理体系，组织实施并监督检查质量体系的运行，监控汽车维修全程质量（索赔、归还、监控等）；随时掌握生产过程中的质量状态，协调各部门之间的沟通与合作，及时解决生产中出现的问题；制定质量检验标准、质量信息反馈和统计流程；跟踪客户的使用情况并提供改善意见，处理客户投诉，推动相关部门及时解决问题，改善质量控制；主持汽车维修进出厂的检验工作。 **工作内容**

3.5　车间主管

3.5.1　岗位概要

组织、协调、指挥车间各项工作，完成车间的维修生产计划和各项工作指标。

3.5.2　工作内容

协助业务经理制定并执行生产计划，组织管理车间生产系统，监督车间工人的工作质量、工作进度；制定和执行工作规程，解决工人操作过程中的问题，提出改进工艺流程、生产设备、安全环保等方面的建议；控制车间生产进度和生产安全，完成上级分配的其他任务。掌握业务动态，分析市场信息，提出改进服务的工作建议。

3.6　检 验 员

3.6.1　岗位概要

完成日常生产现场质量检验、质量监控及结果上报工作。 **岗位概要**

3.6.2　工作内容

协助车间主管维护和监督工人的工作质量，根据检验计划完成日常工作任务；按作业指导书及相应流程对待检件（包括零件、总成或整车）进行检验和分类，认真填写检验记录，及时汇总、存档各项质检记录及相关资料，并提交质量主管；监控生产现场质检工作的具体实施情况，包括人员组织、技术实施、质量、进度、安全、保护等，及时上报生产质量问题。

3.7　生产调度员

3.7.1　岗位概要

协调生产过程，控制生产节奏，保证生产现场正常有序。

3.7.2　工作内容

工作内容

协助车间主管解决生产进度计划和生产安排冲突，按程序变化或其他因素的变化调整生产计划；控制生产现场动态平衡，使其井然有序；每天必须将待修车辆停放在标有"待修区"标识场地内，竣工车辆停放在"竣工区"标识场地内；接到业务施工单，及时落实到生产班组和生产现场；督促与指导各类维修人员执行维修手册和作业指导书，遵守安全操作规程，确保维修服务质量符合规定要求；组织好每天的班前组长会，及时掌握生产情况，解决生产班组之间所出现的问题，解决用户与业务之间出现的矛盾；及时处理外出抢修任务，做好代办验车车辆登记工作；竣工车辆须统一停放，安排人员进行内外清洗后及时通知业务。

3.8　业务接待员

3.8.1　岗位概要

与客户沟通，掌握客户需要，收集信息，开拓客户资源。

3.8.2　工作内容

工作内容

协助业务经理组织好对外业务洽谈和经营活动，开展优质服务和文明管理；专心听取客户要求，认真做好记录，主动到现场查勘车辆，对客户做到有问必答，多提多问，确保完全理解满足客户要求；审核维修合同的内容和变更情况，在用户认可的情况下方可增减维修项目；及时发出业务施工单，熟悉生产车间情况，配合维修人员按项、按时、按质完成任务；主动搜集并反馈有关车辆使用的质量、技术信息，积极向客户宣传质量担保政策，为客户提供技术方面咨询服务；审核维修竣工的项目，主动配合客户接车验收。

3.9　结算员

3.9.1　岗位概要

管理维修站的维修业务应收账款，提供应收账款信息。

岗位概要

3.9.2　工作内容

在业务经理指导下，热情接待客户，讲究文明礼貌，开展优质服务和文明管理。贯彻汽车维修收费标准的规定，正确计算客户车辆维修费用，主动向客户解释发票上的内容，同时将材料清单和出门合格证交给客户；保证不发生漏单或漏帐、少算或多算事件，不将索赔费用结算在客户维修费用内；对客户所提出的异议，应耐心解释，能给客户满意答复，征求客户意见耐心仔细，决不发生争吵事件；努力学习业务知识，提高自身素质和业务水平；做好业务收入统计工作。

3.10　索赔员

3.10.1　岗位概要

管理客户索赔信息，处理汽车维修和零配件销售等方面的索赔事件。

3.10.2　工作内容

工作内容

在业务经理指导下，热情接待客户，讲究文明礼貌，开展优质服务；专心听取客户要求，有问必答，认真记录，确保客户完全理解。做好索赔车辆检查鉴定和登记工作，将带标签的索赔件放入索赔件仓库；根据当天的修理情况，填写好故障报告，每月一次向汽车销售企业售后服务科发送“故障报告单”，结算索赔费用；重大故障（属五大总成、安全系统等）应及时报告汽车销售企业，并按要求将索赔旧件返回汽车销售企业；主动搜集并反馈有关车辆使用的质量、技术信息，积极向客户宣传质量担保政策，为客户提供使用、技术方面的咨询服务。

3.11　生产班组长

3.11.1　岗位概要

管理生产班组的现场，及时处理所在现场的工艺、质量、安全、环境和突发事件。

3.11.2　工作内容

在车间主管指导下，负责生产班组的现场管理，对现场工艺、质量、安全、环境以及突发事件等负责；抓好班组的劳动纪律，搞好安全生产，对违反规章制度的人员，应进行批评教育，或报告车间主管处理;帮助解决车辆维修过程中的技术问题,配合做好维修车辆的检验工作;负责班组文明生产检查考核工作,组织人员对设备、工具的保养工作,确保文明生产和优质服务。

3.12　设备资料管理员

3.12.1　岗位概要

管理设备、工具和技术资料,做好设备定期维护、修理和检定工作。

3.12.2　工作内容

工作内容

在车间主管指导下,管理设备、工具和技术资料;建立设备档案,制定和执行设备维修、更新等计划,提高设备完好率,确保实现计划目标;组织安排设备维修和及时排除故障;督促有关人员做好设备定期维护、修理和检定工作,并做好工作记录;负责技术资料的收集、整理和归档等工作。

3.13　维修工(机工、电工、钣金、油漆)

3.13.1　岗位概要

岗位概要

完成分工的维修项目,认真做好质量记录,保持作业现场干净整洁。

3.13.2　工作内容

在维修班组长指导下,保持穿戴整洁,对客户文明礼貌,坚守工作岗位,工作积极主动,维护企业良好形象;明确维修项目的工种要求,严格遵守安全操作规程,根据维修工艺的要求,维修作业认真细致,遇到问题及时向班组长(或检验员)联系;严格按照维修项目要求领用配件,如有变更,需通过班组长与主管业务接待员联系解决;完成维修项目,须先做好自检工作和质量记录,若有规定,再交检验员复验,确保维修项目达到技术要求;如被检验员判为不合格的维修车辆,需重新返工或返修;保持工具、工具车、工作台和工作场地的干净整洁,自觉及时清理地上的垃圾及油污;油漆、焊接等特殊工种的操作人员需持证上岗,严格遵守安全操作规程,控制工艺参数,做好质量记录。

思考与练习

简答题

1. 简述汽车维修企业组织结构的设置形式。

2. 为保证汽车维修质量,汽车维修企业一般有哪些规章制度?

3. 汽车维修企业生产现场管理有哪些规范要求?

4. 汽车维修企业的规章制度和岗位职责有什么区别和联系?

5. 简述汽车维修工如何正确履行岗位职责。

选择题

1. 汽车维修企业的组织结构在注重系统功能的基础上,要充分考虑结构完整、__________和确保目标三个方面。

A. 岗位明确　　B. 要求齐全

C. 责任明确　　D. 门类齐全

2. 汽车特约维修站大多采用__________的组织结构。

A. 直线型　　B. 职能型

C. 直线职能型　　D. 事业部制

3. 汽车维修合同应实行__________管理和专业归口制度,及时发现和解决合同履行中的问题。

A. 二级　　B. 三级　　C. 直接　　D. 间接

4. 执行计量器具周期检定计划,受检率应达到__________。

A. 70%　　B. 80%

C. 90%　　D. 100%

5. 汽车维修企业要求作业现场保持整洁,做到"三不落地",是指工具不落地、配件不落地和__________不落地。

A. 汽车　　B. 总成

C. 零件　　D. 油污

判断题(错误画×,正确画√)

1. 注重管理幅度和管理层次合理是企业组织结构设置原则之一。　(　)

2. 一些规模较小的维修企业大多采用职能型组织结构。　(　)

3. 质量检验制度主要包括汽车进厂检验和竣工出厂检验两项内容。　(　)

4. 原材料入库制度包括对原材料入库、保管和领用等要求。　(　)

5. 在维修过程中遇到需要更换零配件而维修合同又未约定时,由技术负责人确认更换。　(　)

相关链接

高型结构　是指组织结构层次多、幅度小，管理严密，分工明确。缺点是信息沟通时间延长，管理费用加大。

扁平结构　是指组织结构层次少，幅度大，信息交流速度快，有利于发挥下级的主动性。缺点是协调工作量较大。

纵向一体化战略　是指将生产与原材料供应，或者生产与产品销售联结在一起的战略形式。

可追溯性　是指根据记载的标识，追踪某项活动或过程以及上述活动或过程产生的结果（可以是有形的，也可以是无形的结果）的历史、应用情况和所处场所的能力。

单元三　汽车维修业务管理

学习目标

知识目标

1. 简单叙述汽车维修企业的业务管理程序、汽车检测与诊断过程和维修生产计划；

2. 简单叙述汽车维修业务接待的各项工作内容；

3. 正确描述汽车维修企业优质服务要求、业务接待人员基本素质要求和职业道德规范；

4. 正确描述汽车安全检测、综合性能检测、维修检测和特殊检测等主要内容。

能力目标

1. 会分析汽车维修业务管理程序中的各环节之间的关系；

2. 会做业务接待人员的客户预约、接车、诊断、估价、派工、结算、交车、跟踪服务等工作。

汽车维修企业主要处理的是客户上门的服务业务、外出施救业务和配件销售业务等。随着国内汽车业发展，汽车维修业务量持续扩大，市场竞争更加激烈，汽车维修已经成为中国汽车业的重要组成部分。汽车维修业务管理主要包括业务受理、汽车检测诊断、维修费用预算和结算、生产作业计划、现场作业管理等。

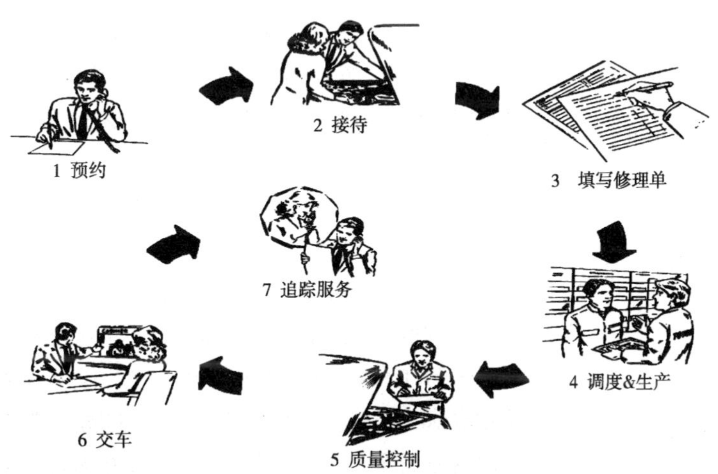

1　汽车维修业务概述

汽车维修业务是汽车维修企业围绕客户和送修汽车所展开的各项工作。汽车维修是汽车产品整体的一个部分，属于汽车服务业范畴，一般由汽车维修企业提供服务，汽车是间接的服务对象，客户才是直接的服务对象。

1.1　维修业务内容

汽车维修业务是汽车售后服务业务的一个重要组成部分，包括客户预约、接待、签订汽车维修合同、派工、调度、作业、质量控制、交车和跟踪服务等环节，是一个涉及客户关系、信息资源、市场开发、作业标准、流程设计和工作考核等方面的控制系统。

1.1.1　预约

预约

汽车维修企业通过与客户预约维修可以有计划地安排工作到维修车间，调整企业用工，防止生产失衡。在预约时间前跟进客户，减少出现失约客户（预约了却没有来的客户），跟进所有失约客户并重新安排预约；尤其是承揽汽车定期维护业务，有很强的周期性特点，如果预约系统有作用，其他工作环节可变得有效平滑，客户满意度也可提高。

1.1.2　接待

接待

接待工作是汽车维修企业的窗口，内外联系的中枢，是非常关键的工作。接待要事先做好充分准备，要能预测客户对信息、环境、情感等方面的需求，并努力加以满足。通过对汽车诊断、索赔、估价和增加项目受理等，用专业的方式接待客户，增加客户信心，在熟知本企业能力的基础上设法超越客户的期望。

1.1.3　填写维修单、签订汽车维修合同

合同

根据汽车维修行业管理要求，遇下列情况时承、托修双方必须签订合同：汽车大修，主要总成大修，二级维护，维修预算费用在1000元以上的。签订汽车维修合同是业务流程中的一项细致工作，汽车维修合同是汽车维修企业经营活动的主要依据和出发点，是企业生产系统的输入指令，明确的维修合同信息是达到“一次修复”的基础，能为提升客户满意度作出

贡献。

1.1.4　调度

调度

汽车维修企业生产系统的良好运行,需要有准确的生产计划和合理的现场调度。调度是现场管理:派工、作业、换件、检验等,均要维持清洁、高效、有序的工作环境;记录零配件的供应同步情况和现场可用工时数,关注作业人员的工作状态;既要监控生产现场各环节,也要关注维修单在业务部门的流动情况,还要优先对待返修客户和等待中客户。

1.1.5　质量控制

质量控制

汽车维修过程质量控制的目标是确保客户的车辆一次修复,减少返修和投诉的发生,增加客户满意度和企业员工的满意度。

1.1.6　交车前说明

交车前说明

汽车维修后,向客户交车前须做如下工作:确认质量控制检查已经完成,客户的要求已经达到,原先估价和实际情况已经核对,准备好结算、收款和提供收款证明(发票),更换下的旧件已经说明并交给客户,确定跟踪服务的方式。通知客户来取车,客户到达时热情问候,陪同客户取车并当着客户的面取下座椅护套等,建议下次服务时间或额外项目,感谢客户的光临。上述交车程序是为了确保客户离开时对汽车维修企业有良好的印象。

1.1.7　跟踪服务

跟踪服务

根据事先承诺的跟踪服务规程和服务方式,汽车维修企业在汽车修竣出厂后的 3 天内联系客户,记录客户的反应,跟进客户要求或因不满意而提出的事项。跟踪回访出厂后的汽车、及时处理客户的抱怨或投诉,跟踪服务可以保持与客户的交流,并在客户满意度方面提供有价值的反馈。

1.2　维修业务程序

把汽车维修业务程序化和制度化,既可以规范企业员工的行为,减少无效或低效劳动,提高维修服务的能力和效率,又能让客户了解企业运作的规范化和汽车维修服务保障体系的有效性,提高企业的效益和信誉。图 3-1 表示某汽车维修企业的业务程序。

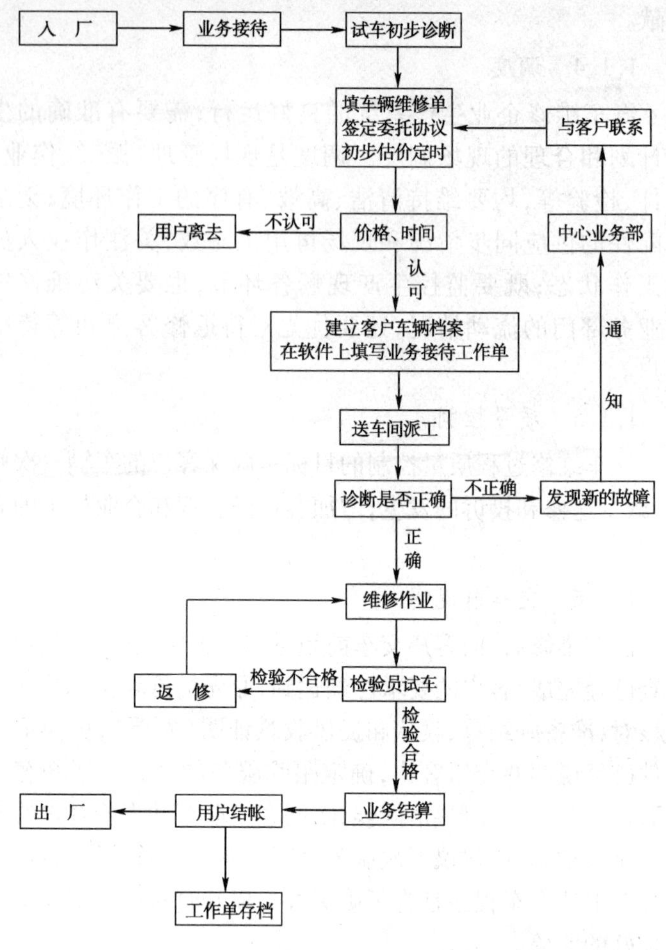

图 3-1　某企业汽车维修业务程序图

2　汽车维修业务接待

2.1　业务接待部门

2.1.1　业务接待部门的作用

接待部门的作用

客户来修车，第一步迈进的是业务接待厅，第一个接触的是业务接待员，业务接待给客户的第一印象至关重要。从维修的对象来看：主要接触的是汽车，价值高、技术含量高，对维修厂的设备、环境的要求也相应的比较高，因此，对企业接待工作的质量、水平、能力也相应提出了更高的要求。业务接待的重要作用表现在以下方面：

2.1.1.1　业务接待是企业形象文明的窗口，接待员的言行举止，接待厅的环境布置，会影响客户的决定——可不可以

让你修车。业务接待协调客户利益与厂家利益基本一致,增加双方的信任感;业务接待凝聚广大客户,提高企业的经济效益和社会效益。

2.1.1.2　业务接待是企业服务水平高低的集中体现。接待员处理问题的能力、技术和经验的多少全部通过其工作来体现。进厂接待、出厂交车、钥匙保管、车上清洁卫生、追加项目的联系、出厂跟踪服务等都从业务接待员身上反映着一个企业管理水平的高低。

2.1.1.3　业务接待是企业创收的窗口,接待的好坏、水平的高低、估价的合理、结算的打折等等,都会影响和关系到企业的信誉、收入和效益。

2.1.1.4　业务接待是服务业现代化管理的重要步骤,汽车维修企业设立业务接待部门和岗位,充分体现企业经营管理日趋完善,对于协调企业管理各环节,明确各岗位职责,提高生产效率,完成经营目标有积极作用。

2.1.2　业务接待部门的构成

根据需要,汽车维修企业设有业务接待职能部门和人员,如业务主管、业务接待员、收款员等。

接待部门的构成

大型汽车维修企业的业务部,以 8 人为例,有业务部经理或主管(由副总经理或厂长兼任),接待 3 人,结算 1 人,收银 1 人,公关接待和跟踪服务 1 人,送检 1 人(进厂检验,送车进车间,送车年审)。

中型汽车维修企业的业务部,以 5 人为例,有业务部经理或主管(由副总经理或厂长兼任),接待(兼生产调度)1 人,收银(结算)1 人,公关接待和跟踪服务 1 人,送检 1 人(进厂检验,送车进车间,送车年审)。

小型汽车维修企业的业务部,以 3 人为例,有业务部经理或主管(兼接车和送检),生产调度(兼接待和跟踪服务)1 人,收银(结算)1 人。

2.2　业务接待人员

2.2.1　业务接待人员基本素质

汽车维修业务接待人员的基本素质要求具体归纳如下:

基本素质

2.2.1.1　文化素质。随着汽车工业的迅猛发展和人民生活水平的提高,汽车保有量迅速增长,汽车维修业出现多层次、多形式、各种经营成分并存的局面,规范汽车维修市场是形势发展的需要。同时,汽车技术的快速更新,对汽车维修企业的从业人员提出了更高的要求,要成为一名合格的汽车维修业务接待人员，必须具有中职或高中以上的文化程度。

2.2.1.2　业务素质。作为汽车维修业务接待人员，对其业务能力的具体要求，一是要熟悉国家和行业管理有关价格、保险、索赔等方面的法律、法规和政策；二是要对汽车维修专业知识有比较全面的了解，如汽车的类型及特征、汽车构造的基本原理、汽车材料及零配件知识、汽车维修工艺流程、常见故障及检测设备、各工种和工艺特点等；三是具有初步财务知识，懂得汽车维修结算收费流程、汽车维修费用和成本构成等：四是要适应企业现代化管理要求，有关怀客户的技巧，会开车，会操作计算机，能运用相关软件辅助管理工作。

2.2.1.3　思想素质。维修业务接待人员的工作岗位直接面对修车客户，是企业对外的窗口，其思想素质的高低直接影响到企业形象，关系到企业的发展，因此要求业务接待员具备高度的工作责任感和事业心，有良好的职业素养，爱岗敬业，秉公办事，团结协作，诚信无欺。

2.2.2　业务接待人员道德规范

道德规范

汽车维修业务接待人员工作过程中必须遵循的道德标准和行为准则，主要包括真诚待客、服务周到、收费合理和保证质量等方面要求。

2.2.2.1　真诚待客。主动、热情、耐心地对待客户，做到认真聆听客户的述说，耐心回应客户的问题，设身处地为客户着想，尽量与客户达成共识。

客户到企业来修车、选购配件或咨询有关事宜，无非有两个要求，一是对物质的要求，希望能得到满意的商品：二是对精神的要求，希望他（她）的到来能被重视，能得到热情的接待。如果业务接待人员做到“真诚待客”，客户感到满足和对服务有好感，会延伸到对企业的信任。

2.2.2.2　服务周到。在维修前、维修中和维修后向客户提供全方位优质服务。

维修前服务内容包括：认真倾听客户对汽车故障的描述，迅速诊断汽车故障原因，对维修内容、费用计算和竣工时间进行详细说明，并使客户认可，向客户提供一些有关汽车维护的建议和信息。

维修中服务内容包括：修理项目要合理，避免重复收费和无故增加不必要的项目；需要增加维修项目，要耐心、详细地向客户说明，同时要征得客户认可；随时了解生产进度，督促生产部门按时完工，如发现不能按时完工，要及早向客户说明因由，取得客户谅解；交车时要介绍汽车现在状况以及使用中

应注意问题等。

维修后服务内容包括：建立健全的汽车维修技术档案；回访客户时要诚恳，对客户提出的问题要认真调查，不可推诿和敷衍，对客户的疑问要有耐心解释，对客户的表扬和建议要表示感谢；做好电话跟踪服务。

2.2.2.3　收费合理。业务接待人员在承接汽车维修业务时，要价格公道，收费合理，严格按照交通行政管理部门规定的工时定额和收费标准核定价格，不乱报工时，不高估冒算，不小题大作，更不能采取不正当的经营手段招揽业务（如请客送礼、给回扣等）。不正当的经营手段，既有悖于行业职业道德，也是一种自毁信誉、自砸牌子的短期行为，业务接待人员应该自觉抵制。

收费合理还体现在严格按照维修作业单上登记的维修项目进行收费，不能为了达到多收费的目的擅自改变维修范围和内容，更不能偷工减料，以次充好。

2.2.2.4　保证质量。汽车维修质量是客户最关心的问题，业务接待人员要督促各工序生产人员严格按照技术要求和操作规程进行生产，使用的原材料及零配件的规格、性能符合标准，按规定的程序进行严格检验测试，汽车故障完全排除，原来丧失的功能得以恢复，使用寿命得以延长等。

2.3　业务接待工作

汽车维修业务接待工作主要包括接待客户，受理客户的维修项目；与技术部联系，检测、确诊修理项目；确定维修工期和费用；确定零配件供应方式及价格（自供、厂购）；汽车交接登记；受理客户的附加要求；填写维修单，并及时传递到维修车间；负责追加项目和更换零配件同客户联系；负责车钥匙的保管和传递登记手续；负责出厂车辆的验收和客户交接；负责与工期将止的客户联系，一般小修提前1小时，大修提前1天报告客户；负责客户结帐、收款工作，按期上报营收统计表；建立客户档案，负责客户的跟踪服务，填写跟踪服务表；建立业务档案，负责填写各种业务报表等。

2.3.1　接待客户

工作内容与要求

见到客户驾车驶进维修站，立即起身，带上工作用具（笔、接修单）走到客户汽车驾驶室边门一侧向客户致意（微笑点头）；当客户走出车门或放下车窗后，应先主动向客户问好，表示欢迎（一般讲“欢迎光临！”），同时作简短自我介绍；如客户汽车未停在维修站规定的接待车位，应礼貌引导客户把车停放到位;简短问明客户来意,如属简单咨询,可当场答复的即当场答复,然后礼貌地送客户出门并致意(一般讲"请走好"、"欢迎再来");如客户的车辆需诊断、报价或进厂维修的,应征得客户同意后进接待厅从容商洽。

情况简单的或客户要求当场填写维修单或预约单的,应按客户要求办理手续。如属新客户、应主动向其简单介绍企业维修服务的内容和程序。如属维修预约、应尽快问明情况与要求,填写"维修预约单"(如表3-1所示),并呈交客户;同时礼貌告之客户,请记住预约时间。

接待人员要文明礼貌,仪表大方整洁、主动热情,要让客户有"宾至如归"的第一印象。客户在客厅坐下等候时,应主动上茶,并示意"请用茶"。

维修预约表 表3-1

客户名称	车型	电话	需要维修项目			预约时间	接待员
MA:维护 GR:一般维修 UR:单件维修 BS:车身 QS:快修						合计	

答询与诊断

2.3.2 答询与诊断工作

在客户提出汽车维修方面诉求时,接待人员应细心专注聆听,以通俗的语言回答客户的问题。在客户汽车需作技术诊断才能作维修决定时,应先征得客户同意,然后开始技术诊断。接待人员对技术问题有疑难时,应立即通知技术部专职技术员迅速到接待车位予以协助,以尽快完成技术诊断。技术诊断完成后应立即打印或填写"入厂检测诊断报告单"(如表3-2所示),明确汽车故障或问题所在,然后把诊断情况和维修建议告诉客户,同时,把检测诊断报告单呈交客户,让客户进一步了解自己的车况。

在这一环节,接待人员态度认真细致,善于倾听,善于专业引导;在检测诊断时,动作要熟练,诊断要明确,以显示企业技术上的优越性。

入厂检测诊断报告单　　　　**表 3-2**

编号 NO：

车牌号		车型		年份	行驶公里		
发动机号		底盘号					
检测类型	故障检测诊断□			免费检测诊断□			
检测方法	仪器设备□		路试□		经验判断□		
故障现象							
检测诊断项目				维修建议			
检测点火系统□ 检测油压系统□ 检测故障系统□ 检测加速性□ 检测四轮定位□ 检测 ABS 系统□ 检测悬挂系统□ 检测启动系统□ 检测充电系统□ 检测真空系统□ 检测电脑控制□ 检测元件□ 检测进气系统□ 其他□				检验员签名			
				客户认同 检测时间			

2.3.3　业务洽谈

业务洽谈

与客户商定或提出维修项目，确定维修内容，收费定价、交车时间，确定客户有无其他要求，将以上内容一一填入“进厂维修单”、请客户过目并决定是否进厂。客户审阅“进厂维修单”后，同意进厂维修的，应礼貌地请其在客户签字栏签字确认；如不同意或预约进厂维修的，接待人员应主动告诉并引导客户办理出厂手续;如有我方诊断或估价的,还应通知客户交纳诊断费或估价费;办完手续后应礼貌送客户出厂,并致意"请走好,欢迎再来"。

在与客户洽谈时,要诚恳、自信、为客户着想、不卑不亢、宽容、灵活,要坚持"客户总是对的"观念。对不在厂维修的客户,不能表示不满,要保持一贯的友好态度。

维修估价

2.3.3.1 业务洽谈中的维修估价。与客户确定维修估价时,一般采用"系统估价",即按排除故障所涉及的系统计算维修收费。对于一时难以找准故障所涉及系统的,也可以采用"现象估价",即按排除故障现象为主计算维修收费,这种方式风险大,厂方定价时应考虑风险价值。维修估价洽谈中,应明确维修配件是由厂方还是由客户供应,用正厂件还是副厂件,并应向客户说明:凡客户自购配件,或坚持要求关键部位用副厂件的,厂方应表示在技术质量不作担保,并在"进厂维修单"上说明。表 3-3 所示为某厂使用的车辆维修估价单。

这一环节中,业务接待人员应以专业人员的姿态与客户洽谈,语气要沉稳平和,灵活选用不同方式的估价,要让客户对企业有信心。

2.3.3.2 业务洽谈中的承诺维修质量与交车时间。业务洽谈中,要向客户明确质量保证,应向客户介绍企业承诺质量保证的具体规定。要在掌握企业现时生产情况下承诺交车时间,并留有一定的余地。特别要考虑汽车配件供应的情况,特别要注意企业的实际生产能力,不可有失信于客户的心态与行为。

交车手续

2.3.4 办理交车手续

在填写维修单或签订维修合同后,接待人员应尽快与客户办理交车手续:接收客户随车证件并审验其证件有效性和完整性,如有差异应及时向客户说明,并作相应处理。对所接收汽车的外观、内饰、仪表和座椅等进行检视,如有异常,应在"进厂维修单"上注明;对随车的工具和物品应清点登记,并请客户在"随车物品清单"上签字,同时把工具与物品装入专门为客户提供的存物箱内;对车钥匙(总开关钥匙)要登记编号,并放置在统一规定的钥匙柜内;对当时油表、里程表指示的数字登记入表。检视、查点、登记均要仔细,不可忘记礼貌地请客户在进厂维修单上签名。

车辆维修估价单　　　　表 3-3

维修站　　　　维修估价单　　　　业字 003

标识　　　　　　　　　　　　　　No. 00001

客户资料	名称		客户代码	
	地址		车牌号码	
	电话		车型	
	联系人		车辆出厂号码	

序号	维修项目	项目收费	序号	零件名称	单价	金额
1.	二级维护					
2.	检修发动机					
3.	检修进气系统					
4.	检修电脑控制系					
5.	故障码清除					
6.	检修自动变速箱					
7.	检修离合器					
8.	检修 SRS 系统					
9.	检修灯光系统					
10.	检修空调系统					
11.	全车车身整形油漆					
合计：			合计：			
总计：　（维修费：　材料费：　其他：　）						
预交定金：　元			收取订金人签名：　年　月　日			
报价时间			预计完成时间			
制单人签名			客户签名			
说明：1. 本估价单有效期为 10 天。2. 报价内容供参考，结算以实际费用为准。						

2.3.5　礼貌送客户

热情主动，亲切友好，不可虎头蛇尾，客户办完一切送修手续后，接待员应礼貌告知客户手续全部办完和可以离去。客户离去时，接待员应起身致意送客，或送客户至业务厅门口，并致意“请走好，恕不远送”。

2.3.6　为送修车办理进车间手续

客户离去后，及时清理“进厂维修单”，通常是用电脑处理，同时登记维修业务统计报表。由业务接待员通知清洗汽车，然后将车送入维修车间，交车间主管或调度，并同时交随车的“进厂维修单”，并请接车人在“进厂维修单”指定栏签名和写明接车时间，时间要精确到 10min。

追加维修项目

2.3.7 追加维修项目处理

业务接待员接到维修车间关于追加维修项目的信息后，应立即与客户联系，征求对增项维修的意见，同时告知由增项维修引起的工期变化。向客户说明追加项目时，要从技术上作好解释工作，事关安全性能要特别强调利害关系；不可强求客户，应当尊重客户选择。在得到客户明确答复后，立即转达到维修车间。客户如不同意追加维修项目，业务接待员即可通知车间并记录通知时间和车间受话人；客户如同意，业务接待员即开具“进厂维修单”追加维修项目内容，立即交车间主管或调度，并记录交单时间。

2.3.8 查询工作进度

业务部根据生产进展，定时向车间询问维修任务完成情况，询问时间一般定在维修预计工期进行到70% ~80%的时候。询问完工时间、维修有无异常。如有异常应立即采取应急措施，尽可能不拖延工期。要准时询问，以免影响准时交车。

客户接车

2.3.9 通知客户接车

通知前，交车准备要认真；车间交出竣工验收汽车后，业务人员要对车做最后一次清理工作，如清理车厢内部，查看外观是否正常，清点随车工具和物品，并放回车上。结算员应将该车全部单据汇总核算，此前要收缴车间与配件部有关单据。一切准备工作之后，即提前1h（工期在两天之内）、或提前4h（工期在两天以上包括两天）通知客户准时来接车，并致意“谢谢合作！”；如不能按期交车，也要按上述时间或更早些时间通知客户，说明延误原因并表示歉意，争取客户谅解。

2.3.10 接待取车的客户

主动起身迎候取车的客户，简要介绍客户汽车维修情况，指示或引领客户办理结算手续。客户来到结算台时，结算员应主动招呼客户，示意台前入座，以示尊重；将结算单呈交客户，如表3-4所示为某厂使用的维修结算单；当客户同意办理结算手续，应迅速办理；当客户要求打折或有其他要求，结算员可引领客户找业务主管处理。结算完毕，应即刻开具该车的“出厂通知单”，连同该车的维修单、结算单、质量保证书、随车证件和车钥匙一并交给客户手中，然后由业务员引领客户到车场作随车工具与物品的清点和外形检视，如无异议，则请客户在“进厂维修单”上签名。客户办完接车手续，接待员送客户出厂，并致意：“先生（小姐）请走好。”“祝一路平安！欢迎下次光临！”整个结算交车过程要简练，不让客户觉得拖

拉繁琐。不可遗漏交车清点后的客户取车签名。

维修结算单　　　　表 3-4

维修站标识　　　　维修结算单　　　　业字 005
NO　00001

<table>
<tr><td>客户名称</td><td colspan="2"></td><td>客户代码</td><td></td></tr>
<tr><td>地　　址</td><td colspan="2"></td><td>车牌号码</td><td></td></tr>
<tr><td>电　　话</td><td colspan="2"></td><td>车　　型</td><td></td></tr>
<tr><td>付款方式</td><td colspan="2"></td><td>车辆出厂编号</td><td></td></tr>
<tr><td>序号</td><td>作业项目</td><td>作业内容</td><td>使用零件</td><td>金额</td></tr>
<tr><td></td><td></td><td></td><td></td><td></td></tr>
<tr><td colspan="2">业务主管指示：　年　月　日</td><td colspan="3">交车员签名：　年　月　日</td></tr>
<tr><td rowspan="4">确认客户已交费
结算员签名</td><td rowspan="4">本维修站对上述维修项目保用至　月日或　　公里</td><td>项　目</td><td colspan="2">金　额</td></tr>
<tr><td>维修、检测</td><td colspan="2"></td></tr>
<tr><td>配　件</td><td colspan="2"></td></tr>
<tr><td>其　它</td><td colspan="2"></td></tr>
<tr><td colspan="2">××××维修站服务电话：</td><td>总　计</td><td colspan="2"></td></tr>
</table>

①财务部②客户③业务部（一式三份）

2.3.11　管理客户的档案

档案的管理

客户进厂后，业务接待人员当日要为其建立业务档案，一般情况是“一车一档”。档案内容以该车“进厂维修单”为主，有客户资料、汽车资料、维修项目、维修情况、结算情况和投诉情况等。老客户的档案资料表填好后，仍存入原档案袋。建立档案要细心，不可遗失档案规定的资料，不可随意乱放，应放置在规定的档案柜内，由专人保管。

2.3.12　解答客户咨询与处理投诉

客户的咨询与投诉

受理投诉的人员要有企业大局观，要有“客户第一”的观念，投诉处理要善始善终，不可怠慢客户，认真记录客户答复，如表 3-5 所示为“客户跟踪反馈服务表”。客户电话或来业务厅咨询有关问题，业务接待人员必须先听后答，不可随意打断客户；业务接待人员的回答要明确和有耐心，要善于正确引导客户的认识和对企业的信任，并留意记下客户的地址、单位、联系电话，以利今后联系。客户投诉无论电话或上门，业务接待员都要热情礼貌接待，认真倾听意见，并做好记录。接待员应及时答复客户的询问，如遇不能立即答复的问题，应先向客户表示歉意并明确表示下次答复时间。处理投诉时，不能凭主观臆断，不能与客户争辩，要冷静而合乎情理。投诉对话结束时，要向客户致意“感谢您的信任，一定给您满意答复”。

客户跟踪反馈服务表　　表 3-5

序号	工号	跟踪时间	联系人、联系电话	车号	信息反馈具体内容											
					维修质量		维修工期		维修价格		服务管理水平					其他意见
					技术	设备	待工	待料	工价	料价	态度	卫生	秩序	手续	外交	
1																
2																
3																
4																
5																
6																
7																
8																

制表人：　　　　制标时间：

受理客户提出预约维修请求，或企业根据生产情况向客户建议预约维修，经客户同意后，办理预约手续。业务员要根据与客户达成的一致意见，填写预约单，并请客户确认签名。预约时间要写明，需要准备的配件价值较高或数量较大，可要求客户预付定金（按规定不少于原价的三分之一）。预约确定后，应及时通知车间主管，以利到时留出工位。预约时间临近时，应提前半天或一天通知客户，以免失约。

业务统计报表

2.3.13　填报业务统计报表

按规定时间完成报表，日报表当日下班前完成，周报表周末日下班前完成，月报表月末日下班前完成。统计要及时、准确和完整，不得估计、漏项。每周和每月的维修类型、数量、营业收入等统计报告由业务部完成，并按时提供财务部和分管经理，以便管理层的分析决策。

3　汽车检测与诊断

汽车检测诊断是指在不解体情况下，判明汽车或总成的技术状况、查明故障部位及原因的技术，由检查、测试、分析、判断等一系列活动组成，在一定程度上可定量化确定汽车技术状况，为汽车运行安全、保护环境和维修质量提供依据。汽车诊断与检测技术是伴随着汽车发展起来的一种技术，近年

来在汽车制造厂、汽车运输部门、汽车维修行业和交通安全管理部门得到广泛应用。汽车新产品的性能鉴定、在用汽车技术等级的评定、维修过程中的检测诊断、维修竣工后的验收及维修质量检测、汽车安全性能年度审验等,都离不开检测诊断技术。

3.1 汽车检测诊断的作用

运用汽车检测诊断技术,就是应用必要的仪器设备,准确、迅速地确定汽车的技术状况和工作能力,查明故障的部位及原因,用以代替几十年来的人工经验判断方法,达到科学、高效、正确的目的。因而,推广汽车检测诊断技术,是检查、鉴定汽车技术状况,监督汽车正确使用和维修质量的重要手段,是促进维修技术发展和实现视情修理的重要保证,是推进汽车维修企业现代化管理的一项重要措施和推行汽车维修行业规范化管理的关键。

对汽车实行定期或不定期检测,认真做好汽车的维护和修理,对于保持汽车技术状况良好,降低故障率,延长使用寿命,减少维修费用,保证行车安全,提高经济效益、社会效益、环境效益,有着十分重要的作用。因此,加强汽车检测诊断和维护修理的管理,是各级交通运输管理部门和各企业不可忽视的重要工作,要高度重视,切实抓好。

为了推进汽车维修企业现代化管理,各地交通运输与维修管理部门和运输企业都应积极组织推广检测诊断技术。交通运输与维修管理部门组织推广检测诊断技术,应面向汽车运输与维修业,以提高社会效益为主要宗旨。大中型汽车维修企业应积极创造条件,配备检测诊断设备;小型汽车维修企业没有条件时,也可与其他企业合作,开展检测工作。

3.2 汽车检测诊断内容

3.2.1 汽车检测

汽车检测

汽车检测内容主要包括:汽车的安全性(制动、侧滑、转向、前照灯等)、可靠性(异响、磨损、变形、裂纹等)、动力性(车速、加速性能、底盘输出功率、发动机功率、转矩和供给系统、点火系统状况等)、经济性(燃油消耗)及噪声和废气排放状况等。按汽车检测的项目和目的分为:

3.2.1.1 安全性检测。安全检测以涉及汽车安全与环保的项目为主要检测内容,其目的是确定汽车性能是否满足有关汽车运行安全和公害等法规的规定,是对全社会民用汽车的安全性检查。

3.2.1.2　综合性能检测。综合性能检测指对汽车的安全性、动力性、经济性、可靠性、噪声和废气排放状况等进行的全面检测。其目的是对在用运输汽车的技术状况进行检测诊断,对汽车维修行业的维修汽车进行质量检测,以确保运输汽车安全运行,提高运输效率和降低运行消耗。

3.2.1.3　维修检测。维修检测以汽车性能检测和故障诊断为主要内容,其目的是对汽车维修前进行技术状况检测和故障诊断,据此确定附加作业和小修项目以及是否需要大修,同时对汽车维修后的质量进行检测。

3.2.1.4　特殊检测。指为了不同的目的和要求对在用汽车进行的检验,在检验的内容和重点上与上述各类检测有所不同,故称为特殊检测。主要包括:改装或改造汽车的检测、事故汽车的检测,接受公安、商检、计量、保险等部门的委托,进行有关项目的检测。

3.2.2　汽车诊断

按汽车诊断的工具和方法分为:

汽车诊断

3.2.2.1　常规(传统)诊断。指采用传统的、简单的诊断工具与方法,主要是依靠检测人员的感觉与检测诊断人员的经验对汽车故障进行判断、确定的一种方法,又称为经验诊断。

此种方法特点是,操作起来简便易行,不受场地条件限制,检测与诊断的依据是依赖人工的观察与感觉,根据汽车在工作中表现出来的外部异常情况,采用逻辑推断的方法,来诊断故障的类型和部位。这种方法必须依赖维修人员的长期积累的经验和反复观察,既烦琐又不准确,常常会出现误诊和延误。这种方法具有不需要专用仪器或设备,投资少等优点。缺点是诊断速度慢、准确性差,不能进行定量分析,且需要较高的技术水平。这种方法多适用于中、小维修企业的故障诊断。虽然该法缺点较多,但在相当长的时期内仍有其独特的实用价值。

随着汽车高新技术的发展和应用,电子化程度的不断提高,汽车维修的内涵和方式,汽车的检测和诊断技术也发生着深刻的变化的实际情况,经验诊断已远远不能满足现代汽车检修作业的需要,只是作为汽车故障诊断的一种辅助方法。

3.2.2.2　仪器(现代)诊断。以仪器仪表检测诊断为主,在不解体条件下,确定汽车的技术状况和工作能力,查明故障部位和原因,以数据流的方式全面真实地反映汽车(尤

其是现代汽车的电控部分）各部份细微变化的检测与诊断方式，又称仪器诊断法。

仪器诊断法的特点是检测与诊断的精确度高，可在汽车不解体情况下，用仪器或设备测试汽车性能和故障的参数、曲线或波形，甚至能自动分析、判断汽车的技术状况。其优点是检测速度快、准确性高，能进行定量分析和易掌握等。缺点是需要的仪器和设备多、操作人员多、占用厂房大，因而投资也大。仪器诊断法是在人工经验诊断法的基础上发展起来的现代诊断技术，是一种发展方向，目前多用于大型维修企业和汽车检测站。

3.2.3　汽车检测诊断参数

诊断参数

现代汽车维修过程中技术资料的应用，主要表现为维修诊断工艺和技术参数的详细查阅，技术资料的形式为生产厂家的维修手册或资料光盘。

维修资料是现代汽车维修必不可少的要素，它是检测诊断作业中故障判断的衡量标准。汽车技术资料大部分以数据与图形的形式存在，面对大量的数据与图形，任何一个维修人员都无法将其完全记在脑海中，建立一个数据库，使维修人员能够及时、准确地调用查阅就可达到目的。

数据库有专人负责，可以针对新车型和新技术及时进行更新，这就可以保证工作的效率与准确性。同时数据库还可以将维修过程中发生的新问题、形成的新方法进行记录存档，从而成为今后解决疑难杂症的案例，逐步成为一个比较完善的汽车维修技术档案。过去作坊式的维修讲究的是老师傅的经验积累，而现代企业则必须将维修人员的群体的经验汇集起来，并加以有效的管理，相互交流，成为共享的财富。汽车常用检测与诊断参数如表3-6所示。

3.2.4　汽车检测诊断设备

诊断设备

汽车检测设备（工具）是汽车维修作业中的硬件基础，没有现代化的汽车检测设备（工具），也就没有现代化的汽车维修，更谈不上建设现代化的汽车维修企业。在早期的经验检测与诊断中，检测与诊断用的工具与设备较为简单，主要是一些直观的测量工具，如听诊器、正时灯、气缸压力表、常规万用表以及一些测量常规数据用的尺度量具等。

现代汽车检测与诊断设备则是一个由各种设备和工具构成的综合检测系统。

汽车常用检测与诊断参数 表3-6

诊断对象	诊 断 参 数
汽车整体	最高车速/km/h 加速时间/s 最大爬坡度/(°),% 驱动车轮输出功率/kW 驱动车轮驱动力/kW 汽车燃料消耗量/(L/km),(L/100km),(km/L) 汽车侧倾稳定角(°) 汽车排放CO体积分数/% 汽车排放HC体积分数/10^{-6} 汽车排放NO_X体积分数/% 汽车排放CO_2体积分数/% 汽车排放O_2体积分数/% 柴油车自由加速烟度/Rb
汽油机供给系	空燃比 汽油泵出口关闭压力/kPa 供油系供油压力/kPa 喷油器喷油压力/kPa 喷油器喷油量/mL 喷油器喷油不均匀度/%
柴油机供给系	输油泵输油压力/kPa 喷油泵高压油管最高压力/kPa 喷油泵高压油管残余压力/kPa 喷油器针阀开启压力/kPa 喷油器针阀关闭压力/kPa 喷油器针阀升程/mm 各缸喷油器喷油量/mL 各缸喷油器喷油不均匀度/% 供油提前角/(°) 喷油提前角/(°)
传动系	传动系游动角度/(°) 传动系功率损失/kW 机械传动效率 总成工作温度/℃
转向桥与转向系	车轮侧滑量/(m/km) 车轮前束值/mm 车轮外倾角/(°) 主销后倾角/(°) 主销内倾角/(°) 转向轮最大转向角/(°) 最小转弯直径/m 转向盘自由转动量/(°) 转向盘最大转向力/N
制动系	制动距离/mm 充分发出的平均减速度/(m/s^2) 制动力/N 制动拖滞力/N
行驶系	车轮静不平衡量/g 车轮动不平衡量/g 车轮端面圆跳动量/mm 车轮径向圆跳动量/mm 轮胎胎面花纹深度/mm
发动机总成	额定转速/(r/min) 怠速转速/(r/min) 发动机功率/kW 发动机燃料消耗量(L/h) 单缸断火(油)转速平均下降值(r/min) 排气温度/℃
曲柄连杆机构	气缸压力/MPa 气缸漏气量/kPa 气缸漏气率/% 曲轴箱漏气量/(L/min) 进气管真空度/kPa
配气机构	气门间隙/mm 配气相位/(°)
点火系	断电器触点间隙/mm 断电器触点闭合角/(°) 点火波形重叠角/(°) 点火提前角/(°) 火花塞间隙/mm 各缸点火电压值/kV 各缸点火电压短路值/kV 点火系最高电压值/kV 火花塞加速特性值/kV
冷却系	冷却液温度/℃ 冷却液液面高度 风扇传动带张力/kN 风扇离合器接合、断开时的温度/℃
润滑系	机油压力/kPa 机油池液面高度 机油温度/℃ 机油消耗量/kg,L 理化性能指标变化量 清净性系数K的变化量 介电常数的变化量 金属微粒的体积分数/%
制动系	驻车制动力/N 制动时间/s 制动协调时间/s 制动完全释放时间/s
其他	前照灯发光强度/cd 前照灯光束照射位置/mm 车速表允许误差范围/% 喇叭声级/dB 客车车内噪声级/dB 驾驶员耳旁噪声级/dB

常用设备和工具主要有：缸漏气率表、真空表、燃油压力表、汽车专用电表、WDF－2088型智能压力检测仪、便携式红外测温仪、手动真空泵、冷却系统测试仪、荧光渗漏检测仪检测仪，通讯式串行电脑诊断设备包括读码器、解码器、扫描器、专用诊断仪、测功机、四轮定位仪、制动实验台、侧滑实验台、发动机综合检测仪、底盘测功机、汽车检测线等。企业可根据经营的规模大小、主要维修汽车的技术复杂程度、企业员工的专业水平等因素，进行合理配置。

3.3　汽车检测诊断程序

受理客户汽车的检测诊断包括客户陈述、路试检测、工况模拟诊断和综合判断等程序。

3.3.1　客户陈述

客户陈述

仔细倾听客户的陈述，尽可能多的掌握第一手信息，并把客户陈述中的各种故障现象一一记录下来。

3.3.2　路试检测

根据需要进行汽车路试检测与诊断，在保证安全的情况下，尽量对客户所反映故障现象的相关部件和部位逐一进行检测。

3.3.3　工况模拟诊断

在诊断中尽可能的去模拟客户反映的工况，观察故障现象，再作出合理的判断与分析。

3.3.4　综合判断

综合判断

找出故障原因是对汽车进行检测诊断的目的，一般情况下，以经验为主的直观判别方法可以找出一些故障现象明显的机械类故障原因，而对故障现象不很明显的则需要用仪器仪表和专用设备进行的诊断，必要时还可以利用汽车性能检测线对汽车技术状况进行检测和对故障现象进行诊断。

3.3.5　电控系统故障诊断

电控系统故障诊断

汽车的电控系统是一个精密而又复杂的系统，其故障诊断也较为困难，而造成汽车电控系统不能正常工作的原因可能是电控系统，也有可能是电控系统外其他部分的问题，故障诊断的难易程度也不一样，如果能够遵循一些基本原则，就可能较为顺利找出故障原因。

3.3.5.1　先外后内。先对电控系统以外的可能故障部位予以检查，排除电控系统以外的故障原因后，再诊断电控系统的故障。

3.3.5.2　先简后繁。先以简单方法检查可能故障部位，在简单方法不能确定故障原因情况下，再以相对复杂的方法诊断故障。

3.3.5.3 先熟后生。由于结构和使用环境等原因，故障现象可能是以某些总成或部件的故障最为常见，先对这些常见部位进行检查，若未找到故障原因，再对其他不常见的可能故障部位检查。

3.3.5.4 代码优先。对电控系统已存在的故障先行排除，对于故障码显示较多的汽车，应先消码（汽车状况允许的情况下、以防偶发性故障的干扰）再读码。

3.3.5.5 先思后行。对故障现象先进行分析，要了解可能的故障原因有哪些，再进行故障检查，这样即可避免盲目性诊断又可预防漏检。

3.3.5.6 先备后用。所谓先备后用是指在诊断工作前，尽量准备好有关的技术资料（如维修手册等）。有了标准的数据资料，可使诊断工作得以顺利完成。

3.3.5.7 注意事项。这里主要强调的是电控汽车诊断应注意的若干事项：

应注意的事项

①在点火开关接通时，不要轻易取下或插上电脑的线束插头，勿在点火开关接通或发动机运转时拆卸、连接蓄电池连线。点火开关接通时，如果没有特殊要求，不要断开任何线路。因为此时任何一个线圈的自感作用都会产生很高的瞬时电压，容易使电脑或传感器受损。

②在转动起动机检查气缸压力时，要拔掉燃油喷射系统的电源继电器或熔断丝，以防喷入的燃油影响检查结果。

③不可用快速充电机进行辅助起动，以防止其脉冲高电压损坏电子元件。在使用快速充电机充电时，务必拆下蓄电池搭铁线。

④不要随便用手触摸电脑针脚，也不要用测试灯测试与电脑相连的电路。在检测电脑传感器时，不能用指针型欧姆表检测，而应用高阻抗的数字表。

⑤测试探针插入插头时，要从接头后侧（连线一端）插入探针，不要从针脚那一侧插入探针，以免损坏接头或针脚。

⑥如果没有特殊要求，不要给任何电子元件施加12V电压，因为许多电子元件只允许接受4V或5V电压。

⑦在检修汽车时，不要把电焊缆线随便搭在汽车电线上，也不能使其穿过汽车电线。在检修电脑或集成电路时，应带上金属环，防止静电损坏电脑电路。

⑧维修或诊断气囊元件周围零件时，应切断气囊的正常

监控状态，防止因误操作引爆气囊。

3.4　汽车检测站

凡可对汽车进行上述全部或多种性能检测的地方，统称汽车检测站。根据检测站的服务对象和检测内容，可分为汽车安全检测站、汽车综合性能检测站和汽车维修检测站三种。

3.4.1　汽车安全检测站

安全检测站

汽车安全检测站主要检测汽车与安全及环保有关的项目，受公安机关、汽车管理部门的委托，承担下列任务：汽车申请注册登记时的初次检验，汽车定期检验，汽车临时检验，汽车特殊检验，包括事故汽车、外事汽车、改装汽车和报废汽车等的技术检验。根据公安部《机动汽车安全技术检测站管理办法》的规定，安全检测站必须具备检测汽车侧滑、灯光、轴重、制动、排放、噪声的设备及其他必要的仪器设备。

汽车安全检测内容，一般分外检和有关性能的检测。外检通过检视和实际操作来完成，其主要内容有：

①检查汽车号牌、行车执照有无损坏、涂改、字迹不清等情况，校对行车执照与汽车的各种数据是否一致。

②检查汽车是否经过改装、改型、更换总成，其更改是否经过审批及办理过有关手续。

③检查汽车外观是否完好，连接件是否紧固，是否有“四漏”（指漏水、漏油、漏气和漏电）等现象。

④检查汽车整车及各系统是否符合 GB 7258—2004《机动车运行安全技术条件》所规定的基本要求。

对汽车有关性能的检测，是利用汽车专用检测设备对汽车进行规定项目的检测，其主要检测要求有以下六项：转向轮侧滑；制动性能；车速表误差；前照灯性能；废气排放；喇叭声级和汽车噪声。

3.4.2　汽车综合性能检测站

综合性能检测站

汽车综合性能检测站能对汽车的安全性、可靠性、动力性、经济性、噪声和废气排放状况等进行全面的检测，可代表交通运输管理部门对汽车的技术状况和维修质量进行监控，保证汽车运行安全，提高运输效率，降低运行消耗。

汽车综合性能检测站的职责是：对汽车的技术状况进行检测诊断；对汽车维修行业的维修汽车进行质量检测；对汽车改装、改造、报废和有关新工艺、新技术、新产品，以及节能、科研项目等进行检测、鉴定；在环保部门统一监督管理下，对汽车排放污染进行监督、监测；接受公安、商检、计量和保险等部门的委托,进行有关项目的检测。

根据交通部《汽车运输业综合性能检测站管理办法》的规定,按职能分级如下:

3.4.2.1 能承担全部检测任务的A级站,即能检测汽车的制动、侧滑、灯光、转向、前轮定位、车速、车轮动平衡、底盘输出功率、燃料消耗、发动机功率、点火系统状况,及异响、磨损、变形、裂纹、噪声、废气排放等状况。

3.4.2.2 能承担在用汽车技术状况和汽车维修质量的检测的B级站,即能检测汽车的制动、侧滑、灯光、转向、车轮动平衡、燃料消耗、发动机功率、点火系统状况,以及异响、变形、噪声、废气排放等状况。

3.4.3 汽车维修检测站

维修检测站

汽车维修检测站是为汽车维修服务的检测站,其任务是:对二级维护前的汽车进行技术状况检测和故障诊断,以确定附加作业和小修项目;对大修前的汽车或总成进行技术状况检测,以确定其是否达到大修标志需要大修;对维修后的汽车进行技术检测,以监控汽车的维修质量。

3.4.3.1 汽车进行二级维护前,应进行技术状况检测和故障诊断,据此确定二级维护附加作业和小修项目以及是否需要大修。汽车二级维护前的检测主要内容如下。

①汽车基本性能:最高车速、加速性能、燃油消耗量、制动性能、转向轮侧滑量、滑行能力等。

②发动机技术状况:气缸压力、机油压力、工作温度、点火系统技术状况、机油质量、发动机异响等。

③底盘技术状况:离合器工作状况;变速器、主减速器、传动轴技术状况(密封、工作温度、异响等);车轮、悬架技术状况;车架有无裂伤及各部件铆接状况等。

④汽车外观状况检查:汽车装备是否齐全,车身有无损伤,车轴及车架有无断裂和变形,有无"四漏"等现象。

3.4.3.2 汽车二级维护、汽车大修和发动机大修竣工后均须进行维修质量检测。汽车二级维护竣工质量检测的主要内容如下。

①外观检查:主要包括车容整齐,装备齐全,无"四漏"现象等。

②动力性能检测:主要检测发动机功率或气缸压力,汽车的加速性能,滑行能力。

③经济性能检测:主要检测100km燃油消耗量或100km·t燃油消耗量。

④安全性能：主要检测转向轮定位和侧滑量，转向盘自由转动量，制动性能，前照灯发光强度及光束照射位置，车速表误差，喇叭声级及噪声等。

⑤废气排放：检测汽油车怠速污染物（CO、HC）排放和柴油车自由加速烟度排放等。

⑥异响：发动机和底盘各总成有无异常声响。

汽车或发动机大修质量检测见单元五叙述。

4　维修费用预算和结算

4.1　维修费用的预算

这一环节中，业务接待人员应以专业人员的姿态与客户洽谈，要让客户对企业有信任感，应尽量说明价格的合理性。

4.1.1　工时估价

工时估价

4.1.1.1　系统估价：即按排除故障所涉及的系统进行维修收费，与客户确定维修估价时，一般采用此种估价方式。

4.1.1.2　现象估价：即按排除故障现象为目标进行维修收费。对于一时难以找准故障所涉及系统的，可以采用此种估价方式。这种方式风险较大，定价时应考虑风险价值。

4.1.1.3　项目定价：即按实际维修工作量收费。针对维修内容技术含量不高，或市场有行业指导价的、或客户指定维修的，可以用此种估价方法。这种方式有时并不能保证质量，应事先向客户作必要的说明。

4.1.2　配件估价

配件估价

4.1.2.1　先确定换件项目（要求班组协助进行），并填写配件申购单，然后交给业务接待进行报价（可要求配件部协助进行）。

4.1.2.2　应明确维修配件是由企业还是由客方供应，用正厂件还是副厂件；并应向客户说明：凡客户自购配件，或坚持要求关键部位用副厂件的，企业应表示在技术质量上不作担保，并在维修合同上说明。

4.1.2.3　对于钣金喷漆的车辆，业务接待不能准确地确定其维修价格的，应主动邀请钣金或喷漆师傅协助报价。

4.1.2.4　业务接待在向客户报价时，要向客户交代清楚，报价仅供参考（考虑不可预见的配件和追加项目），结算时以实际维修费用为准。

4.1.2.5　对于难以确定的配件，班组在拆检时发现需更换的配件必须填写配件申购单及时向业务接待反馈，由业务接待报价并向客户反馈。

4.2 维修费用的结算

4.2.1 收费标准

汽车维修收费标准一般由交通主管部门会同物价管理部门联合制定。

收费标准

4.2.1.1 工时费用：工时单价的制定方法是按各工种计算平均工时的比例，采用加权平均的方法计算出汽车维修的平均工时成本，再根据平均工时成本确定出合适的工时单价。

4.2.1.2 材料费用：材料费用是指维修过程中合理消耗的材料费用，包括汽车维修消耗的零配件以及辅助材料等。

4.1.2.3 其他费用：其他费用包括厂外加工费和材料管理费等。

4.2.2 计算方法

计算方法

4.2.2.1 计算维修工时费：汽车维修工时费收入是汽车维修取得的劳务收入，其按照汽车维修的结算工时定额和结算工时单价而确定。计算公式为：

汽车维修工时费收入 = 工时单价 × 结算工时定额

4.2.2.2 计算维修材料费：汽车维修材料费收入是为了补偿汽车维护所耗材料配件而取得的营业收入，包括外购配件费收入、自制配件费收入、修旧配件费收入及辅助材料费收入等。

外购配件费收入按实际购进和不含税价计算。

自制配件费收入按实际制造成本价计算。

修旧零件费收入指经修复后符合质量标准的基础件、总成件和零部件（不含就车修理加工的零部件），修旧零件费收入一般按不超过现行市场价的50%计算。

辅助材料费收入是指在汽车维修过程中被共同消耗的一些材料，或者难以在单个维修作业之间划分的材料。计算时一般是按照材料消耗定额进行计算，也可以按照维修作业时的工时定额乘以每小时定额辅助材料费用加以确定。

各工种在维修作业时领用的低值易耗品、通用紧固件和工具等（如砂布、锯条、钻头、开口销、通用螺钉、螺母、电工胶布等）应包含在维修工时费内，不另加收费。

4.2.2.3 其他费用的计算：其他费用收入包括外加工费收入和材料管理费收入。

外加工费收入是指汽车维修企业由于进行厂外加工而向

客户收取的营业收入。在汽车维修过程中，由于汽车维修企业的设备、技术等条件所限，有一些作业项目需要到厂外进行加工，从而发生的厂外加工费（不含税），此项费用由企业事先垫付，然后向客户收取。应注意凡是包含托修方保修的维修类别范围之内的厂外加工项目，应按照相应的标准定额工时计算收取厂外加工费的，不应按厂外加工费进行重复收费。

材料管理费由材料的采购、装卸、运输、保管、损耗等费用组成，其收入一般按一定的管理费率进行计算，具体标准各地交通主管部门和物价管理部门都有明确规定。如果在制定工时单价时，考虑收取管理费的因素，还应按规定收取用工管理费用。

4.2.2.4　汽车维修总费用的计算：汽车维修总费用由汽车维修工时费收入、汽车维修材料费收入和其他收入三部分组成，其计算公式为：

汽车维修总收入 = 工时费收入 + 材料费收入 + 其他收入

4.2.3　折扣与折让

折扣与折让

汽车维修企业在生产经营活动中经常发生维修折扣与折让，按企业财务会计准则规定，应该冲减当期的汽车维修收入。

汽车维修收入折让是指在汽车维修过程中，由于质量等问题客户要求对汽车配件的价格或汽车维修工时费给予一定的折让，其折让额的多少视具体情况与托修方协商确定，以双方均能接受为原则。

汽车维修收入折扣是指企业为了鼓励客户及时付款所规定的信用期限和一定的折扣率。只要客户能在规定的期限内付款，将可享受一定的现金折扣，其折扣额的多少取决于信用期限和折扣率。

汽车维修收入折让与折扣的核算通常采用两种方法，一种是总额法，即汽车维修收入按照全额反映，实际发生的现金折扣单独反映，汽车维修的全额收入减去现金折扣之后得到汽车维修净收入；另一种是净额法，即汽车维修收入直接按照净收入进行反映，不单独核算现金折扣，汽车维修收入扣除折扣后进行收入核算。

5　维修生产计划

汽车维修生产计划是指由汽车维修企业生产管理部门编制的，关于承担汽车维修作业的人员、物料和时间等安排。汽车维修生产计划是汽车维修企业组织生产的依据，也是进一步编制汽车维修工艺卡技术文件的依据。

汽车维修的生产计划能从时间上保证客户车辆按期进厂和维修车辆按期出厂，为客户节约时间，为企业增加信誉。科学合理的维修生产计划还可以提高人员、设备、场地、资金等使用率，减少浪费，均衡生产，过程连续，保证质量。

5.1 维修生产计划的分类

汽车维修生产计划可以按其内容分为厂或车间的维修生产计划、单辆汽车或单台总成的维修生产计划等，也可以按计划时期分为年度、季度、月度、周或日的维修生产计划。一般生产计划还可以分为长期、中期及短期几种，也有以大日程、中日程、小日程来区分生产计划的。表3-7所示为各种生产计划之间的关系。

各种生产计划的关系　　表3-7

<table>
<tr><th colspan="3">类　别</th><th>车型、维修项目</th><th>计划时期</th><th>备注</th></tr>
<tr><td rowspan="2">长期</td><td></td><td>长期生产计划表</td><td></td><td>2～3年</td><td rowspan="6">采用滚动计划方式</td></tr>
<tr><td rowspan="2">大日程</td><td>年度生产计划表</td><td></td><td>年度</td></tr>
<tr><td rowspan="2">中期</td><td>季度/半年生产计划表</td><td></td><td>季或半年</td></tr>
<tr><td>中日程</td><td>月份生产计划表</td><td></td><td>月</td></tr>
<tr><td rowspan="2">短期</td><td rowspan="2">小日程</td><td>周生产计划表</td><td></td><td>周或10日</td></tr>
<tr><td>日生产计划表</td><td></td><td>日或3日</td></tr>
</table>

5.2 维修生产计划的编制

5.2.1 编制维修生产计划的原则

编制原则

由于汽车维修是多工种综合作业，尤其是汽车大修，所以在编制维修生产计划时，要注意各工种（环节）之间的“动态平衡”，同时遵循以下原则：

5.2.1.1　严格遵守维修工艺规程，保证维修质量，不得擅自变更和省略规定的工艺程序。

5.2.1.2　压缩汽车维修在厂车日（或在厂车时），尽量妥善安排平行交叉作业。

5.2.1.3　充分利用资源（人力和场地设施），提高维修生产效率和效益；

5.2.1.4　便于生产调度，以应对多种因素（如待料、停电、故障和意外损坏等）影响生产计划的变更。

5.2.2 编制厂或车间的维修生产计划

厂或车间的计划

编制维修厂和车间的生产计划，要根据汽车运输企业提

供的汽车维修计划和市场预测，要考虑汽车维修企业的生产能力等因素，经综合平衡后确定。维修生产计划要按照一定的表格形式，有生产指标和作业形式等内容，表 3-8 所示为某企业车间月度生产计划表。

由专业人员在一定的时间内制定出相应的符合企业实际的生产计划，要交给班组长、车间主任（主管）、业务经理（主管）认真讨论和审议后，报厂长（总经理）批准贯彻执行。

车间月度生产计划表 表 3-8

__________月份工作__________天

No.	车辆类别	维修项目名称	数量	金额	维修车间(工位)	开工	完工	预定出厂日	备注

5.2.2.1 编制维修生产计划时，应考虑以下因素：

应考虑的因素

①各种生产形态（订单维修生产与预约维修生产）；

②当地过去 5 年的汽车销售量（保有量）和销售量增长率；

③当地未来 3 年的汽车销售量（保有量）和销售量增长率预测；

④本企业去年的维修量和维修项目结构；

⑤本企业的作业工位数量、场地面积、工具设备和检测仪器的种类和数量；

⑥车间、部门、班组人员的结构，管理人员和技师、技工的数量以及技能状况；

⑦员工的工作时间和工作效率，客户送修汽车车况和需要维修作业的时间。

5.2.2.2 汽车维修生产能力是指维修企业在计划期内可以提供的有效生产工时量，计算方法如下：

①按汽车维修计划列出作业次数 a。

②根据作业定额规定列出工时定额 b。

③根据本厂自制配件和修理旧件的计划工时及机具维修、革新计划等工时列出修旧革新工时 c,一般为所担负汽车维修作业总工时计划的18% ~20%。

④作业总工时按作业范围分工种计算,作业总工时等于 a、b 两项乘积再与 c 之和。

⑤根据作业总工时计算应有生产工人数,计算方法如下:

需要生产工人数 = 作业总工时/每个生产工人年有效工时

每个生产工人年有效工时 =(365 - 例假日数)× 工作制时间 × 工时利用率

需要生产工人数与现有维修工人数比较,若等于或小于则说明维修能力足够或有余,原则上应提请劳动工资部门列入劳动工资计划予以调整。

5.2.3 编制单辆汽车或单台总成的维修生产计划

单车或单台总成的计划

编制单辆汽车或单台总成的维修生产计划,是根据维修工时定额、工艺过程和作业方法等,并与厂或车间的维修生产计划综合平衡后以图表形式确定的。单辆汽车或单台总成的维修生产计划可作为车间指导维修生产的技术文件。

5.3 维修生产的调度

调度是生产的保证

执行汽车维修生产计划时,一个生产环节的变化,会引起一连串的问题(如后续工序待工、友邻工种待料等),因此一个灵活而有经验的生产调度系统是生产计划顺利执行的必要保证。

汽车维修企业的生产部门中有调度室和调度员,调度室负责人协助生产管理部门编好维修生产计划,并会同各车间调度员和车间主任共同指挥完成生产计划。如果执行生产计划时出现某些脱节或提前等情况,要及时加以调整以保证各工种、各环节和各工序之间的平衡。

汽车维修调度工作要针对生产特点有效开展,例如,汽车维修企业与运输企业订有汽车维修的业务合同,调度要保证合同履行和维修生产计划按期完成,认真做好汽车进厂维修和竣工出厂记录。

由于进厂维修的汽车情况多种多样,维修作业量有大有小,调度应依据汽车进厂检验记录,合理安排各工种、各工序作业,平衡生产进度,并有预见性地安排急需件的加工、修复或采购,减少等工待料现象。

为了做好汽车维修调度工作,除健全调度机构、充实调度人员外,还应建立必要的调度工作岗位责任制,配备必要的调度设施,以及健全有关制度(如调度会议,汇报制度等)。

思考与练习

简答题

1. 什么是汽车维修业务?有哪些工作内容?

2. 汽车维修企业一般怎样设置业务接待部门和人员?

3. 对业务接待员有哪些基本素质要求?有哪些职业道德规范要求?

4. 在汽车维修业务接待过程中,业务员须经常向客户致意的话有哪些?

5. 试说明如何受理客户提出预约维修要求。

6. 什么是汽车检测与诊断技术?常用检测与诊断参数有哪些?

7. 简述汽车综合性能检测和不解体诊断分别有什么特点。

8. 预算汽车维修费用的工时估价有哪几种方式?

9. 简述结算汽车维修费用时的计算方法。

10. 什么是汽车维修生产计划?可以分为哪几种?

选择题

1. 预约维修时需要准备的配件价值较高或数量较大,可要求客户预付定金一般少于配件价的__________。

A. 1/10　　B. 1/5　　C. 1/3　　D. 1/2

2. 汽车安全检测是以涉及汽车__________的项目为主要检测内容。

A. 安全与动力　　B. 动力与环保

C. 制动与环保　　D. 安全与环保

3. 汽车综合性能检测站按职能可分为__________。

A. A 级站和中心站　　B. A 级站和专业站

C. B 级站和专业站　　D. A 级站和 B 级站

4. 对客户汽车检测诊断的程序包括客户陈述、路试检测、__________和综合判断等。

A. 外观检视　　B. 工况模拟诊断

C. 经验诊断　　D. 仪器诊断

5. 以下__________不是汽车检测的主要内容。

A. 安全性　　B. 动力性　　C. 通过性　　D. 可靠性

6. 旧件修复费用一般按不超过现行市场价的________计算。

A. 30%　　B. 50%　　C. 80%　　D. 100%

判断题

1. 对于汽车二级维护业务,承、托修双方必须签订汽车维修合同。 (　)

2. 汽车维修工期在两天之内的,应提前4小时通知客户接车。 (　)

3. 汽车检测诊断是在不解体情况下检测汽车技术状况和诊断故障原因。 (　)

4. 根据汽车检测内容和项目不同,一般分安全和有关性能的检测。 (　)

5. "先外后内"是汽车电控系统故障的诊断方法之一。 (　)

6. 汽车维修企业在计划期内可提供有效生产的工时总量即维修能力。 (　)

相关链接

汽车维修管理系统　是利用计算机软件技术开发的自动化管理综合信息系统。一般结合当今最新汽修模式,为汽车维修企业提供全面的信息、资金管理功能:不仅包括前台业务管理、车间管理、财务管理和仓库管理的基本功能,而且提供客户回访管理、客户流向信息查询等功能。这些功能有助于预测市场前景和考评员工服务质量,支持公司和专营店或站网间的数据通讯,支持远程拨号、局域网、虚拟专网和互联网等多种网络结构。

参考资料

《如何做好汽车维修业务接待》. 机械工业出版社,2004

单元四　汽车维护技术管理

学习目标

知识目标

1. 正确描述我国现行汽车维护制度和强制维护的原则；

2. 正确描述汽车维护的分级和周期，各级维护的作业内容和要求，汽车维护作业的组织形式等；

3. 简单叙述汽车维护技术管理的相关法律、法规、行业规章制度；

4. 正确描述汽车日常维护、一级维护、二级维护和走合期维护的主要内容及工艺流程；

5. 简单叙述汽车维护过程的质量控制、维护竣工检验等的方法和要求。

能力目标

1. 会分析汽车二级维护的过程质量控制和维护竣工检验结果；

2. 能解决典型汽车各级维护作业内容和要求的安排问题。

为了保持汽车在使用期内始终具有较良好的技术状况，减小机件的磨损速度，防止早期损坏和事故发生，提高汽车使用效率，降低运输成本和延长汽车使用寿命，汽车在使用过程中要严格按照汽车维护制度，结合汽车制造厂推荐的汽车维护作业要求进行维护。

1 汽车维护制度

随着汽车技术和质量水平的提高,汽车维护的重要性愈显突出。汽车通过有效维护,其修理工作量会逐渐减少,维护的工作总量将大于修理量。汽车维修的重点已转移到维护工作上,维护重于修理。

汽车维护是指汽车经使用一定的行驶里程间隔或时间间隔后,根据汽车维护技术标准,按规定的工艺流程、作业范围、作业项目、技术要求所进行的预防性维护作业。

1.1 汽车维护的原则和目的

维护的原则

1.1.1 汽车维护的原则

根据交通部的《汽车运输业车辆技术管理规定》,车辆维护应贯彻预防为主、定期检测、强制维护的原则,即车辆维护必须遵照交通运输管理部门规定的行驶里程或间隔时间,强制执行,不得拖延,并在维护作业中遵循车辆维护分级和作业范围的有关规定,保证维护质量。

汽车维护是预防性的,保持车容整洁,及时消除发现的故障和隐患,防止汽车早期损坏是汽车维护的基本要求。汽车维护的各项作业是有计划的、定期执行的,其内容是依照汽车技术状况变化规律来安排的,并做在汽车技术状况变坏之前。

定期检测是指汽车在进行二级维护前,必须用测试仪器或设备对汽车的主要使用性能和技术状况进行检测诊断,以了解和掌握汽车的技术状况和磨损程度,并作出技术评定,根据结果确定该车的附加作业或小修项目,结合二级维护一并进行。

强制维护是在计划预防维护的基础上进行状态检测的维护制度。汽车的维护工作必须遵照交通运输管理部门或汽车使用说明书规定的行驶里程内或时间内,按期执行,不得任意拖延。

因此,坚持预防为主、定期检测、强制维护的原则,做好汽车维护工作并按照国标《汽车维护、检测、诊断技术规范》(GB/T 18344—2001)的要求定期进行,是有效地保持汽车良好技术性能的惟一途径。

1.1.2 汽车维护目的

维护的目的

汽车维护是以保持车容整洁,及时发现和消除故障及其隐患,防止车辆早期损坏为目的。通过汽车的技术维护,应使

车辆达到下列要求：

1.1.2.1　汽车经常处于技术性能良好的状态，可以随时出车。

1.1.2.2　在合理使用的前提下，不致因中途损坏而停车，不会因机械故障而影响行车安全。

1.1.2.3　在运行过程中，降低燃料、润滑油以及配件和轮胎的消耗。

1.1.2.4　各总成的技术状况应尽量保持均衡，以延长汽车大修间隔里程。

1.1.2.5　减轻车辆噪声和排放物对环境的污染。

1.2　汽车维护的分级和作业内容

1.2.1　汽车维护分级

维护分级

在汽车的使用过程中，由于汽车的新旧程度、使用地区条件的不同，在各个时期对汽车维护作业项目也不同。根据《汽车维护、检测、诊断技术规范》有关规定，汽车维护分为日常维护、一级维护、二级维护三种级别。维护作业以清洁、检查、补给、润滑、紧固和调整为主，维护范围随着行驶里程的增加逐步扩大，内容逐步加深。

日常维护是驾驶员为保持汽车正常工况而进行的经常性工作，其作业的中心内容是清洁、补给和安全检视，通常是在每日出车前、行车中和收车后进行的车辆维护作业。

一级维护是对经过较长里程运行后的汽车，由维修人员对汽车安全部件进行的检视维护作业。其作业中心内容除日常维护作业外，以清洁、润滑、紧固为主，并检查有关制动、操纵、灯光、信号等安全部件。

二级维护是由维修企业负责执行的汽车维护作业。其作业中心内容除一级维护作业外，以检查、调整为主，并拆检轮胎，进行轮胎换位。这是汽车经过较长里程运行后，必须对车况进行较全面的检查、调整，以维持其良好的技术状况和使用性能，确保汽车的安全性、动力性和经济性等达到使用要求。

根据汽车有关强制维护管理方面的规定，在汽车维护作业中除主要总成发生故障必须解体外，不得对其他总成进行解体。为减少重复作业，季节性维护和维护间隔较长的项目（指超出一、二级维护项目以外的维护内容），可结合一、二级维护时进行。在汽车二级维护前应进行检测诊断和技术评定，根据结果确定附加作业或小修项目，结合二级维护一并执行。

维护周期

1.2.2 各级维护周期

汽车一级和二级维护周期的确定,一般根据车辆使用说明书的有关规定,同时依据汽车使用条件的不同,由省级交通行政主管部门规定汽车行驶里程。对于不便用行驶里程统计、考核的汽车,可用行驶时间间隔确定汽车一、二级维护周期。其间隔时间(天)应依据本地区汽车使用强度和条件的不同,参照汽车一、二级维护里程周期,由各地自行规定。

由于引进车型的维护规定与国产汽车强制维护规定的内容有所不同,为保证汽车的合理使用,在汽车实际维护工作中应以厂家规定内容为准。

汽车强制维护周期的长短虽然各车型产品要求不一,但从作业的深度来看,都基本上分为两级,相当于《汽车维护、检测、诊断技术规范》中提出的一级维护和二级维护。表4-1所示为上海大众特约服务站执行的上海桑塔纳轿车维护作业单。

汽车维护周期的确定举例:上海市道路运输管理部门核发道路运输证的二级维护周期以行驶里程13000 km为基本依据,采用时间间隔来确定维护周期。在上海市从事货运的车辆,二级维护间隔时间为6个月;从事跨省市旅客运输的客运车辆二级维护间隔为4个月,其中9座以下客运车辆二级维护间隔为3个月。使用期在7年以内(含7年)的进口汽车可以按原厂说明书的规定执行。

维护主要内容

1.2.3 汽车维护主要内容

汽车维护的主要工作内容有清洁、检查、补给、润滑、紧固和调整等。

1.2.3.1 清洁工作是提高汽车维护质量、防止机件腐蚀、减轻零部件磨损和降低燃油消耗的基础,并为检查、补给、润滑、紧固和调整工作做好准备。其工作内容主要包括对燃油、机油、空气滤清器滤芯的清洁、汽车外表的养护和对有关总成、零部件内外部的清洁作业。

1.2.3.2 检查是汽车维护的重要工作之一,通过对汽车的检查,能确定零部件的变异和损坏。其工作内容主要是检查汽车各总成和机件是否齐全,连接是否紧固;是否有漏水、漏油、漏电和漏气等现象;利用汽车上的指示仪表、警报装置等随车诊断装置,检查各总成、机构和仪表等技术状况,对影响汽车安全行驶的转向、制动、灯光等工作情况应加强检查;汽车拆检或装配、调整时应检查各主要部分的配合间隙。

上海桑塔纳轿车维护作业单　　表4-1

维护作业	里程数:km	
	7 500	15000
照明,警告闪光装置、喇叭:检查性能		●
刮水器和清洗装置:检查性能,必要时注入清洗液		●
离合器:检查行程,必要时调整(非自动调整)		●
蓄电池:检查蓄电池电解液,必要时加入蒸馏水		●
发动机:目测有无渗漏(机油、防冻液、燃油及空调系统)	●	●
冷却系统:检查冷却液液面高度及防冻能力,必要时更正,并进行压力测试	●	●
三角皮带:检查静止状态与张紧度,必要时张紧或更换	●	●
凸轮轴传动皮带:检查状态与张紧度,必要时张紧	30 000	
火花塞:更换(非长效火花塞)		●
空气滤清器:清洗外壳,更换滤芯		●
化油器式发动机燃油滤清器:更换	30 000	
汽油喷射发动机燃油滤清器:更换	80 000	
发动机盖:上、下部润滑(包托搭钩)	●	●
门铰链、门拉带:润滑	●	●
机油:更换	●	●
机油滤清器:更换		●
操纵:检查波纹管有无渗漏与损坏		●
制动装置:目测有无渗漏与损坏	●	●
底板保护层:目测有无损坏	30 000	
排气装置:检查有无损坏		●
转向横拉杆球头:检查间隙,固定程度及防尘罩,转向助力系统液压泵各接头是否渗漏	●	●
传动轴:检查防尘罩有无损坏	●	●
变速器、主传动、轴护套:目测有无渗漏及损坏	●	●
制动摩擦片:厚度检查	●	
手制动:检查,必要时调整(非自动调整)		●
氧传感器或 λ 传感器:更换	80 000	
检查轮胎(包括备用胎)花纹深度及花纹类型,调整轮胎压力		●
制动液状态,摩擦片衬面磨损:检查		●
车轮固定螺栓:根据紧固力矩检查		●
点火提前角:检查,必要时调整		●
怠速:检查,必要时调整		●
怠速时 CO 含量:检查并调整(汽油喷射发动机不需调整)		●
前灯灯光:检查,必要时调整		●
试车:脚、手制动,开关操纵及空调:性能检查		●

1.2.3.3　补给工作是指在汽车维护中，对汽车的燃油、润滑油料及特殊工作液体进行加注补充；对蓄电池进行补充充电、对轮胎进行补气等作业。要使汽车得到良好润滑，必须选用合适的品种，并及时正确地添加或更换润滑油料。

1.2.3.4　润滑主要是为了减少机件的摩擦力，减轻机件的磨损。其工作内容包括按照汽车的润滑图表和规定的周期，用规定牌号的润滑油或润滑脂进行润滑；各油嘴、油杯和通气塞必须配奇，并保持畅通；发动机、变速器、转向器、驱动桥、等应按规定补充、更换润滑油。

1.2.3.5　紧固工作是为了使各部机件连接可靠，防止机件松动的维护作业。汽车在运行中，由于振动、颠簸、热胀冷缩等原因，会改变零部件的紧固程度，以致零部件失去连接的可靠性。紧固工作的重点应放在负荷重且经常变化的各部机件的连接部位上，以及对各连接螺栓进行必要的紧固和配换。

1.2.3.6　调整工作是保证各总成和机件长期正常工作的重要一环，调整工作的好坏，对减少机件磨损、保持汽车使用的经济性和可靠性有直接的关系。其工作内容主要是按技术要求，恢复总成、机件的正常配合间隙及工作性能等作业。

2　汽车维护生产工艺

2.1　日常维护主要内容和工艺流程

日常维护是保持汽车正常状况的基础工作，由驾驶员负责完成。日常维护的好坏，直接影响到行车的安全。为了预防事故和保证行车安全，了解和掌握汽车的技术状况，汽车在使用时，驾驶员必须坚持进行日常维护。

2.1.1　日常维护作业内容与要求

内容与要求

日常维护是属于预防性的维护作业，是驾驶员的一项重要职责，也是车队的一项经常性的技术工作。因此，必须强制执行汽车的日常维护工作，坚持出车前检查、行驶中检查和收车后检查的“三检制度”；检查传动、行驶机件和操纵机构的可靠性；维护整车和各总成件的清洁；紧固松动的连接件等。

2.1.2　日常维护作业的工艺流程

工艺流程

日常维护工作的工艺流程如图 4-1 所示。

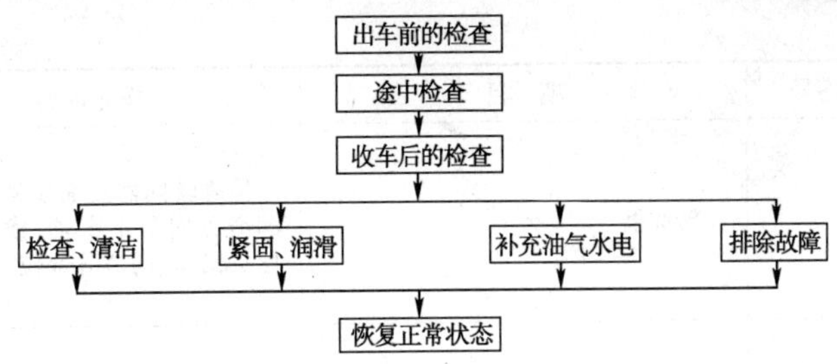

图 4-1　日常维护工作的工艺流程

2.2　一级维护主要内容和工艺流程

一级维护

2.2.1　一级维护作业内容与要求

汽车一级维护是二级维护的基础，由专业维修人员负责执行。汽车一级维护作业的中心内容除日常维护作业外，以清洁、润滑、紧固为主，并检查有关制动、操纵等安全部件。具体作业项目与汽车结构型号有关，主要根据汽车使用说明书、维修手册或有关的汽车维护技术标准的规定而确定。汽车一级维护作业内容及技术要求见表 4-2。

一级维护作业内容　　表 4-2

序号	项　目	作业内容	技术要求
1	点火系	检查，调整	工作正常
2	发动机空气滤清器、空压机空气滤清器、曲轴箱通风系空气滤清器、机油滤清器和燃油滤清器	清洁或更换	各滤芯应清洁无破损，上下衬垫无残缺，密封良好；滤清器应清洁，安装牢固
3	曲轴箱油面、化油器油面、冷却液液面、制动液液面高度	检查	符合规定
4	曲轴箱通风装置，三效催化净化装置	外观检查	齐全、无损坏
5	散热器、油底壳、发动机前后支垫、水泵、空压机，进排气歧管、化油器、输油泵、喷油泵连接螺栓	检查校紧	各连接部位螺栓、螺母应紧固，锁销、垫圈及胶垫应完好有效
6	空压机、发电机、空调机皮带	检查皮带磨损，老化程度，调整皮带松紧度	符合规定

续上表

序号	项　目	作业内容	技术要求
7	转向器	检查转向器液面及密封状况，润滑万向节十字轴，横直拉杆、球头销、转向节等部位	符合规定
8	离合器	检查调整离合器	操纵机构应灵敏可靠，踏板自由行程应符合规定
9	变速器、差速器	检查变速器，差速器液面及密封状况，润滑传动轴万向节十字轴，中间轴承，校紧各部连接螺栓，清洁各通气塞	符合规定
10	制动系	检查紧固各制动管路，检查调整制动踏板自由行程	制动管路接头应不漏气，支架螺栓紧固可靠，制动联动机构应灵敏可靠，储气筒无积水，制动踏板自由行程符合规定
11	车架、车身及各附件	检查、紧固	各部螺栓及拖钩、挂钩应紧固可靠，无裂损，无窜动，齐全有效
12	轮胎	检查轮辋及压条挡圈，检查轮胎气压（包括备胎）并视情况补气；检查轮毂轴承间隙	轮辋及压条挡圈应无裂损、变形，轮胎气压符合规定，气门嘴帽齐全；轮毂轴承间隙无明显松旷
13	悬架机构	检查	无损坏，连接可靠
14	蓄电池	检查	电解液液面高度应符合规定，通气孔畅通，电桩夹头清洁，牢固
15	灯光、仪表、信号装置	检查	齐全有效，安装牢固
16	全车润滑点	润滑	各润滑嘴安装正确，齐全有效
17	全车	检查	全车不漏油、不漏水、不漏气、不漏电、不漏尘，各种防尘罩齐全有效

注：技术要求栏中的“符合规定”指符合实际使用中的有关规定。

2.2.2　一级维护作业的工艺流程

一级维护作业的工艺流程如图4-2所示。

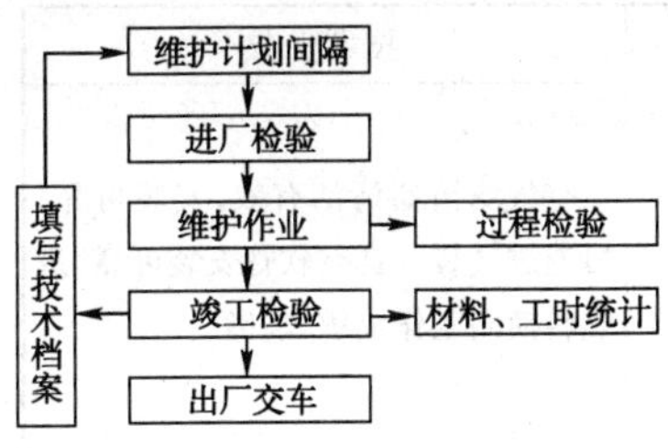

图4-2　一级维护作业的工艺流程

2.3　二级维护主要内容和工艺流程

汽车二级维护是新的汽车维护制度中规定的最高级别维护，其目的是为了维持汽车各总成、机构的零件具有良好的工作性能，及时消除故障和隐患，保证汽车动力性、经济性、排放净化性、操纵性及安全性等各项综合性能指标满足要求，确保汽车在二级维护间隔期内能正常运行。

按照"技术与经济相结合"原则，汽车维护实行状态检测下的二级维护制度，即：二级维护前应进行检测诊断和技术评定，根据结果，确定附加作业或小修项目，结合二级维护一并进行，以消除故障和隐患，保持汽车完好技术状态，确保真正达到汽车维护应有的目的。为此，汽车二级维护的工艺过程较一级维护工艺过程增加了维护前检测诊断和技术评定，确定附加作业项目的内容。

二级维护

2.3.1　二级维护基本作业内容与要求

汽车二级维护基本作业项目是无论汽车的技术状况如何都必须完成的内容，它真正体现了"强制维护"的要求，适用于所有汽车二级维护的技术规范，其规定的基本作业项目和要求是原则性的，具有指导意义。规定的二级维护基本作业内容及技术要求见表4-3。

汽车二级维护基本作业项目，反映的是维护作业的深度要求。汽车二级维护作业的中心内容以检查、清洁、润滑、紧固和调整为主，并检查有关制动、操作等安全部件。即二级维护应以不解体维护作业为中心，强调对部分安全部件的拆检要求。

汽车二级维护作业项目及技术要求　　表4-3

序号	维护项目	作业内容	技术要求
1	发动机润滑油、机油滤清器	①更换润滑油 ②视情更换机油滤清器	①润滑油规格性能指标符合规定 ②液面高度符合规定 ③机油滤清器密封良好，无堵塞，完好有效
2	检查润滑油油面高度	检查转向器、变速器、主减速器等润滑油规格和液面高度，不足时按要求补给	符合出厂规定

续上表

序号	维护项目	作业内容	技术要求
3	空气滤清器	清洁空气滤清器	空气滤清器清洁有效，安装可靠，恒温进气装置真空软管安装可靠，进气转换间工作灵敏、准确
4	①燃油箱及油管 ②燃油滤清器 ③燃油泵	①检查接头及密封情况 ②清洁燃油滤清器，并视情更换 ③检查燃油泵，必要时更换	①接头无破损、渗漏、紧固可靠 ②燃油滤清器工作正常 ③燃油泵工作正常，油压符合规定
5	燃油蒸发控制装置	检查清洁，必要时更换	工作正常
6	曲轴箱通风装置	检查、清洁	清洁畅通，连接可靠，不漏气，各阀门无堵塞、卡滞现象，灵敏有效，符合规定
7	散热器、膨胀箱、百叶窗，水泵、节温器、传动胶带	①检查密封情况，箱盖压力阀、液面高度、水泵 ②检视胶带外观，调整胶带松紧度	①散热器及软管无变形、破损及渗漏；箱盖接合表面良好，胶垫不老化、箱盖压力阀开启压力符合要求；水泵不漏水，无异响；节温器工作性能符合规定 ②胶带应无裂痕或过量磨损，表面无油污，胶带松紧度符合规定
8	①进排气支管、消声器、排气管 ②气缸盖	①检查、紧固，视情补焊或更换 ②按规定次序拧紧扭矩，校紧气缸盖	①无裂纹、漏气，消声器性能良好 ②拧紧扭矩，符合规定
9	增压器、中冷器	检查、清洁	符合规定
10	发动机支架	检查，紧固	连接牢固，无变形和裂纹

续上表

序号	维护项目	作业内容	技术要求
11	化油器及联动机构	清洁、检查、紧固	清洁,联动机构运动灵活,连接牢固,无漏油、气现象,工作系统和附加装置工作正常
12	喷油器、喷油泵	检查喷油器和喷油泵的作用,必要时检测喷油压力和喷油状况,视情调整供油提前角	①喷油器雾化良好,无滴油、漏油现象,喷油压力符合规定 ②供油提前角符合规定
13	分电器、高压线	清洁、检查	分电器无油污,调整触点间隙在规定范围内,无松旷、漏电现象,高压线性能符合规定
14	火花塞	清洁、检查或更换火花塞,调整电极间隙	电极表面清洁,间隙符合规定
15	气门间隙	检查调整	符合规定
16	电控燃油喷射系统供油管路	检查密封状况	密封良好,作用正常
17	三元催化转换器	检查三元催化转换器的作用,必要时更换	作用正常
18	离合器	检查调整离合器踏板自由行程	离合器踏板自由行程符合规定
19	前轮制动	①检查前轮制动器调整臂的作用	作用正常
		②拆卸前轮毂总成、制动蹄、支承销;清洗转向节、轴承、支承销,清洁制动底板等零件	清洁,无油污
		③检查制动盘、制动凸轮轴,校紧装置螺栓	①制动底板不变形,按规定扭矩拧紧装置螺栓 ②凸轮轴转动灵活,无卡滞,转向间隙符合规定
		④检查转向节及螺母、保险片及油封、转向节臂,校紧装置螺栓	转向节无裂纹,螺纹完好,与螺母配合应无径向松旷、保险片作用良好,油封完好不漏油,对转向节轴颈与轴承的配合间隙符合要求,转向节臂装置螺栓拧紧扭矩符合规定
		⑤检查内外轴承	滚柱保持架无断裂,滚柱不脱落,无裂损和烧蚀,轴承内圈无裂损和烧蚀

续上表

序号	维护项目	作业内容	技术要求
19	前轮制动	⑥检查制动蹄及支承销	①制动蹄无裂纹及明显变形，摩擦片不破裂，铆接可靠，摩擦片厚度符合规定； ②支承销无过量磨损，支承销与制动蹄承孔衬套配合间隙符合规定
		⑦检查制动蹄回位弹簧	回位弹簧应无明显变化，自由长度、拉力符合规定
		⑧检查前轮毂、制动鼓及轴承外座圈，校紧轮胎螺栓内螺母	①轮毂无裂损 ②轴承外座圈无裂纹、无麻点，无烧蚀 ③制动鼓无裂纹，外边缘不得高出工作表面，检视孔完整，内径尺寸、圆度误差。左右内径差符合规定 ④轮胎螺栓齐全完好，规格一致；按规定扭矩拧紧
		⑨装复前轮毂、调整前轮轴承松紧度及制动间隙	①装复支承销，制动蹄支承销孔均应涂润滑脂，开口销或卡簧齐全有效 ②润滑轴承 ③制动鼓、制动蹄片表面清洁，无油污 ④制动蹄片与制动鼓的间隙应符合规定，转动无碰擦现象或声响，检视孔挡板齐全 ⑤轮毂转动灵活，用拉力计测量时可转动，且无轴向间隙 ⑥锁紧螺母按规定扭矩拧紧 ⑦保险可靠，防尘罩、衬垫完好，螺栓垫圈齐全紧固（螺栓规格一致）

续上表

序号	维护项目	作业内容	技术要求
20	后轮制动	①拆半轴、轮毂总成、制动蹄、支承销，清洗各零件及制动底板、半轴套管	①轮毂通气孔畅通 ②各零件及制动盘，后桥套管清洁无油污
		②检查制动底板、制动凸轮轴，校紧连接螺栓	①制动底板不变形，连接螺栓按规定扭矩紧固 ②凸轮轴转动灵活，无卡滞，轴向间隙和径向间隙符合规定
		③检查后桥半轴套管、螺母及油封	①套管无裂纹及明显松动、与螺母配合无径向松旷 ②油封完好，无损坏，无漏油 ③套管颈与轴承配合间隙符合规定
		④检查内外轴承	①轴承保持架无断裂，滚柱不脱落，无裂损和烧蚀 ②轴承内座应无裂纹，烧蚀
		⑤检查制动蹄及支承销	①制动蹄无裂纹及变形，摩擦片不破裂，铆接可靠，摩擦片厚度符合规定 ②支承销与制动蹄承孔衬套配合间隙符合规定 ③支承销无过量磨损
		⑥检查制动蹄回位弹簧	回位弹簧无变形，自由长度符合规定，拉力良好
		⑦检查后轮毂、制动鼓及轴承外座圈，检查扭紧半轴螺栓，检查轮胎螺栓，校紧内螺母	①轮毂无裂损 ②轴承外座圈不松动，无损坏 ③制动鼓无裂纹，内径，圆度误差、左右内径差符合规定，外边缘不得高出工作表面，制动鼓检视孔完整 ④半轴螺栓齐全有效

续上表

序号	维护项目	作业内容	技术要求
20	后轮制动	⑧检查半轴	半轴无明显弯曲，不磨套管，无裂纹，花键无过量磨损或扭曲变形
		⑨装复后轮毂，调整制动间隙	①装复支承销、制动蹄片时，承孔均应涂润滑脂，开口销或卡簧齐全可靠 ②润滑轴承 ③套管轴颈表面应涂机油后再装上轴承 ④制动蹄片、制动鼓面应清洁，无油污 ⑤制动蹄片与制动鼓的间隙应符合规定，转动无碰擦现象或声响，检视孔挡板齐全紧固 ⑥轮毂转动灵活，拉力符合规定 ⑦锁紧螺母按规定扭矩拧紧
21	转向器、转向传动机构	①检查转向器传动机构的工作状况和密封性，校紧各部螺栓 ②检查调整转向盘自由转动量	转向盘自由转动量符合规定，转向轻便。灵活，无卡滞和漏油现象，垂臂及转向节臂无弯曲及裂损，各部螺栓连接可靠
22	前束及转向角	调整	符合规定
23	变速器、差速器	检查密封状况和操纵机构，清洁通气孔	密封良好，通气孔畅通，操纵机构作用正常，无异响、跳动、乱档现象
24	传动轴、传动轴承支架、中间轴承	①检查防尘罩 ②检查传动轴万向节工作状态 ③检查传动轴承支架 ④检查中间轴承间隙	①防尘罩不得有裂纹、损坏，卡箍可靠，支架无松动 ②万向节不松旷，无卡滞，无异响 ③传动轴承支架无松动 ④中间轴承间隙符合规定

续上表

序号	维护项目	作业内容	技术要求
25	空气压缩机、储气筒、安全阀	清洁,校紧	清洁,连接可靠,无漏气,安全阀工作正常
26	制动阀、制动管路、制动踏板	①检查制动踏板自由行程 ②检查紧固制动间隙和管路接头 ③检查液压制动管路内是否有气	①制动踏板自由行程符合规定 ②制动间隙和管路接头连接可靠,无漏气 ③液压制动管路内无气
27	驻车制动	检查驻车制动性能,检查驻车制动器自由行程	符合规定,作用正常
28	悬架	检查、紧固,视情补焊、校正	不松动,无裂纹,无断片,按规定扭矩紧固螺栓
29	轮胎(包括备胎)	检查紧固,补气,进行轮胎换位,磨损严重时更换轮胎	气压符合规定,清洁,无裂损、老化、变形,气门嘴完好,轮胎螺栓紧固,轮胎的装用符合规定
30	发动机、发电机调节器、起动机	清洁,润滑	符合规定
	蓄电池	检查,清洁,补给	清洁,安装牢固,电解液液面符合规定
31	前照灯、仪表、喇叭、刮水器、全车电器线路	检查、调整,必要时修理或更换	①前照灯、喇叭、各仪表及信号装置功能齐全、有效,符合规定 ②刮水器电机运转无异响,连动杆连接可靠 ③全车线路整齐,连接可靠,绝缘良好
32	车身、车架、安全带	检查、紧固	性能可靠,工作良好无变形、断裂、脱焊,连接螺栓、铆钉紧固
33	内装饰	检查、紧固	设备完好,无松动
34	空调装置	检查空调系统工作状况、密封状况	①制冷系统密封,制冷效果良好 ②暖气装置工作正常
35	润滑	全车加注润滑脂的部位全部润滑	润滑脂嘴齐全有效,润滑良好

注:技术要求栏中的“符合规定”指符合实际应用中有关技术规定或技术要求。

汽车二级维护基本作业项目的技术要求,即维护作业项目所应达到的技术标准,是维护作业的质量要求。可以看到,《汽车维护、检测、诊断技术规范》的作业项目中凡涉及到有检查、调整数据要求的,也包括一些部件工作状态检查的内容,都以"符合出厂规定"或"符合规定"作为标准,这充分体现了"通过维护,保持原车应有技术状态"这一基本出发点。同时也告诉我们,二级维护基本作业项目在具体执行过程中,应紧密结合具体车型数据,才能有效保证维护质量。

2.3.2 汽车二级维护前检测诊断与附加作业项目的确定

汽车二级维护附加作业项目,是通过维护前不解体检测手段,依据检测结果及汽车实际技术状况,从而确定以消除汽车故障为目的的作业项目和作业内容,附加作业项目确定后与基本作业项目一并进行二级维护作业。

汽车在二级维护前的检测诊断,运用人工检查和设备检测相结合的方法,对汽车的性能、参数,以及故障部位和原因,给予定量和定性的检测与检查。依据这个结果,技术人员与检测人员结合驾驶员的反映和技术档案的综合分析,对汽车进行技术评定,作为编制维修计划、确定本次二级维护中附加作业项目的依据。

技术评定原则

2.3.2.1 二级维护前的技术评定原则如下:

(1)车况好的汽车,可以不做或少做附加作业;车况差的汽车,必须有针对性地增加附加作业,结合二级维护一并执行。

(2)对发现的故障及隐患,及时安排小修,作为附加作业,确保汽车经过二级维护后达到完好车或基本完好车的标准。

(3)对汽车或总成已达到送大修标准的,应安排大修,以恢复汽车完好技术状况和工作能力,避免因失修造成损失。

检测诊断主要参数

2.3.2.2 二级维护前对发动机技术状况进行检测诊断主要参数有:

(1)汽油机点火性能:点火提前角,分电器重叠角与断电器触点闭合角,点火高压。

(2)发动机动力性能:发动机功率,发动机单缸转速降。

(3)发动机密封性能:气缸压缩压力,气缸漏气量,进气支管真空度。

(4)发动机燃料供给系统:燃料供给系统燃油压力,柴油机喷油压力,供油提前角,微机控制燃油喷射系统工作参数。

(5)发动机工作时出现的异常声响和振动：在发动机维护前，采用一定手段准确地判断出发动机异响和振动的部位，有助于分析发动机内部机件工作状况，确定检修方案。

(6)发动机排放污染物：汽油发动机怠速工况 CO 和 HC 排放含量，柴油机烟度。

底盘检测诊断参数

2.3.2.3　二级维护前对底盘技术状况进行检测诊断的主要参数有：

(1)车轮定位。汽车的车轮定位参数包括车轮外倾、主销内倾、主销后倾和车轮前束。由于行驶振动、部件磨损及机械撞击等各种因素，车轮定位参数会出现不同程度的变化，直接影响汽车行驶稳定性和安全性能。依据车轮定位参数的测试结果，分析确定汽车行驶系统、转向系统的检修作业内容是很有必要的。

(2)转向盘自由转动量(亦称转向盘游隙)。此参数是转向系统工作状况的综合诊断参数，反映转向盘、转向轴、转向器、转向杆、转向节及转向轮各部件的传动间隙。

(3)转向轮的横向侧滑量。转向轮横向侧滑量的测量实质上是一种车轮定位的动态检测，通过检测可以分析并确定车轮定位部件的检修项目。

(4)制动性能。汽车二级维护中虽然要求拆检车轮制动器，但在维护前，为准确掌握其制动性能，了解分析制动系其他各部件的工作状态，有必要对制动系统工作情况进行一次不解体测试，以确定其他部件是否需要检修。

反映制动性能的主要参数有车轮制动力、车轮制动力平衡、车轮阻滞力、制动踏板力、驻车制动力等。

(5)操纵性能。汽车行驶中操纵性能是否良好并保持稳定，对汽车使用是至关重要的。汽车操纵性能包括离合器、变速器、驻车制动器、转向机构的工作状况。

(6)车身、车架和悬架完好状况。车身、车架是汽车各部件的安装基础，悬架是汽车行驶系统与车架的联结。车身、车架及悬架的完好及紧固状况，影响汽车各部分的正常工作。汽车二级维护中，应针对车身、车架及悬架的状况，视情进行必要的整形或者焊修，因此应在二级维护前对其进行必要的外观检查。

2.3.2.4　二级维护前附加作业项目确定依据是：

附加作业的确定

(1)向驾驶员询问汽车使用情况(发动机动力性，有无异响，转向、制动性能，燃、润料消耗等)。

(2)查阅汽车技术档案。包括汽车运行记录、检测记录、总成修理记录，以及维护周期内规律性小修情况等。

(3)综合评定结论。根据对汽车检测和检查结果，结合上述情况进行综合评定。

2.3.3　二级维护作业的工艺流程

汽车二级维护的工艺流程如图4-3所示，具体阐述如下：

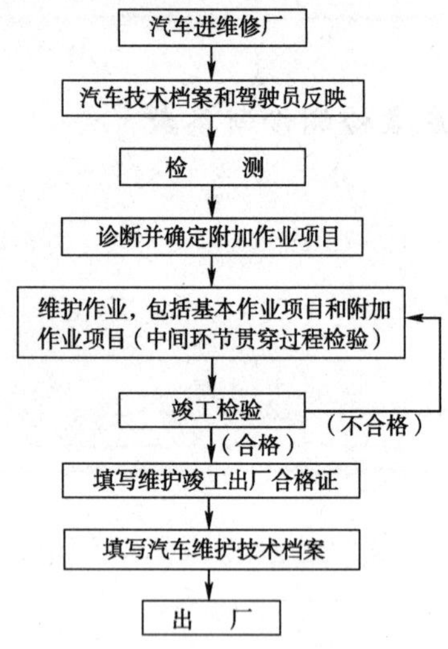

图4-3　二级维护作业的工艺流程

2.3.3.1　汽车二级维护时首先要进行检测。汽车进厂后，根据汽车技术档案的记录资料（包括汽车运行记录，维修记录，检测记录，总成修理记录等）和驾驶员反映的汽车使用技术状况（包括汽车动力性，异响，转向，制动及燃、润料消耗等）确定所需检测项目。

2.3.3.2　依据检测结果及汽车实际技术状况进行故障诊断，从而确定附加作业项目。

2.3.3.3　附加作业项目确定后与基本作业项目一并进行二级维护作业。

2.3.3.4　二级维护过程中要进行过程检验，过程检验项目的技术要求应满足有关的技术标准、规范。

2.3.3.5　二级维护作业完成后，应进行竣工检验，竣工检测合格的汽车，由维修企业填写《汽车维护竣工出厂合格证》后方可出厂。

2.4　走合期的维护

汽车的使用寿命、工作的可靠性和经济性在很大程度上取决于汽车使用初期的走合。汽车的走合期就是指新车或大修后的汽车在最先行驶的一段里程。汽车的走合期一般规定为1500～2500 km，或按汽车使用说明书规定的里程执行。汽车在走合期的技术维护作业，要按汽车使用说明书规定执行，一般分为走合前、走合中和走合后的三次维护。

2.4.1　走合前的维护

走合前的维护

走合前维护是为了防止汽车出现事故和损伤，保证顺利地完成走合，其主要内容有：

2.4.1.1　清洗全车，该作业针对贮库期较长的新车。

2.4.1.2　检查和紧固外部各种螺栓、螺母。

2.4.1.3　检查各部位润滑油、制动液、冷却液的数量和质量，根据需要进行添加或更换，并检查各部位有无渗漏现象。

2.4.1.4　检查轮胎气压和蓄电池放电情况、电解液的密度和液面高度，根据需要给予添加。

2.4.1.5　检查制动效能，必要时进行调整。

2.4.1.6　检查各操纵部位是否灵活有效。

2.4.1.7　检查发动机运转情况，察听有无异响，观察各仪表灯光、信号装置是否齐全有效。

2.4.2　走合中的维护

走合中的维护

一般在汽车行驶500km左右时进行走合中的维护，主要内容有：

2.4.2.1　清洗发动机润滑系，更换润滑油和机油滤清器或滤芯。

2.4.2.2　润滑全车各润滑点。

2.4.2.3　检查各部位有无渗漏，必要时加以紧固。

2.4.2.4　检查紧固气缸盖、进排气支管螺栓和螺母。

2.4.2.5　汽车初驶30～40 km时，应检查变速器、分动器、轮毂和传动轴等是否有过热和异响，如不正常，应查明原因予以排除。

2.4.2.6　检查制动效能，必要时进行调整。

2.4.3　走合后的维护

走合后的维护

走合期结束后，应对汽车进行全面的检查、紧固、润滑和调整作业、拆除限速装置，使汽车达到良好的技术状况，投入正常运行。其主要作业内容有：

2.4.3.1　清洗润滑油道、机油集滤器和油底壳，更换润滑油和机油滤芯，清洗离心式机油滤清器的转子。

2.4.3.2　按规定顺序紧固气缸盖螺栓。

2.4.3.3　检查和调整制动踏板、离合器踏板的自由行程。

2.4.3.4　测量气缸压力，按需调整气门间隙。

2.4.3.5　检查、紧固与调整前桥转向机构的技术状况。

2.5　汽车维护工艺的组织形式

为了有效地完成汽车维修工作，维护作业地点应按工艺配备，合理布局，使各方面工作协调，充分利用人力、物力，减少消耗，取得最佳效益。维护工艺的组织通常是指汽车运输企业内维护地点（工间、工段和工位）的工艺组织，不包括燃油加注、外部清洗和安全检查等内容。

2.5.1　按作业人员分工区分

按作业人员分

根据作业人员的分工不同，汽车维护工艺的组织通常有全能工段式和专业工段式两种形式。

2.5.1.1　全能工段式是把除外表维护作业外的其他规定作业组织在一个工段上实施，把执行各维护作业的人员编成一个作业组,在额定时间内,分部位有顺序地完成各自的作业项目。

2.5.1.2 专业工段式是把规定的各项维护作业,按其工艺特点分配在一个或几个工段上,各专业工人在指定工段上完成各自的工作,工段上配有专门的设备。

2.5.2 按工作地点布置区分

汽车维护工艺的组织形式还可按维护工作地点的布置方式,分为尽头式工段和直通式工段两种。

2.5.2.1 按尽头式布置的工段(见图4-4),汽车在维护时可各自单独地出入工段,汽车在维护期间,停在各自地点,固定不动,维护工人按照综合作业分工等不同的劳动组织形式,围绕汽车交叉执行各项维护作业项目。各工段的作业时间可单独组织,彼此无影响。因此,尽头式工段适合于规模较小、车型复杂的运输企业在高级维护作业、小修时采用。

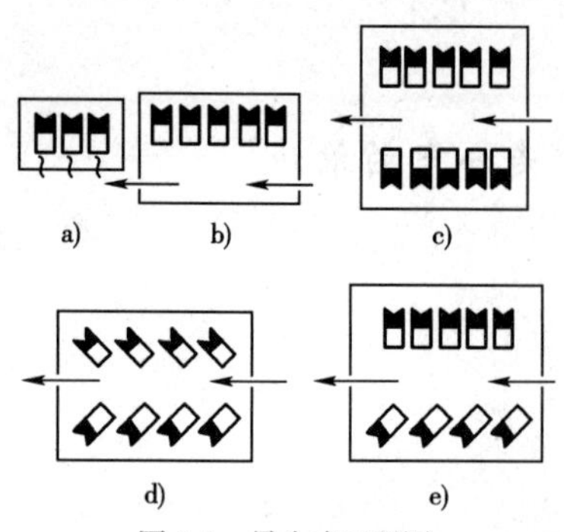

图4-4 尽头式工段图

a)无内部通道;b)有内部通道;c)有内部通道(两侧布置);d)斜角式;e)混合式

2.5.2.2 直通式工段(见图4-5)较适宜于按流水作业组织维护,各维护作业按作业顺序的要求分配在各工段(工位)上,工段的作业工人按专业分工完成维护作业。直通式工段完成维护作业的生产效率较高,因此,当企业有大量类型相同的汽车,而且维护作业内容和劳动量比较固定时,则宜采用流水作业方式。

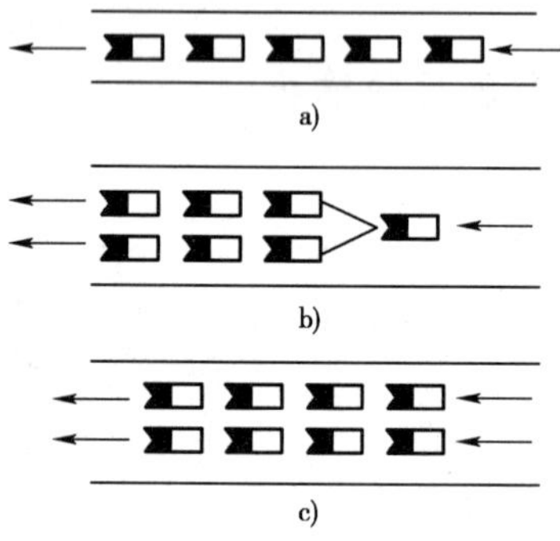

图4-5 直通式工段图

3 汽车维护技术检验

3.1 二级维护过程检验

对汽车二级维护进行过程检验的目的是实现维护过程的质量控制。《汽车维护、检测、诊断技术规范》明确规定:“二级维护过程中,要始终贯穿过程检验,并作检验记录。过程检验中各维护项目的技术要求,需满足相应的有关技术标准,或出厂说明书的有关规定。”汽车二级维护过程检验具体要求如下:

维护过程检验是一项过程质量管理工作,是确保汽车维护质量的重要环节。因此,要求在二级维护作业全过程中实施跟踪检验,即应在二级维护作业项目(含基本作业项目和附加作业项目)执行过程中全面地自始至终实施质量检验。要求在二级维护作业全过程中作好检验记录,特别是对有配合间隙、调整数据或拧紧力矩等技术参数要求的作业项目,要有检验数据的记载,作为作业过程质量监督的依据,也可为汽

车竣工出厂检验提供依据和参照。二级维护作业项目的技术要求,需满足相应的有关技术标准,或出厂说明书的有关规定,即表4-3二级维护基本作业项目中“技术要求”一栏的内容。

3.2　二级维护竣工检验

汽车二级维护竣工检验,是汽车维修企业对承修汽车在二级维护过程中作业项目维护质量的一次综合检验,是控制汽车维修质量,杜绝不合格汽车出厂的一个重要环节。汽车二级维护竣工检验应由专职检验员和专业检测线来完成。检验人员应熟悉汽车二级维护的作业内容、作业过程及维护汽车的技术要求,掌握国家、行业及地方的有关技术标准和检测方法,并能对汽车二级维护竣工检验(包括人工检查,道路试验和检测线检验等)的结果进行分析,指导维修人员进行调整修理,能够正确填写有关的技术资料。

3.2.1　人工检查

人工检查

汽车二级维护竣工人工检查,是汽车二级维护竣工检验中不可缺少的重要部分,是用检测仪器和设备对维护汽车的维修质量和性能进行定量检测的补充。人工检查大部分是定性检视,但对某些有定量要求的项目也应借助工、量具进行必要的测量。根据人工检查和测量的结果,对照国家、行业或地方的有关标准限值,可以得出正确的人工检查结论。

整车检查

3.2.1.1　整车及外观检查,主要内容有清洁、面漆、车体周正、紧固、润滑、密封及电路、前照灯、信号灯、仪表灯、雨刷器、后视镜等装置。

(1)汽车清洁检查。二级维护竣工的汽车外表应清洁无泥垢、尘土,各总成件外部及底盘下方应无油污,空气滤清器芯、燃油滤清器(芯)和机油滤清器(芯)应清洁干净。

(2)汽车面漆检查。汽车外表面的油漆应无气泡、开裂或漆膜脱落现象,补漆腻子应平整,补漆颜色应与原色基本一致。

(3)汽车润滑检查。汽车二级维护按规定应对发动机、变速器、转向器、减速器等总成件的润滑油进行检查、补充或更换;各总成件的润滑油量应达到规定的液面高度;对水泵、风扇、转向节销和销孔、传动轴万向节轴承和花键、车轮制动器凸轮轴、钢板弹簧支撑销和支撑滑块等部位的润滑点,应加注新的润滑脂;润滑脂油嘴应齐全有效,安装方向应正确。

(4)汽车密封的检查。汽车二级维护竣工后的密封检查,除了对该车的车门、车窗、客车车身、货车车厢等部位的密封性能进行检视以外,主要是对汽车各总成件或连接管路的漏水、漏油、漏气进行检查,要求在发动机运转及停车时散热器、水泵、气缸体、气缸盖、暖风装置及所连接部位均不得有明显渗漏水现象;在储气筒气压达额定值时,或踩下制动踏板后,各制动管路、泵阀不得有漏气、漏油现象;在汽车连续运行10 km ,停车5 min后,发动机、变速器、减速器等部位不得有明显渗漏油现象(渗为其部位有印迹,用手能摸的着;漏为其部位有液滴掉落下来)。

车体周正检查

(5)车体周正检查。按《机动车运行安全技术条件》中的规定,车体应周正,车体外缘左右对称部位高度差不得大于40 mm。此项检查应将被检车开上纵、横向坡度均不大于1%的平整场地上,轮胎气压正常,在离地高1.5 m内用专用标尺测量外缘左右对称部位的离地高度,其高度值之差不得大于40 mm 。

(6)紧固件检查。汽车零、部件的连接,特别是在汽车运行中高速旋转部件的连接,对行车安全至关重要。二级维护竣工汽车的连接件的紧固情况,应首先重点检查转动部件的连接螺栓是否紧固,其次对汽车外部连接螺栓(如车身连接、驾驶室与车架连接、发动机支架螺栓、钢板弹簧U型螺栓、制动底板紧固螺栓、制动凸轮、制动蹄支架等连接部位的紧固情况)进行检查。要求各部位螺栓连接件上的弹簧垫圈、平垫圈或防松垫圈、开口销等齐全有效,并按原车的使用说明书或有关技术文件的规定力矩拧紧。对原车使用说明书或有关技术文件没有规定的,应按一般螺纹紧固件的拧紧力矩拧紧。总之,汽车外部的连接螺栓和螺母不得有松动现象。

(7)照明与信号装置检查。要求各灯具安装牢靠、齐全、有效,所有灯的开关应安装牢固,开关自如。检查双丝灯泡的接法是否正确;转向信号灯与制动信号灯的灯丝发光强度,应高于同灯泡中另一根灯丝的发光强度;汽车前照灯内的远、近光灯丝接法也必须两边同步,不得反接;对四灯制的汽车,远、近光双光束的灯泡应装于汽车前部的外侧,远光单光束灯泡应装于内侧,前照灯总成的配光性能应符合国标《汽车前照灯配光性能》规定的要求。转向信号灯和应急信号灯的闪光频率应为1.5 Hz ±0.5 Hz,启动时间不大于1.5s。

转向系检查

3.2.1.2　转向系检查,主要内容有:转向器、转向节、转向节臂、转向摇臂、横拉杆、直拉杆及球头球销、转向助力装置、转向盘自由转动量等,要求转向机构操纵轻便、转向灵活,

无摆振、路感不灵或其他异常现象,车轮转到极限位置时,不得与其他部件有摩擦现象。

转向器总成的检查

(1)转向器总成的检查。转向器总成安装应牢固,润滑油量符合要求,转向器轴、轴承、齿轮等应转动自如,不得有松旷、串动或干摩擦现象。

(2)转向节臂总成的检查。转向节销及销孔应加注润滑脂,转向时不得有松旷或跳动现象。各转向节臂的螺栓连接应牢固,开口销齐全有效。

(3)转向系拉杆总成的检查。转向系横、直拉杆球座及球销应无裂纹和损伤,润滑良好,拉动拉杆时球销不得松旷或跳动,各拉杆不准拼接或烧焊。

(4)转向盘自由转动量的检查。测量转向盘自由转动量时,汽车应保持直线向前状态,将转向轮置于平坦、干燥和清洁的硬质路面上,先将检测仪器安装到转向盘上,然后转动转向盘至一侧有阻力时止,再转至另一侧有阻力时止,测量出其间的最大自由转动量。转向盘自由转动量的最大允许值为20°(最大设计车速大于或等于 100 km/h 的机动车)或 30°(最大设计车速小于 100km/h 的机动车)。

(5)转向助力装置的检查。转向助力装置应连接紧固,液压油量应符合规定,不得有渗漏油现象。当发动机不工作时,依靠驾驶员的力量,应能转动转向盘。

(6)转向轮最大转向角的检查。转向轮的最大转向角是指汽车转向时内轮所能转过的最大角度,它应符合原厂的技术要求。检查时将保持直线行驶的汽车开上转向角测量仪,调整转盘角度指针零点,然后拔去转盘锁销,转动转向盘到一侧的极限位置,保持转向轮不动,记录内外轮转盘指针指示的角度数,然后再将转向盘转到另一侧的极限位置,记录下内外轮转盘指针指示的角度数,两内轮的转角数即为转向轮的最大转向角。

(7)车轮前束的检查。车轮前束值应符合原厂的技术规定,人工检查时,首先选好被测车轮上的测量点(不同厂牌车型汽车的测量点位置不同,有的在胎面中心,有的在轮辋边缘处),然后用专用前束尺进行测量。对非独立悬架车轮,可用千斤顶顶起车桥进行检测,对独立悬架车轮只能落在地面上进行检测或用四轮定位仪检测。测读数据时,前束尺应保持水平并与车轮轴线保持同一高度,以避免产生测读误差。

行驶系检查

3.2.1.3 行驶系人工检查,主要内容有车轮和轮胎、悬架、车架、车桥等。

(1)车轮和轮胎的检查。轮胎的表面磨损:轿车和挂车轮胎胎冠上花纹深度不得小于1.6 mm;其他机动车转向轮轮胎的胎冠花纹深度不得小于3.2 mm,其余轮胎胎冠花纹深度不得小于1.6 mm;轮胎胎面不得有因局部磨损而暴露出轮胎帘布层;轮胎的胎面和胎壁上不得有长度超过25 mm,或深度足以暴露出轮胎帘布层的破裂或割伤。

同一轴上轮胎型号和花纹应相同,轮胎型号应符合汽车出厂时的规定,汽车转向轮不得装用翻新的轮胎。轮胎负荷不应超过该轮胎的额定负荷,轮胎的充气压力应符合该轮胎承受负荷时规定的压力,轮胎的动平衡量应符合有关规定。车轮螺母和螺栓应齐全完整,并应按规定力矩紧固。车轮总成的横向摆动量和径向跳动量要求,总质量小于或等于4.5t汽车不得大于5 mm ,其他汽车不得大于8 mm 。

悬架的检查

(2)悬架的检查。悬架主要由弹性元件、减振器和导向机构三部分组成,它们分别起缓冲、减振和导向作用,但三者的共同任务则是传力。为保障运行安全,二级维护竣工出厂的汽车必须检查悬架。

钢板弹簧或螺旋弹簧不得有裂纹和折断现象,所用弹簧形式和规格应符合产品使用说明书中的规定,钢板弹簧中心螺栓和U型螺栓连接应牢固。装有减振器的汽车,减振器不得有漏油现象,安装应牢固、有效。

(3)车架和车桥的检查。车架不得有锈蚀、变形、裂纹和折断,螺栓和铆钉不得松动或缺少。拖车钩、备胎架应齐全,无裂纹变形,连接牢固。前后车桥(轴)不得有变形、裂纹和移位。左右轴距差不得大于轴距的1.5/1000 。车桥与车架或悬架之间的各种拉杆和导杆不得变形,各接头和衬套不得松旷串动。

3.2.2 道路试验

道路试验

汽车二级维护竣工的人工检查,仅仅是对竣工汽车进行的静态检查,汽车发动机的运转情况,离合器、变速器、减速器、转向系统、制动性能及整车滑行性能的好坏,还必须经过汽车道路试验后,才可确认。

3.2.2.1 汽车道路试验发动机工作状况,主要内容包括发动机起动性能、怠速和加速性能、发动机异响等。

(1)起动性能。发动机应有良好的起动性能,驾驶员能在驾驶座位上直接起动。汽油发动机在不低于 -5 ℃,柴油机在不低于5 ℃的条件下,用起动机起动时,应在5s 内起动

成功。在做重复起动试验时，每次间隔 2 min 。

(2)怠速和加速性能。怠速为发动机最低稳定转速，转速值应符合原厂的技术要求。当发动机工作温度正常后，怠速运转应平稳无抖动现象。在运行中，发动机从怠速向低速、中速、高速变换时，转速应能随节气门开度的增大而升高，各工况之间应平滑过渡。急加速时，发动机转速应提升迅速，不得有“回火”、“放炮”、“断火”或“爆震”现象。

(3)发动机异响。当发动机温度正常、运转稳定后，应该在不同的路况和工况下都不得有任何异常响声。发动机异响有机械异响和燃烧异响之分。

发动机异响

机械异响是指发动机运动摩擦的配合间隙过大、过小或机件损坏造成的，常见的机械异响有：曲轴主轴承响、连杆轴承响、活塞敲缸响、活塞销响、气门间隙响等。发动机机械异响的检查，可用发动机异响诊断仪来检查，或由人工借助于发动机的转速、负荷、温度、润滑油压力的变化和短路点火电压来诊断。

燃烧异响是指可燃混合气在发动机燃烧室内的不正常燃烧造成的，常见的现象有“回火”、“放炮”或“爆震”等。燃烧异响常伴随着发动机转速突然升高而增大，主要原因是点火时间过早、过迟或可燃混合气过稀、过浓及燃油品质较差等，当适当改变点火提前角或混合气浓度时异响有所减弱或消失，因燃油品质较差而引起的“爆震”，应选用正确的燃油牌号。

3.2.2.2　汽车道路试验传动系工作状况，主要内容应包括：离合器、变速器、传动轴、主减速器和差速器等。

传动系工作状况

(1)离合器。离合器踏板的自由行程应符合原厂规定，踩下或放松离合器踏板时，应有明显的空行程和工作行程之区别。汽车起步时，缓慢抬起离合器踏板至完全结合，整个过程中应无抖动或异响。汽车运行中，在加速、减速或上坡时，离合器应无打滑、振动或异响。离合器分离应迅速彻底，接合应平顺。

(2)变速器。变速器变速杆的档位位置应感觉清楚，传动杆件的连接应牢固，自锁、互锁装置有效，换档操作方便，行驶中不得有乱档、脱档现象，齿轮不得有不正常响声。自动变速器汽车的升、降档位应正常。

(3)传动轴。传动轴的装配应符合等角速传动的规定，传动轴上的平衡块或平衡配重的相对位置应正确。万向节与中间支架及中间轴承等的装配应无松旷，行驶中不得有振动或异常响声。

(4)主减速器和差速器。主减速器齿轮和差速器齿轮的啮合间隙和齿轮轴承的预紧度应符合原厂的技术要求,不得有松旷串动,驱动桥在行驶中油温应正常,无异常响声。

3.2.2.3 汽车道路试验转向系工作状况,主要内容有转向灵活性、转向操纵轻便性和转向稳定性等。

转向系工作状况

(1)转向灵活性。汽车应具有稳定的直线行驶能力,在行驶中转向轮无偏驶、跳跃和摆振现象,在转向后应能自动回正。汽车在转向过程中转向轮不得与车架、车桥、车身和各种拉杆、管路等有碰擦现象。

(2)转向盘操纵力。转向系各部件及杆件的球销连接处应运动灵活,不得有阻滞或跳动现象,汽车的行驶方向应随着转向盘的转动而平稳转向。试验时汽车空载,在平坦、硬实、干燥和清洁的硬路面上,以10km/h的速度,在5s之内沿螺旋线从直线行驶过渡到直径为24m的圆周上行驶,其间用转向测力仪测得施加于转向盘外缘的最大切向力,一般汽车应不大于150 N,装有转向助力器的客车应不大于120 N;当转向助力器失效时,转向力应不大于490 N。

也可以采用原地检测方法,将汽车转向轮置于转角盘上,转动转向盘使转向轮达到原厂规定的最大转角,在全过程中用转向测力仪测得的转动转向盘的操纵力不得大于120N。

(3)操纵稳定性。汽车在转弯加速行驶时,转向系应具有适度的不足转向特性,以使汽车具有正常的操纵稳定性。试验时由检验员转动转向盘至一定角度并维持不变,使汽车由低速逐渐加速行驶,此时汽车的行驶转弯半径应逐步变大,这就是不足转向特性,反之为过度转向特性,不变为中性转向特性。过度转向特性和中性转向特性在汽车高速行驶时是有危险的。

制动性能

3.2.2.4 汽车道路试验制动性能,主要内容包括汽车制动时的制动距离、制动减速度、制动稳定性和制动协调时间。在汽车二级维护竣工检验中,一般只检验制动踏板的自由行程、路试制动距离(拖印)、制动稳定性和驻车制动性能等。

(1)制动踏板自由行程。汽车制动踏板的自由行程应符合原厂的技术要求,当踩下制动踏板,行车制动达到规定的制动效能时,踏板总行程不得超过全行程的3/4;制动器装有自动间隙调节装置的汽车,其踏板总行程不得超过全行程的

4/5;座位数小于或等于 9 的载客汽车,踏板行程不得超过 120 mm;其他汽车不得超过 150 mm。对液压制动系统,应在第一脚踏到底时制动力就能达最大值。

(2)制动距离。制动距离是指汽车在规定的初速度下急踩制动踏板时,从脚接触制动踏板时开始,到汽车停住时止,汽车所驶过的距离。路试制动距离时的汽车初速度、制动距离长度的技术要求应符合表 4-4 规定。路试时可采用非接触式速度计,直接测取制动距离、制动协调时间和充分发出的制动减速度等。制动完毕,放松制动踏板后,应能迅速解除车轮制动,不得影响汽车的再次起步。

制动距离和制动稳定性要求 表 4-4

车辆类型	制动初速度 km/h	满载检验时的制动距离,m	空载检验时的制动距离,m	制动稳定性要求车辆任何部位不得超出的试车道宽度,m
座位数≤9 的载客汽车	50	≤20	≤19	2.5
总质量≤4.5t 的汽车	50	≤22	≤21	2.5*
其他汽车、汽车列车及无轨电车	30	≤10	≤9	3.0

* 对总质量 >3.5t 并≤4.5t 的汽车,试车道宽度为 3m。

装有 ABS 制动系统的汽车,还应检查当车速高于 10km/h 时,系统的报警灯应熄灭,在规定的初速度下急踩制动时,车轮应在无抱死状态下迅速停下来,且同一轴左右轮制动器的制动动作应一致,汽车无跑偏现象。

汽车路试制动性能应在平坦、硬实、清洁、干燥、轮胎与路面间的附着系数不小于 0.7 的水泥或沥青路面上进行,试车路面长度应足够,制动时发动机与传动系统应脱离。

制动稳定性

(3)制动稳定性。路试紧急制动时,汽车应能按原行驶方向迅速减速并停止,不能有横滑、甩尾或跑偏现象。检测时根据不同汽车按照表 4-4 的要求,在试车道上画出一条 2.5 m 或 3.0 m 宽的宽度限制线,再将汽车在试车道线内加速至规定的初速度,保持汽车直线行驶方向不变,然后作紧急制动,此时车身外缘部位不得触及或超出宽度限制线,否则为不合格。

驻车制动性

(4)驻车制动性能。汽车驻车制动性能是在空载状态下,将汽车按正反两个不同方向停放在坡度为 20%、轮胎与地面的附着系数不小于 0.7 的坡道上,使用驻车制动装置,被检车应在 5 min 内保持原地不动。若汽车总质量为整备质量的 1.2 倍以下,停放坡道的坡度为 15%,因为这种汽车的空载状态与满载状态相差不大。

汽车驻车制动的操纵装置必须留有足够的储备行程，一般应在操纵装置全行程的2/3以内达到规定的制动性能。驻车制动机构有自动调节装置的，允许在操纵装置全行程的3/4以内达到规定的制动性能。棘轮式驻车制动操纵装置，允许来回拉动驻车操纵杆3次以内达到规定的制动性能。

3.2.2.5　汽车道路试验滑行性能，主要内容包括汽车滑行距离和滑行阻力等。

滑行距离

(1)滑行距离。整车滑行性能的路试检验，应选择在平坦(纵向坡度不大于1%)、干燥和清洁的硬路面上，风速不大于3 m/s。被检车应空载，门窗关闭，轮胎气压正常。当被检车的行驶车速高于30 km/h后，置变速器于空档，让汽车滑行，待车速降至30km/h时，用速度计或第五轮仪开始测量，其间不准移动转向盘，直到汽车停止，记录其间的滑行距离，至少往返各检测一次，其往返滑行距离的平均值应符合表4-5的规定。

车辆滑行距离要求　　表4-5

汽车整备质量(m),kg	双轴驱动车轮滑行距离,m	单轴驱动车轮滑行距离,m
$m<1\ 000$	≥104	≥130
$1\ 000\leqslant m\leqslant 4\ 000$	≥120	≥160
$4\ 000<m\leqslant 5\ 000$	≥144	≥180
$5\ 000<m\leqslant 8\ 000$	≥184	≥203
$8\ 000<m\leqslant 11\ 000$	≥200	≥250
$m>11\ 000$	≥214	≥270

滑行阻力

(2)滑行阻力。整车滑行阻力的检验，应在平坦、干燥和清洁的硬路面上进行，汽车空载，轮胎气压正常。解除制动，置变速器于空档。用拉(压)力计拉(压)动被检车，当被检车从静止开始移动时，其最大拉(压)动力，即滑行阻力应≤整备质量的1.5%。

思考与练习

简答题

1. 什么是汽车维护？什么是强制维护？

2. 简述汽车一级维护、二级维护的作业内容和工艺

流程。

3. 汽车二级维护中的附加作业项目是如何确定的？

4. 汽车二级维护竣工检验中采用人工检查的主要内容有哪些？

5. 简述汽车二级维护竣工检验对发动机和底盘有哪些要求？

选择题

1. 根据13号部令，汽车维护应贯彻定期检测、强制维护、__________的原则。

A. 计划修理　　B. 定期修理

C. 视情修理　　D. 强制修理

2. 汽车一、二级维护周期的确定，应以汽车__________为基本依据。

A. 行车时间间隔　　B. 行驶里程

C. 诊断周期　　D. 修理厂规定

3. 汽车二级维护附加作业项目的确定是以__________为目的。

A. 延长使用寿命　　B. 减少维修费用

C. 提高动力性　　D. 消除汽车故障

4. 汽车维护工艺作业的组织形式按专业分工和维护工作地点分为__________和专业工段式两种形式。

A. 分组工段式　　B. 分工种工段式

C. 分总成工段式　　D. 全能工段式

5. 汽车二级维护竣工检验是对承修汽车在二级维护过程中作业项目维护质量的一次综合检验，由__________来完成。

A. 专职检验员和专职修理工

B. 专职修理工和专业检测线

C. 专职检验员和专业检测线

D. 专职检验员和专业工量具

判断题

1. 汽车维护分为一级维护、二级维护、三级维护三种级别。（　）

2. 二级维护的作业中心内容除一级维护作业外，以润滑、调整为主。（　）

3. 汽车维护制度的内容有作业类别、作业要求、作业内容、作业周期和作业地点。（　）

4. 对汽车二级维护进行过程检验的目的是实现维护过程的质量控制。（　）

5. 汽车的走合期就是指新车或大修后的汽车在最先行驶的一段里程。 (　)

相关链接

《汽车维护、检测、诊断技术规范》(GB/T 18344—2001)是交通部组织制订的国家标准,适合于各行业,适用于所有在用车。它促进了检测诊断技术的发展,它的核心是“定期检测、强制维护、视情修理”。

参考资料

汽车使用与技术管理. 人民交通出版社,2001 年
汽车运用基础. 机械工业出版社,2004 年

单元五　汽车修理技术管理

学习目标

知识目标

1. 正确描述视情修理的原则和我国现行汽车修理制度；

2. 正确描述汽车修理的类别、修理方法和作业方式等；

3. 简单叙述汽车修理技术管理的相关规章制度和常用技术经济指标；

4. 简单叙述汽车修理技术检验的部分标准和零件修复方法；

5. 简单叙述汽车修理生产主要过程。

能力目标

1. 会做汽车典型零件技术检验，能解决典型零件可用、可修或不可修的区分问题；

2. 会分析汽车维修在厂(场)车日、维修质量保证期内的返修率等主要反映汽车维修服务质量水平的指标。

在现代企业组织经营活动中，生产作业管理的状况有很重要的作用。汽车修理是指为恢复汽车完好技术状况或工作能力而进行的作业，汽车修理技术管理应坚持预防为主和技术与经济相结合的原则，根据对汽车检测诊断和技术鉴定的结果，视情修理汽车或总成；编制修理计划，安排修理工艺，进行零部件修理，统计修理完成情况；提高修理质量，降低修理费用。

1 汽车修理制度

汽车修理制度是一种技术性组织措施，它规定了修理的类别、送修标志和规定、作业内容、技术标准和技术规范等等。汽车修理制度与汽车维护制度统称为汽车维修制度，是人们在长期的生产实践中认识的结果，随着生产和认识的进步，还会有所改进、有所变化。

1.1 汽车修理制度的发展

1.1.1 事后修理

事后修理

人们在使用汽车初期，由于缺乏认识和经验，常常在汽车出了故障和损坏以后，才对它进行必要的修理，也就是"事后"的非计划修理。

随着汽车的大量使用，特别是汽车运输生产成为一种行业的情况下，为了保证汽车运行安全和正常的运输生产，人们不得不想办法把维护和修理作业安排在预计出现故障和损坏之前，这就出现了计划修理制度。

1.1.2 定期修理

定期修理

随着人们对汽车认识加深，使用和维修经验的积累，在掌握了汽车技术状况变化的规律的基础上，对汽车实施定期修理，减少非计划修理，使运输生产和维修生产都进入有计划有组织的运行轨道。定期修理是指按规定的间隔期和等级进行的修理，定期修理制度在相当长一段时间里起过很积极的作用，现在国内外某些汽车运输企业、汽车维修企业仍在采用。

但是，随着汽车设计制造和检测诊断技术的发展，现有的定期修理不再适合于新型汽车，另外维修人员在实施修理前可以通过先进的检测诊断技术更准确地掌握汽车及总成技术状况，从而决定是否需要修理和怎样修理，这样可大大减少盲目修理，为实现既不拖延修理而造成汽车技术状况恶化，又不因提前修理而造成浪费的情况，这就出现了视情修理制度。

1.1.3 视情修理

视情修理是指按技术文件规定对汽车技术状况进行诊断或检测后，决定修理内容和实施时间的修理。"视情修理"体现了以下基本实质：一是改定性判断为定量判断，确定修理作业的方式由以车辆行驶里程为基础，改变为以车辆实际技术状况为基础；二是使用高科技检测手段，对送修车辆进行检测诊断和技术评定，是实现车辆视情修理的重要保证；三是体现

了技术经济原则,避免了拖延修理造成车况恶化,也防止了提前修理造成的浪费。“视情修理”落实的关键,是检测诊断仪器设备的应用。近年来,汽车综合性能检测站的建立和部分具备检测诊断仪器、设备条件的维修企业,已为视情修理创造了客观条件,落实“视情修理”,要依靠汽车运输、维修、检测企业认真执行相关管理规定和技术标准。

汽车视情修理制度是计划定期修理制度的进步,是建立在汽车定期检测制度和汽车状态检测维护制度基础上的一种修理制度。

1.2　汽车修理类别

汽车修理按修理对象、修理深度、执行作业的计划性或组织形式等标准划分的不同类别或等级,称为汽车修理类别。汽车修理若按作业范围可区分为汽车大修、总成大修、汽车小修和零件修理四种类别。

1.2.1　汽车大修

汽车大修

汽车大修是新车或经过大修后的车辆,在行驶一定里程(或时间)后,经过检测诊断和技术鉴定,用修理或更换车辆任何零部件的方法,恢复车辆的完好技术状况的恢复性修理。

1.2.2　总成大修

总成大修

总成大修是汽车的总成经过一定使用里程(或时间)后,用修理或更换总成任何零部件(包括基础件)的方法,恢复其完好技术状况和寿命的恢复性修理。需要说明的是:在汽车修理中,对总成及其零部件的划分通常如表5-1所示。

汽车总成及其零件划分表　　表5-1

序号	总成(系或装置)的名称	总成(系或装置)包括的范围	基础件	主要零部件	其他零件(系或装置)
1	发动机附离合器总成	发动机	气缸体	气缸盖、曲轴、凸轮轴、连杆、活塞组、飞轮、飞轮壳	气缸套、配气机构零件、进排气歧管、燃料系(不含燃油箱)、点火系(不含蓄电池)、冷却系(不含散热器)、润滑系等零件
		离合器	离合器壳	离合器片及压盘	离合器内部零件、分离轴承及操纵机构等
		空压机	气缸体	气缸盖、曲轴、连杆活塞组	空滤器、皮带轮等

续上表

序号	总成(系或装置)的名称	总成(系或装置)包括的范围	基础件	主要零部件	其他零件(系或装置)
2	变速器附传动轴总成	变速器	变速器壳	变速器盖、一轴、二轴、中间轴、齿轮	换挡机构、同步器等
		分动器	分动器壳	分动器盖、输入轴、输出轴、齿轮	操纵机构等
		手制动器	制动鼓(盘)	制动蹄、摩擦片、制动拉杆及支架	操纵机构等
		传动轴		前后传动轴、中间支架及轴承	万向节滑动叉、花键轴、万向节叉、十字轴等
3	前桥附前悬挂、前制动及转向器总成	前桥	前轴、前驱动桥壳	转向节、前轮毂、主减速器、差速器	转向节臂、主销、横直拉杆、前驱动半轴等
		前悬挂		钢板弹簧、减震器	弹簧销、活吊耳、销套、横向稳定杆等
		前制动		制动鼓、制动分泵	制动凸轮轴、调整臂、制动蹄片等
		转向器	转向器壳	蜗轩、滚轮、转向助力器	转向摇臂、转向器轴及管柱、转向盘等
4	后桥(包括中桥)附后悬挂、后制动总成	后桥	后桥壳	主减速器、差速器、后轮毂、半轴	半轴套管、主减速器壳、制动室支架、轮毂内外轴承等
		中桥	中桥壳		
		后悬挂		钢板弹簧、平衡轴、减振器	弹簧销及销套、活吊耳、横向导向杆等
		后制动		制动鼓、制动分泵	制动凸轮轴、调整臂、制动蹄片等
5	车架总成	车架	车架	纵梁、横梁、牵引装置	保险杠、备胎架、油箱支架、蓄电池架、脚踏板架、翼子板支架等
6	车身总成	货车车身 车头		发动机罩、翼子板	散热器罩、挂钩等
		货车车身 驾驶室	驾驶室骨架	车门、风窗框、座椅、仪表板架	门窗玻璃及升降器等
		货车车身 车厢	纵横梁	边柱、边板、底板	前、后板、篷杆、挂钩等
		客车车身	底横梁、车身骨架	内外蒙皮、底板、驾驶员门、乘客门、座椅	门窗玻璃和升降器、内外装饰、散热器罩等
7	制动系	气压制动 储气筒		单向阀、安全阀	连接管路等
		气压制动 控制机构及车轮制动器		气制动阀、制动气室	制动底板、传动拉杆及调整装置等
		液压制动 制动总泵、分泵	泵体	活塞、顶杆	皮碗、止回阀、回位弹簧等
		液压制动 真空增压器或制动助力器	缸体	柱塞及控制阀	皮碗、回位弹簧及联接管路等
		液压制动 车轮制动器		制动鼓	制动底板、制动蹄及调整装置等

续上表

序号	总成(系或装置)的名称	总成(系或装置)包括的范围	基础件	主要零部件	其他零件(系或装置)
8	电系	点火、起动、照明、信号、仪表装置等		发电机、起动机、调节器、分电器、蓄电池	点火线圈、火花塞、各种灯具、喇叭、电气仪表及其联接线路等
9	空调装置	制冷系	制冷系	冷凝器、滤清器	控制装置、鼓风机及管路等
		采暖系	暖风器	散热器	鼓风机、开关及管路等
10	自动倾卸装置		举升器缸体	举升器柱塞、齿轮泵	各联接件及管路等

1.2.3 汽车小修

汽车小修

汽车小修是用修理或更换个别零件的方法,保证或恢复汽车工作能力的运行性修理,主要是消除汽车在运行过程或维护作业过程中发生或发现的故障或隐患。

1.2.4 零件修理

零件修理

零件修理是对因磨损、变形、损伤等而不能继续使用的零件进行修理。零件修理要遵循经济合理的原则,它是修旧利废、节约原材料、降低维修费用的重要措施。

汽车是否需要修理和应该采用哪类修理,必须在对汽车经过检测诊断和技术鉴定后确定,能通过汽车维护和小修作业达到的目的,不要扩大为汽车大修和总成大修;能修复的零件或有修复价值的零件,不要轻易报废;能通过大修作业延长使用寿命的汽车或总成,不要不送大修一直用到报废;要避免盲目修理造成的两种浪费现象,即该修的不修(又称失修)和不该修却“修”(又称早修)。

在汽车或总成使用到接近规定大修间隔里程时,应由车主和汽车维修企业结合二级维护作业,对汽车进行检测诊断和技术鉴定,确定是否需要大修或继续使用。如尚可使用,还应确定继续使用的期限(行程),到时再作检测和鉴定。确定需大修的汽车应填写大修汽车技术鉴定表(见表5-2)。对已到规定的大修间隔里程而技术状况仍较好的汽车,应总结推广其先进经验;对未达到规定的间隔里程而需要提前大修的汽车和总成,应分析原因,采取措施,改进汽车使用和维修工作。

大修车辆技术鉴定表 表 5-2

报送单位： 报送日期： 年 月 日

<table>
<tr><td rowspan="2">自编号</td><td rowspan="2">厂牌</td><td rowspan="2">车型</td><td rowspan="2">车别</td><td colspan="6">送修</td><td rowspan="2">项目</td><td rowspan="2">技术（包括改装）状况</td><td rowspan="2">鉴定修理意见</td></tr>
<tr><td colspan="3">修别</td><td colspan="3">日期</td></tr>
<tr><td></td><td></td><td></td><td></td><td colspan="3"></td><td colspan="3">年 月 日</td><td rowspan="2">发动机附离合器总成</td><td rowspan="2"></td><td rowspan="2"></td></tr>
<tr><td>牌照号</td><td>发动机号码</td><td>燃料类别</td><td colspan="4">座（吨）位</td><td colspan="3">司机姓名</td></tr>
<tr><td></td><td></td><td></td><td colspan="4"></td><td colspan="3"></td><td rowspan="2">变速器附传动轴总成</td><td rowspan="2"></td><td rowspan="2"></td></tr>
<tr><td colspan="3">上次大修情况</td><td colspan="7">本次换环情况</td></tr>
<tr><td>承修厂</td><td>修别</td><td>汽缸口径</td><td>出厂日期</td><td>换环次数</td><td>本次换环日期</td><td>本次换环尺寸</td><td colspan="3">本次换环后已行公里</td><td rowspan="2">前桥附转向器总成</td><td rowspan="2"></td><td rowspan="2"></td></tr>
<tr><td></td><td></td><td></td><td></td><td></td><td></td><td></td><td colspan="3"></td></tr>
<tr><td colspan="2">大修后累计公里</td><td colspan="2">鉴定时尚可行驶公里</td><td colspan="3">鉴定前 1000km 内机油消耗</td><td colspan="3">发动机目前运转情况</td><td rowspan="2">后桥（驱动桥、中桥）总成</td><td rowspan="2"></td><td rowspan="2"></td></tr>
<tr><td colspan="2"></td><td colspan="2"></td><td colspan="3">L/100km</td><td colspan="3"></td></tr>
<tr><td rowspan="5">汽缸</td><td>缸别</td><td>1</td><td>2</td><td>3</td><td>4</td><td>5</td><td>6</td><td>7</td><td>8</td><td>车架总成</td><td></td><td></td></tr>
<tr><td>压力</td><td></td><td></td><td></td><td></td><td></td><td></td><td></td><td></td><td>车身总成</td><td></td><td></td></tr>
<tr><td>活塞与缸壁间隙</td><td></td><td></td><td></td><td></td><td></td><td></td><td></td><td></td><td>制动系</td><td></td><td></td></tr>
<tr><td>圆柱度</td><td></td><td></td><td></td><td></td><td></td><td></td><td></td><td></td><td>电系</td><td></td><td></td></tr>
<tr><td>圆度</td><td></td><td></td><td></td><td></td><td></td><td></td><td></td><td></td><td>自动倾卸装置</td><td></td><td></td></tr>
<tr><td>审核意见</td><td colspan="9"></td><td>其他</td><td></td><td></td></tr>
</table>

负责人： 审核人： 鉴定人：

1.3 汽车和总成大修的送修标志

要确定汽车或总成是否需更大修，必须掌握其大修的送修标志（送修技术条件），这样才符合技术与经济相结合的原则。

1.3.1 汽车大修送修标志

客车以车身为主，结合发动机总成，货车以发动机总成为主，结合车架总成或其他两个总成符合大修条件。

1.3.2 挂车大修送修标志

1.3.2.1 挂车车架（包括转盘）和货箱符合大修条件。

1.3.2.2 定车牵引的半挂车和铰接式大客车，按照汽车大修的标志与牵引车同时进厂大修。

1.3.3 总成大修送修标志

1.3.3.1 发动机总成大修送修标志：气缸磨损，圆柱度误差达到 0.175～0.250mm 或圆度误差已达到 0.050～0.063mm（以其中磨损量最大的一个气缸为准）；最大功率或气缸压缩压力比标准值降低 25% 以上；燃料和润滑油消耗显著增加。

1.3.3.2　车架总成大修送修标志：车架断裂、锈蚀、弯曲、扭曲变形逾限，大部分铆钉松动或铆钉孔磨损，必须拆卸其他总成后才能进行校正、修理或重铆，方能修复。

1.3.3.3　变速器（分动器）总成大修送修标志：壳体变形、破裂、轴承承孔磨损逾限，变速齿轮及轴恶性磨损、损坏，需要彻底修复。

1.3.3.4　后桥（驱动桥、中桥）总成大修送修标志：桥壳破裂、变形，主轴套管承孔磨损逾限，减速器齿轮恶性磨损，需要校正或彻底修复。

1.3.3.5　前桥总成大修送修标志：前轴裂纹、变形，主销承孔磨损逾限，需要校正或彻底修复。

1.3.3.6　客车车身总成大修送修标志：车厢骨架断裂、锈蚀、变形严重，蒙皮破损面积较大，需要彻底修复。

1.3.3.7　货车车身总成大修送修标志：驾驶室锈蚀，变形严重、破裂；货厢纵、横梁腐蚀，底板、栏板破损面积较大，需要彻底修复。

总成大修的送修标志中，多数仅为定性的规定，在执行中可能遇到一定的困难，所以，各级交通运输管理部门在制定实施细则时，应结合本地区的具体情况，提出便于执行的各总成大修送修标志（或称送修技术条件）。

1.4　汽车修理方法

汽车修理方法是指进行汽车修理作业的工艺和组织规则的总合。

1.4.1　汽车修理的基本方法

汽车修理的基本方法是按汽车修理以后对汽车属性保持程度来区分，有就车修理法、混装修理法和总成互换修理法三种。

汽车修理的基本方法

1.4.1.1　就车修理法是指进行修理作业时，要求被修复的主要零件和总成装回原车的修理方法。汽车在修理时，从车上拆解的总成和零件，经检验凡能修复的，均在修竣后全部装回原车，不得进行互换。采用这种修理方法，由于各总成和零件的修理难易程度、所需工时都不一样，经常会影响汽车最后总装的连续性，以致拖延汽车修理竣工出厂的时间。不过，在承修汽车车型较杂、产量不大的汽车修理企业比较适宜采用这种修理方法。图5-1是采用就车修理法的汽车大修工艺过程框图。

1.4.1.2　混装修理法是指进行修理作业时，不要求被修复零件和总成装回原车的修理方法。这种修理方法与就车修理法完全不同,过多调换汽车原来的零件和总成,破坏了汽车原有的装配性能,这已成为汽车修理的大忌。因此,这种修理方法现已不推荐采用。

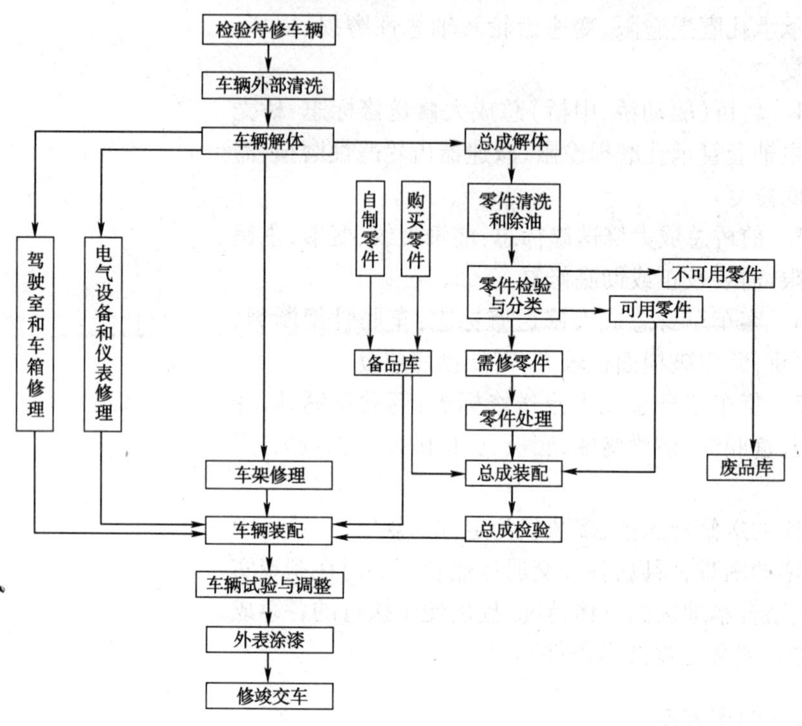

图 5-1　就车修理法工艺过程框图

1.4.1.3　总成互换修理法是指用储备的完好总成,替换汽车上的不可用总成的修理方法。汽车修理时,首先经过检测诊断,确定可用总成和不可用总成,再用储备周转总成替换下不可用总成,保证既快又好地完成汽车修理作业。对换下的不可用总成,可以组织专门修理,修复后经检测符合标准,入库备用,作为下次互换用的周转总成。汽车大修采用总成互换修理法,可以大大简化工艺过程,有利于组织流水作业生产线,缩短汽车大修的在厂(场)车日,提高汽车修理质量和产量。总成互换修理法,具有一定的优越性,是汽车维修生产发展的方向。图 5-2 是采用总成互换修理法的汽车大修工艺过程框图。

1.4.2　汽车修理作业形式

修理作业形式

汽车修理作业形式是按汽车和总成在修理过程中的相对位置来区分,有定位作业法、流水作业法两种。

1.4.2.1　定位作业法是指汽车在固定工位上进行修理

作业的方法。汽车大修采用定位作业法时,将汽车的拆解和总装作业固定在一个工作位置(即车架不变移位置)来完成,而拆解后总成和零件修理作业仍分散到各个工位上进行。采用这种作业方式的优点是占用工作场地较小,拆解和总成作业不受连续性限制,生产调度方便;缺点是总成和零件要来回搬运,工人劳动强度较大。定位作业法一般适用于规模不大或修理车型较杂的汽车修理厂。

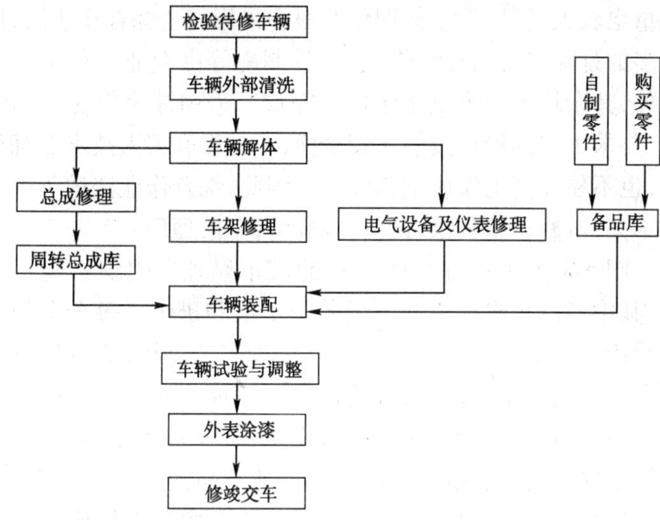

图 5-2 总成互换修理法工艺过程框图

1.4.2.2 流水作业法是指汽车在生产线的各个工位上,按确定的工艺顺序和节拍进行修理的方法。汽车大修采用流水作业法时,将汽车的拆解和总装作业安排在流水线上完成,对于总成和零件的修理仍可以分散到各个工位上进行,并根据条件尽量采用总成和零件修理的流水线,或采用总成互换修理法,以配合汽车大修流水作业连续性要求,避免“窝工”现象。流水作业又可分为连续流水作业和间歇流水作业两种,前者是利用流水线上传动机构,使汽车沿拆解和总装流水线有节奏地连续移动,后者是利用汽车车轮或输送机,使汽车沿拆解和总装流水线,每移动到一个工位上停顿一定时间。

流水作业法

采用流水作业法的优点是专业化程度高,分工细致,修理质量较高,便于集中利用工具设备;缺点是要有较大的生产场地和完善的生产设施及工艺组织。流水作业法适于生产规模较大或修理车型单一的汽车修理厂。

1.4.3 修理作业的劳动组织形式

汽车修理作业的劳动组织形式,是按劳动者在汽车修理过程中的组织形式来区分,有综合作业法、专业分工作业法

作业的劳动组织形式

两种。

1.4.3.1　综合作业法是指汽车由一个具有多种技能的工人或工组进行修理的方法。由于汽车修理技术要求高，工作量也较大，所以汽车修理作业很少采用完全综合作业法，比较多的是除车身、轮胎、焊接、零件制配等由专业工种工组完成外，其余均由一个机工维修组完成。采用综合作业劳动组织，要求工人的操作技能比较全面，不易提高工人技术熟练程度，也不易提高工作质量和效率。因此，综合作业法适于生产量不大，承修车型较杂，设备简陋的汽车修理厂。

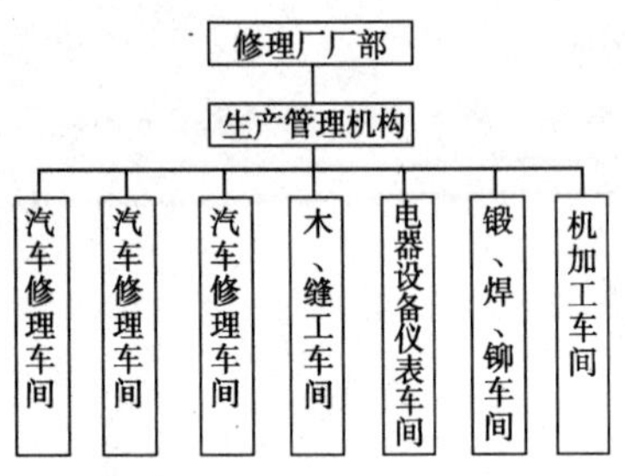

图5-3　综合作业组织机构形式示意图

图5-3为采用综合作业法的汽车修理厂组织机构示意图，其中各汽车修理车间下设若干工段和班组。每个车间都能承担汽车从拆解到总装的全部修理工艺过程，既可以采用就车修理法的工艺过程，也可以采用总成互换修理法的工艺过程，只是将一些较特殊的修理作业（如车厢木工修理、驾驶室钣金修理、蓄电池修理等）归到专业车间去进行。

1.4.3.2　专业分工作业法是指汽车由分工明确的若干工人或工组，协调配合进行修理的方法。汽车修理作业分工可按工种和工位等来划分，例如：按工种可分为机修工、机加工、轮胎工、油漆工、汽车电工等；按工位可分为发动机修理工位、底盘修理工位、液压机械修理工位等，还可以进一步分为拆解工、装配工、零件检配工等。工位和工种分得越专业化程度越高，也越适合组织流水作业。采用专业分工劳动组织，易于提高工人技术水平和工具设备利用率，提高工作效率和质量；但是，必须建立健全技术管理制度和机构，确保各项工作有条不紊，保质保量地完成任务。

图5-4是采用专业分工作业法的汽车修理厂组织机构示意图，在汽车修理方法上，无论是就车修理法还是总成互换法都适用。

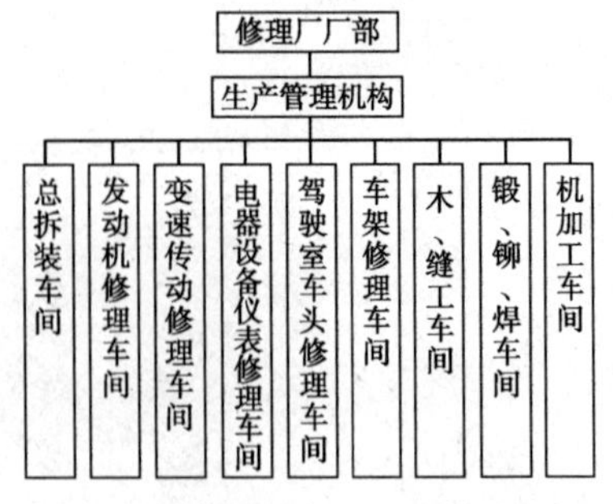

图5-4　专业分工作业组织机构形式示意图

1.4.4　汽车修理方法的选择

选择汽车修理的工艺组织方法，要根据生产规模、工艺设施、工人素质及材料供应等具体情况，综合考虑。

1.4.4.1　在汽车修理基本方法上，采用就车修理与总成互换法相结合的方法。例如，汽车大修时，对修理费时、困难的总成和零件采用互换法，其余能适应汽车大修进度要求的总成和零件仍采用就车修理法。这样，既能减少汽车大修在厂（场）车日，又能减少周转总成和零件的储备。

1.4.4.2　在汽车修理作业方式上，对汽车拆解和总装采用定位作业，以便集中利用起重搬运设备和专用工具等；对总

成和零件修理尽量组织流水作业生产线。

综合作业与专业分工

1.4.4.3　在劳动组织形式上,采用综合作业与专业分工作业修理相结合的方法。对汽车的拆装可以成立汽车拆解工组和总装工组,组内还可以按工种和工位合理分工,同时进行拆和装的作业,使各工人的工作量大致平衡,且作业中又不互相干扰。对总成和零件的修理,则由各专业工组或工段完成。在管理上,按修理工艺过程组织工人或工组平行交叉作业,压缩修理在厂车日;在生产过程中,可通过调度及时平衡进度。

一些企业还摸索出一系列较好的具体措施,如送修方在汽车送修前,先与承修方联系,预先做好送修汽车或总成技术鉴定工作,让承修方做好生产准备工作;在生产计划安排上,尽量减少同时停厂待修汽车数量;对生产中薄弱环节,通过技术革新,不断提高作业机械化和检测诊断仪表化水平。

实践证明:凡承修车型较杂的汽车修理厂,在修理基本方法上,宜采用就车修理法为主,总成互换修理法为辅;在作业方式上,汽车拆装可采用综合工组进行定位作业,而总成修理可采用专业分工,安排流水作业。承修车型单一、产量较大的汽车修理厂,在修理基本方法上,宜采用总成换修理法为主,就车修理法为辅;在作业方式上,汽车拆装可采用间歇流水作业或定位作业,而总成修理应该组织较完善的生产流水线。

总成互换原则

1.4.4.4　汽车修理企业在采用总成互换修理法时,应根据具体情况,结合下列原则:

(1)汽车较多的运输企业,应采用分车型定点维修,尽量统一车型,以利于汽车维修企业储备周转总成和制定维修工艺,提高专业化维修水平。

(2)提高总成修理质量,使用户满意。必要时可由用户指定车型进行互换修理,并共同建立周转总成记录卡,记录有关技术情况和互换情况,使互换的总成相对稳定。

(3)在修理总成时,对影响装配质量或磨合条件的重要零件和基础零件,均不得进行互换。例如气缸体与飞轮壳、曲轴与飞轮、气缸体与主轴承盖、主减速器齿轮、喷油泵柱塞副等。

(4)采用总成互换修理法所需周转总成数量,应根据修理企业每日竣工出厂汽车数量、车架或车身修理在厂(场)车日及总成修理车日进行计划,确定各类总成所需周转数量;其他零配件也可按需要储备,以供周转。

(5)按汽车管理要求,货车车架与发动机、客车车身和发动机上有统一编号(即“钢印”),这些总成一般不得互换。

2 汽车修理工艺

汽车修理工艺是指利用生产工具按一定要求修理汽车的方式，是修理汽车中积累起来，并经过总结的操作技术经验。汽车修理的各种作业按一定方式组合，顺序、协调进行的过程，称为汽车修理工艺过程。在汽车维修工艺过程中完成一定作业的设施和机械，称为汽车维修工艺设备。汽车修理工艺一般包括进厂检验、外部清洗、汽车及总成的拆卸、零件清洗、零件检验分类、零件修理、总成装配、总成试验、汽车总装、竣工检验和出厂验收等主要过程。

2.1 进厂检验

进厂检验指对送修汽车的装备和技术状况的检查鉴定，以便确定维修方案。主要内容有：对送修汽车进行外观检视，注明汽车装备数量及状况，听取客户的口头反映，查阅该车技术档案和上次维修技术资料，通过检测或测试、检查，判断汽车的技术状况，确定维修方案，办理交接手续，签订维修合同。进厂检验应由专职检验员填写汽车大修进厂检验单，如表5-3、表5-4所示为某地汽车维修行业管理规定的汽车大修进厂检验单、发动机大修进厂检验单。

2.1.1 汽车和总成的送修规定

汽车和总成的送修规定

送修的汽车应符合交通部颁发的有关规定，符合送修汽车的装备规定，严格防止乱拆或任意更换零件和总成。

2.1.1.1 汽车和总成送修时，承修单位与送修单位应签订合同，商定送修要求、修理车日和质量保证等，合同签订后必须严格执行。

2.1.1.2 汽车送修时，除肇事或特殊情况外，均应具备行驶功能，装备齐全，不得拆换。

2.1.1.3 总成送修时，应在装合状态，附件、零件均不得拆换和缺少。

2.1.1.4 肇事汽车或因特殊原因不能行驶和短缺零部件的汽车，在签订合同时，应作出相应的约定说明。

2.1.1.5 汽车和总成送修时，应将汽车和总成的有关技术档案一并送承修单位。

2.1.2 汽车的外表检查

汽车的外表检查

2.1.2.1 检查车容，察看汽车外部有无损伤，各种零件是否完备齐全。

2.1.2.2　检查车架、气缸体、变速器壳、前后桥等主要基础件，是否有裂纹，残破等损坏。

2.1.2.3　检查转向、传动、制动等安全机构是否有松动、渗漏、缺损等现象。

2.1.2.4　察看轮胎磨损情况，如有不正常损坏应查明原因。

2.1.3　汽车的行驶检查

2.1.3.1　观察发动机的运行情况，有无异常响声，运转是否稳定，排气有否异常现象，机油压力与冷却温度是否正常。

汽车大修进厂检验单　　　　表 5-3

进厂日期		进厂编号	
厂牌车型		牌照号码	
发动机号码		底盘号码	
送修单位		地址	
联系电话		送修人	
用户报修及 车况介绍	此车系驶入或拖入＿＿＿＿ 已进行过整车大修＿＿＿＿次 进厂前主要问题是＿＿＿＿	总行驶里程＿＿＿＿ km 发动机大修＿＿＿＿次 此次要求＿＿＿＿	
检查发现主要 问题及重点 修理部位			

整车装备及附属设施（完整“✓”，缺少“Δ”，损坏“×”）

	检验项目	状况	检验项目	状况	检验项目	状况
车内附属设施	收音（录）机		点烟器		电风扇	
	CD 机		座套		转向盘套	
	天线		坐（靠）垫		遮阳板	
	电视、音箱		脚垫		防盗锁	
	车载电话		前后标		仪表盘	
	钥匙		饰物		随车工具	
底盘部分	离合器		转向机		前、后桥	
	手动变速器		转向操纵机构		横拉杆	
	自动变速器		转向传动机构		减振器	
	传动轴		车架及车身		制动系	
	驱动桥		内外蒙皮		手制动系	
	分动器		悬架			
电气	灯光		暖风马达			
	仪表		防盗系统			
	电气线路		低压报警器			
其他	驾驶室		内外装饰			
	客车车厢		油漆涂层			
	门窗玻璃		备胎			

备注：

进厂检验签字：　　　　　　　　年　　月　　日

2.1.3.2 汽车起步时，检查离合器分离情况，是否有发抖和打滑现象，变速器挂档是否有困难或异响现象。

2.1.3.3 汽车在行驶中，制动性能是否良好，转向是否灵活，变速器是否跳档；车速高时，传动轴及后桥是否出现不正常响声；各轴承及密封部位是否有渗漏或发热现象；前桥及转向装置是否有跑偏和不稳现象。

2.1.3.4 对客车车身，通过路试检查车桥和骨架是否有断裂现象。

发动机大修进厂检验单 表5-4

进厂日期		进厂编号	
厂牌车型		牌照号码	
发动机型号		发动机号码	
送修单位		单位地址	
联系电话		送修人	
用户报修项目及发动机现状	此车系驶入或拖入________ 总行驶里程________ km 已进行发动机大修________次 进厂前主要问题是________ 此次要求________		
发动机主要问题及重点修理部位			
发动机外观及装备（完整"✓"，缺少"Δ"，损坏"×"）			
检验项目	检验结果	检验项目	检验结果
空气滤清器		正时齿轮	
燃油滤清器		机油散热器及管道	
机油滤清器		加机油口盖	
化油器		水箱及水箱盖	
机油泵		水泵	
燃油泵		风扇电机	
气缸体、气缸盖		风扇皮带	
进、排气歧管		风扇叶	
起动机		排气管、消声器	
发电机		三效催化转化器	
火花塞		喷油泵	
分电器		喷油嘴	
高压线		增压器	
电控系统		油管、真空管	
点火线圈		机油尺	
传感器			
备注：			

进厂检验签字： 年 月 日

2.2　外部清洗

汽车清洗设备的种类很多，一般可分为固定式和可移动式两大类。大型汽车修理厂宜用固定式清洗机，清洗效率高，经济性好。但设备投资大，占地面积大。采用移动式清洗机，清洗质量好，设备投资少，但清洗时间长，耗水量较多，它适用于小型汽车修理厂。

2.2.1　固定式汽车清洗机

固定式清洗机

固定式汽车外部清洗设备一般设在室外，也有设在室内的清洗间。被清洗的汽车利用自己的动力驶上清洗台，清洗后驶下清洗台（如图5-5所示），清洗用水可循环使用。

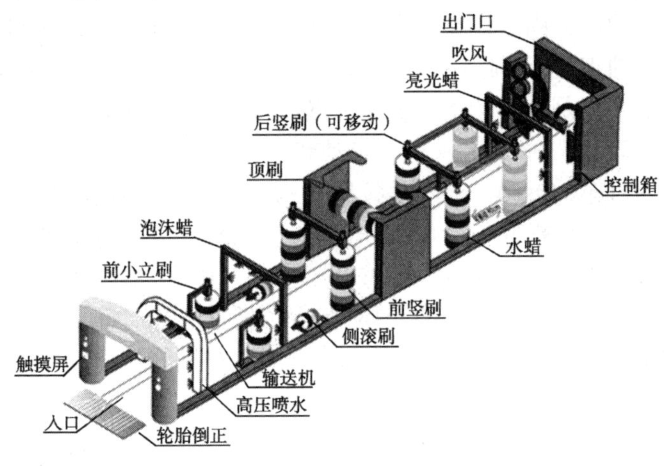

图5-5　固定式汽车清洗机

2.2.2　移动式汽车清洗机

移动式清洗机

移动式外部清洗机由电动机通过弹性连轴节，直接驱动离心水泵进行工作，可将清水直接引入离心水泵的进水口，喷水口与橡胶管连接，其喷嘴可以是一般喷水口，也可以用喷水抢，通过喷水枪的尾部可以调节水流成为剑形或扇形两种水流。剑形水流冲击力强，可以去掉汽车上的干固泥土，而扇形水流覆盖面大，可以去掉一般灰尘。

2.3　汽车及总成的拆卸

汽车经外部清洗后，进入拆卸工位，先放出所有润滑油与冷却液，再将汽车拆成总成，然后将总成拆成零件。汽车的拆卸工作量比较大，它直接影响到汽车的修理质量与修理成本。

汽车在拆解之前须进行外部清洗，除去外部灰尘、泥土与油污，便于保持拆卸工作地的清洁和拆卸工作的顺利进行。为了便于清洗，有时将载货汽车车厢拆下。

汽车的拆卸和总成的解体从工作本身来看，并不需要很高的技术，也不需要复杂的设备。但是，往往由于不重视这项工作，在拆卸工作中极易造成零件的变形和损伤，甚至无法修复。总成的分解工作质量，将直接影响到汽车和总成的修理质量和修理速度，所以在拆卸工作中应注意到修理的装配工艺要求。

汽车和总成的拆卸质量和工作效率，在很大程度上取决于工艺程序的安排，劳动组织的形式，拆卸机具设备的选用，工人的操作技术和劳动态度。

2.3.1 拆卸作业的组织方法

组织方法

汽车和总成的拆卸作业的组织方法有：固定作业法和流水作业法。固定作业法是汽车和总成的拆卸工作始终在同一工作地点进行；流水作业法是拆卸工作在流水线上进行（流水线可以是分成若干个工作地点或在传送设备上进行）。

2.3.2 拆卸作业的一般过程

一般过程

汽车的拆卸一般不是按照结构进行分类，而是将汽车划分成若干个拆卸单元按工作部位进行分工，以平行交叉作业的方式进行。这样可以使整个工序相互配合，减少了工人在拆卸工作中工作位置的变换，减少了辅助工作时间和工具的数量，可以使拆卸作业顺利的进行。汽车拆卸作业的一般过程是：

（1）先拆去车箱，进行外部清洗，并在热状态时，放掉发动机、变速器和差速器壳内的润滑油。

（2）拆去电气设备及各部分的导线，拆去驾驶室。

（3）拆去发动机总成，变速器总成及传动轴、后桥等总成。

2.3.3 拆卸作业的一般原则：

一般原则

（1）拆卸前应熟悉被拆总成的结构（有必要时，可以查阅一些资料）。按拆卸工艺过程进行，严防拆卸工艺过程倒置，造成不应有的零件损伤。

（2）核对装配记号和做好记号。为了保证一些组合件的装配关系，在拆卸时应按原来的顺序或重新做好记号。有些组合件是经过选配装合的或是在装合后加工的不可互换的组合件，如气缸体与飞轮壳、主轴承盖、连杆与盖等，拆卸后都应按原位置装好，或做好装配记号。

对于动平衡要求较高的旋转零件，如曲轴与飞轮、离合器压板与离合器盖、传动轴与万向节等在拆卸时也应注意其装配记号，否则将破坏它们原有的平衡。

(3)合理的使用拆卸工具和设备。拆卸时所选用的工具要与被拆卸的零件相适应,如拆卸螺母、螺钉应根据其六方尺寸,选取合适的固定式扳手或套筒扳手,尽量不用活动扳手。

对于静配合零件,如衬套、齿轮、皮带轮和轴承等应尽可能使用专用拉器(如图5-6所示)或压力机,如无专用工具也可用尺寸合适的铳头,用手锤冲击,但不能直接用手锤敲打零件的工作面。

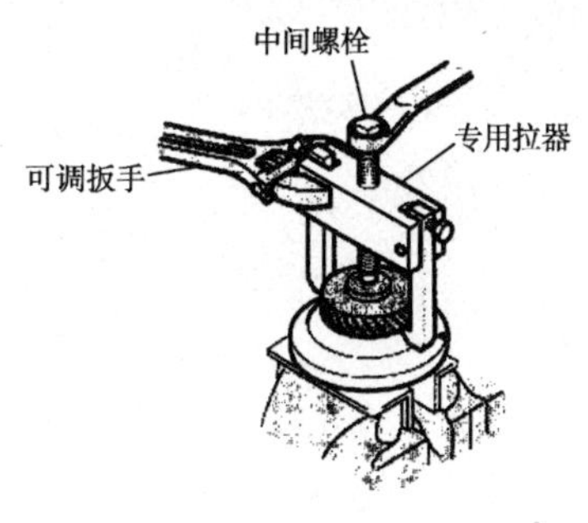

图5-6　专用拉器

2.4　零件清洗

汽车和总成拆解成零件以后,须进行零件清洗。对于不同的污垢要采用不同方法清除,所以零件清洗工作分为清除油污、清除积碳、清除水垢和清除锈蚀等。

2.4.1　清除油污

油污大体可分脂肪(动、植物油)油污和矿物质油污两大类,清除油污的方法很多,大致可区分为碱水除油和有机溶剂除油两类。

(1)脂肪和苛性纳经加热发生皂化反应而生成肥皂和甘油,这些产物都溶解于水,所以用苛性纳清洗脂肪油污效果较好,这就是碱水除油机理。

(2)有机溶剂能很好溶解零件表面上的各种油污,从而达到清洗的作用。常用的有机溶剂有汽油、煤油和柴油等,其优点是简便、不需加热、对金属无损伤,但是清洗成本高,易燃烧,需慎重采用。

2.4.2　清除积碳

清除积炭

清除积碳用得比较多的是化学方法,就是用退炭剂(化学溶剂)将零件上的积炭软化,软化后的积炭很容易除掉。用化学方法清除积炭的优点是,零件表面不会受到刮伤或擦伤。

试验证明,多数退炭剂只能使积炭产生有限的溶解,只能使积炭层膨胀、变松、与金属结合力减小,积炭并不能自动脱离金属表面而溶解在退炭剂中。

2.4.3　清除水垢

清除水垢

发动机冷却系中如果长期加注硬水,很容易在发动机水套和散热器壁上沉积水垢,造成散热不良,影响发动机的正常工作。由于水质不同,有的水垢主要成分是碳酸钙($CaCO_3$),有的水垢主要成分是硫酸钙($CaSO_4$),有的主要成分是二氧化硅(SiO_2),也有的水垢同时含有几种成分。

汽车修理企业大多数都采用酸洗法或碱洗法清除水垢,

因为酸或碱性溶液对水垢均有溶解作用。化学除水垢的实质是通过酸或碱的作用,使水垢从不溶于水的物质转化为溶于水的盐类。

2.5 零件检验分类

根据修理技术条件,按零件技术状况将零件分类为可用、可修和不可修的检验,称为零件检验分类。零件检验分类是汽车大修工艺过程中的一项重要工序,直接影响到汽车的修理质量和修理成本。零件检验分类一般都采取集中检验的方法,即在整车和各总成分解清洗后,由专职检验员对集中在一起的零件进行检验和分类。

2.5.1 零件检验

零件检验

在零件检验过程中,对于变质的材料以及断裂的零件,一般用外部检视或探伤的方法可以判断;对于磨损或变形的零件,则应测量其磨损量或变形量的大小,判断其是否超过"允许值"范围和是否需要修复。零件检验的技术标准内容主要有:

(1)零件的尺寸、材料、热处理和硬度等检验方法;

(2)零件缺陷的特征和检验方法;

(3)零件的极限磨损尺寸、允许磨损尺寸和允许变形量;

(4)零件的报废条件;

(5)零件修复可采用的方法。

其中,零件允许磨损尺寸和允许变形量最为重要。零件磨损或变形的"允许值"表示零件在达到该数值以前,无需进行修理,至少还可以继续使用一个大修周期。

2.5.2 零件磨损特性

零件磨损是不可避免的。实际上汽车零件在装合后开始工作就发生了磨损,到零件失去工作能力是一个很长的过程,可以用零件磨损特性曲线表示(如图 5-7 所示)。

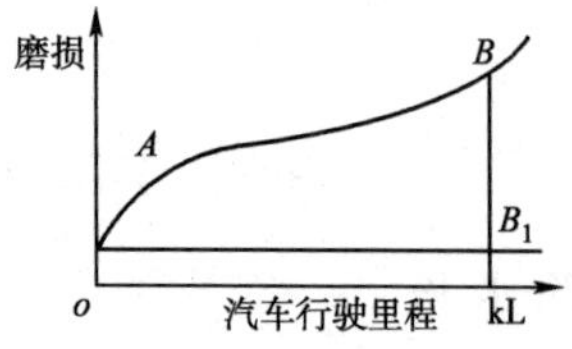

图 5-7 零件磨损特性曲线

图 5-7 曲线 oA 段表示磨合磨损阶段,这一阶段磨损速度快,主要是受新零件表面粗糙度的影响。AB 段表示工作磨损阶段,这时零件表面巳磨合好,这一阶段的磨损变化比较缓慢,零件配合间隙是属于这一阶段的磨损,它不影响机件的正常工作,被称为允许磨损。当磨损达到 B 点以后,如再继续使用,则磨损将急剧加快,工作性能将明显下降,这时零件由于附加冲击载荷的原因,工作噪声将明显增大,零件也有可能破坏,所以 B 点称为允许磨损极限,我们称之为极限磨损。

由于零件工作表面磨损，改变了零件原有的配合间隙，在超过一定极限后，将影响机器的正常工作，所以要确定零件的允许磨损尺寸和极限磨损尺寸。

2.5.3　零件分类

零件分类

零件分类是在零件检验的基础上，正确区分可用的，可修的和不可修的零件，在保证修理质量和较好的经济效益的前提下进行综合考虑的结果。

(1)可用零件是指其尺寸和形状位置误差均符合大修技术标准，可以继续使用的零件。

(2)可修零件是指如果通过修理，能使零件符合大修技术标准，保证使用寿命，经济上也合算的零件。

(3)如果零件不符合大修技术标准，且已无法修复或修复成本不符合经济要求时，这种零件就属不可修零件，可以报废。

2.6　零件修理

零件磨损的结果，改变了零件的原来尺寸和配合形态，从而影响整个部件、总成，甚至汽车丧失工作能力，零件修复的目的就是为了恢复它们的配合特性和工作能力。

2.6.1　零件修复的基本方法

(1)对已磨损的零件进行机械加工，以使其重新具有正确的几何形状(改变了原设计尺寸)，这种方法叫做修理尺寸修理。

(2)利用堆焊、喷涂、电镀和胶粘等方法增补零件的磨损表面，然后再进行机械加工，并恢复其原设计尺寸、几何形状以及表面光洁度等，这种方法叫做补偿修理。

(3)压力加工修复是利用零件金属的塑性变形来恢复零件磨损部分的尺寸和形状。常用的压力加工修复方法有胀大(缩小)、镦粗、校直(正)及冷作强化。零件的各种修复方法如图5-8所列。

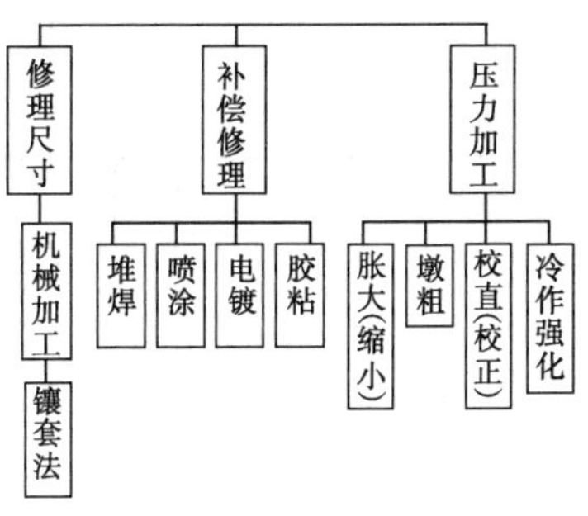

图5-8　零件的各种修复方法

2.6.2　修理尺寸

修理尺寸是指零件磨损表面通过修理后，形成的尺寸符合技术文件规定的大于或小于原设计尺寸，而极限偏差仍采用原设计尺寸的要求。曲轴经修理尺寸修理后，轴颈尺寸缩小，如图5-9所示。气缸经修理尺寸修理后，缸径尺寸扩大，如图5-10所示。

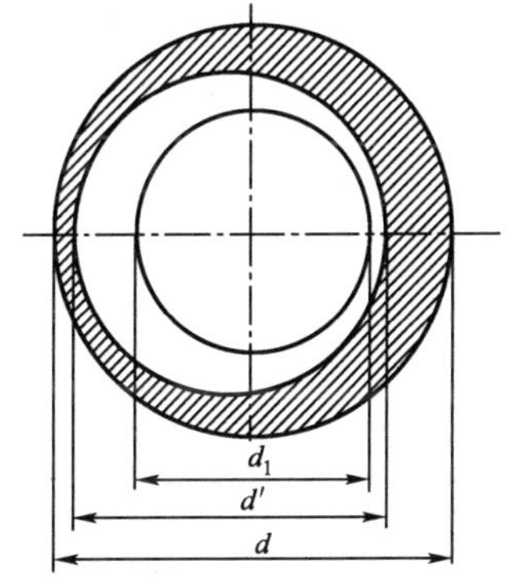

d-名义尺寸；d′-磨损后的尺寸；d_1-修理尺寸

图5-9　修理尺寸轴颈缩小

对轴或孔的加工，凡规定有修理尺寸的都应按修理尺寸进行，以便换用配件厂生产的相应修理尺寸的配件。例如，气

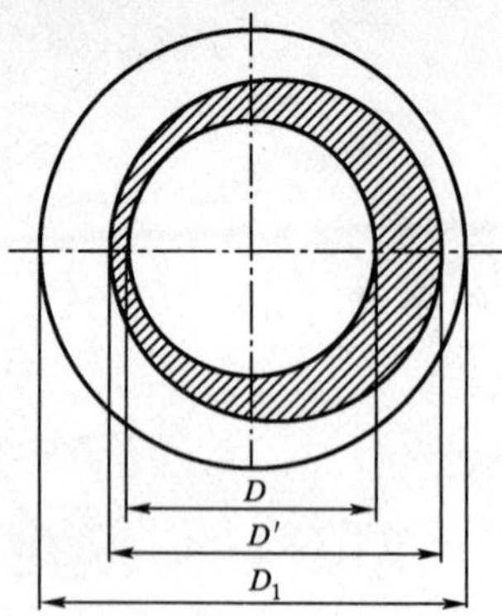

D-名义尺寸；D'-磨损后的尺寸；D_1-修理尺寸

图 5-10　修理尺寸孔径扩大

缸磨损后出现了圆度和圆柱度误差增加，修复时把它搪大 0.5mm，就要装用直径加大 0.5mm 的活塞环和活塞；曲轴轴颈磨损后，修复时把它磨小 0.5mm，就要装用内径缩小 0.5mm的轴承瓦片。

每种厂牌汽车的主要零件及易损零件，如气缸、活塞、活塞环、活塞销、曲轴、转向节等都规定有它的各级修理尺寸。我国生产的汽车主要及易损零件的修理尺寸分级多半是每级相差 0.25mm，表 5-5 所示为曲轴分级修理尺寸。为了保证修理质量，提高劳动生产率，修复旧件时应当严格按修理尺寸加工，并装用相应修理尺寸的配合件。

例如，某种型号发动机曲轴的主轴颈标准尺寸为 $\phi 66_{-0.02}$mm，轴承内径为 $\phi 66^{+0.07}_{-0.02}$mm。曲轴主轴颈在第一次大修时磨削到 $\phi 65.5_{-0.02}$mm，即缩小了两个级别，再配上一个 -0.50 的轴承（瓦片）就能得到与新件相同的装配间隙和精度，保证了这对零件的修理质量。轴承瓦片是由专业生产厂精确加工的配件，在正常情况下，装配曲轴不需要刮瓦，且装好后能在轴承中轻便地转动。

曲轴分级修理尺寸　　表 5-5

级别	1	2	3	4	5	6	7	8	9	10	11	12	13
曲轴主轴颈、连杆轴颈直径	0	-0.25	-0.50	-0.75	-1.00	-1.25	-1.50	-1.75	-2.00	-2.25	-2.50	-2.75	-3.00

注：1. 各级修理尺寸仍采用原设计尺寸的极限偏差。

2. 9 级及 9 级以后为不常用尺寸级。

3. 分级有特殊规定的曲轴，应按其原设计执行。

同样，为恢复气缸活塞副的配合，可将气缸按修理尺寸搪、磨，并配以加大的活塞。而活塞也是专业生产厂精确加工的配件，不应当再加工它的外径。

采用修理尺寸法修复汽车零件，可保证汽车总成的修理质量，使大修后总成的使用里程和新的总成相差不多，延长了汽车零件的使用寿命。只是由于零件尺寸和强度的限制，在经过几次按修理尺寸加工后，需用镶套、堆焊，喷涂、电镀等方法把它恢复到原设计尺寸。

2.6.3　零件修复方法选择

机械加工是零件修复中最重要而又最常用的一种方法。汽车大修时，它的各类零件多半是经机械加工修复的。即使采用堆焊、喷涂、电镀、胶粘等方法修补，也都需经机械加工，以恢复其原设计尺寸及配合表面的精度。

机械加工修复零件的特点：

(1)加工批量小,有时甚至是单件生产。

(2)加工余量小,且常常是只对零件的某一部分加工。

(3)工件硬度高,有时还要切削淬硬的表面。

零件修复对加工精度的要求还是很高的,为了保证修复件的互换性和经久耐用,一般要求修复件与新件一样,即符合图纸规定的尺寸、形状、位置公差及表面粗糙度。因此,零件修复要比制造新零件的加工困难些。

2.7　总成装配

总成装配是把已经修好的零部件(或更换的新件),按技术要求装配成一台完整总成的过程,在整个汽车修理过程中非常重要。总成装配质量的好坏,直接影响汽车修理的质量。

2.7.1　总成装配要求

总成装配要求

为了保证装配质量,应做到下列各项要求：

(1)装配的零部件应确保清洁,经过必要的检验和试验,配合间隙符合规定,质量合格。

(2)准备好全部螺母、螺栓,所有衬垫、开口销、垫圈、锁紧片、锁紧钢丝等应全部换新。

(3)不可互换的零件、组合件,应按原位安装(对好位置和记号),不得错乱。

(4)重要的螺栓、螺母(如连杆、主轴承盖)必须按规定的扭矩依次拧紧。

(5)装配时应尽量采用专用工具,装配有相对运动的零件时,应在配合表面涂上清洁的润滑油。

(6)为保证装配质量和提高工效,装配必须按工艺顺序进行。工艺顺序因总成结构不同而异,但总的原则是以基础件定位、由内向外进行装配。在装配过程中,应该边安装、边检查、边调整,以保证装配质量。

2.7.2　发动机装配顺序

发动机装配顺序

以汽油发动机的装配为例说明一般顺序如下：

曲轴

2.7.2.1　安装曲轴。如果止推垫片在第一道主轴颈的,先把正时齿轮及止推垫片装在曲轴轴颈上。准备好的气缸体倒置在工作台上，将各道主轴承上片放入轴承座内，并涂上清洁机油，将装好飞轮并经动平衡的曲轴放在轴承内，将各带有下片的主轴承盖装在各自的轴承座上，并装好密封条，按规定扭矩均匀地由中间向两端拧紧主轴承螺栓。每上紧一道轴承，转动曲轴几周，检查有无阻滞现象。全部主轴承拧紧后，检查曲轴的阻力矩。曲轴的轴向间隙等均应符合规定。

活塞连杆

2.7.2.2 安装活塞连杆组。先检查活塞是否偏缸,将气缸体侧放(凸轮轴轴承孔的一侧朝上),把不装活塞环的活塞连杆组按原配的气缸装合在曲轴上,并按规定扭矩拧紧各道螺母。然后转动曲轴,在上、下止点和气缸中部用厚薄规检查活塞头部前、后方与气缸的间隙,其前后间隙差不大于0.1mm;超差时,查明原因,予以排除。

活塞环装入活塞环槽时，应注意活塞环的断面形状及安装方向，锥形断面的环小端面应在上，有内切口的环，内切口一面应在上。活塞环开口应相互错开，三只环的各相错开180°；四只环的第一道环与第二道环相错开180°，第二道环与第三道环错开90°，第三道环与第四道环再错开180°。

将活塞连杆组装入气缸时，注意安装方向，并在气缸、活塞、连杆大头、连杆轴颈等各配合表面涂上清洁机油，用环箍箍紧活塞环，将整个活塞连杆组从气缸上方装入气缸，使连杆大头落在连杆轴颈上，然后扣上连杆轴承盖，按规定扭矩扭紧螺母，有些发动机还需装好防松装置。每装好一道活塞连杆组后，转动曲轴，应无阻滞现象，然后再继续安装其它活塞连杆组。全部装好后，转动曲轴，阻力矩应符合技术标准的规定。最后检查活塞顶与缸体上平面的距离，应符合规定。

凸轮轴

2.7.2.3 安装凸轮轴。先将隔圈、止推突缘及正时齿轮装配在凸轮轴上。安装凸轮轴时,将凸轮轴各道轴颈涂上机油,装入凸轮轴轴承中,同时将凸轮轴正时齿轮与曲轴正时齿轮的记号对正,拧紧凸轮止推突缘的固定螺钉。检查凸轮轴的轴向间隙(是用止推突缘与隔圈的厚度差来保证的)和正时齿轮啮合间隙,应符合规定。

气缸盖

2.7.2.4 安装气缸盖。将气缸衬垫放在气缸体上平面上,对铸铁气缸盖,气缸衬垫光滑的一面对着气缸体,这样可防止刮伤气缸上平面;对铝合金气缸盖,由于容易刮伤,因此应将气缸衬垫光滑的一面对着气缸盖。最后装上气缸盖和缸盖螺栓,按规定扭矩和顺序分次均匀地扭紧。

气门组

2.7.2.5 安装气门组零件。顶置气门式发动机,在装气缸盖之前,先把气门、气门弹簧等装好,装好气缸盖后,按顺序在摇臂轴上装上摇臂、播臂支座等全部零件,并安装在气缸盖

上,再装上气门挺杆和推杆,调整气门间隙。气门间隙是气门杆端部与摇臂之间的间隙,调整应在气门处于完全关闭的状况下进行,调整时用厚度符合规定间隙的厚薄规插入气门杆端面与播臂之间,用扳手旋松锁紧螺母,用螺丝刀旋转调整螺钉,同时来回移动厚薄规,以感觉有轻微阻力为合适,再将锁紧螺母拧紧,如图 5-11 所示。

目前在生产中常用逐缸调整法和二次调整法来调整气门间隙。逐缸调整法是确定某缸活塞在压缩冲程上止点时,分别调整这个气缸的进、排气门间隙,然后以同样步骤调整其他缸的进、排气门间隙。二次调整法是根据发动机工作顺序和气门开闭规律(配气相位),在一缸(或六缸)活塞处于压缩冲程上止点时,可同时调整发动机 1/2 气门数的方法,是分两次将全部气门调整完的方法。

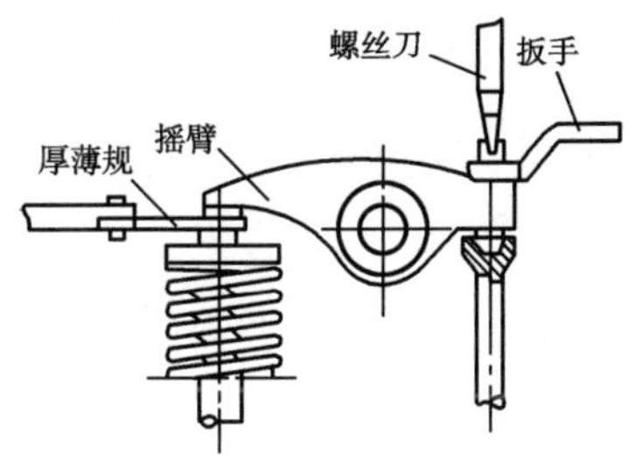

图 5-11 调整气门间隙(下置凸轮轴)

凸轮轴上置的发动机,调整气门间隙时,同样要使活塞处于压缩冲程终了上止点位置,此时,气门处于完全关闭位置,用厚薄规置于凸轮与摇臂之间,然后松开锁紧螺母,调节调整螺钉,直至间隙合适为止,并将锁紧螺母锁紧(见图 5-12)。采用液力挺杆的发动机,无需调整气门间隙。

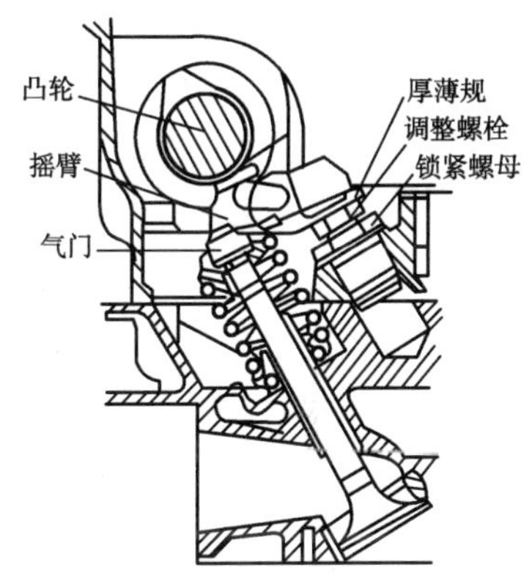

图 5-12 调整气门间隙(上置凸轮轴)

2.7.2.6 安装机油泵。应注意某些发动机的安装要求,如 EQ6100—1 发动机,使第一缸活塞在压缩冲程上止点位置,转动机油泵轴,使轴端上分电器的横销槽与机油泵壳体上的进油孔成 45°倾斜,然后将机油泵装在缸体上,使横槽与曲轴轴线平行。

2.7.2.7 安装飞轮壳。装飞轮壳之前,先将主油道堵头螺钉拧紧,检查飞轮壳定位销孔有无损伤,然后装上飞轮壳。

2.7.2.8 安装进、排气岐管。清除管内积炭和污物,用压缩空气吹净,安装时放上衬垫,按规定顺序扭紧螺栓。

2.7.2.9 安装发动机附件。发动机附件包括水泵、发电机、起动机、空气压缩机、节温器、出水管、机油粗、细滤清器、分电器,空气滤清器、化油器等。

实际生产中,发动机各附件的装配及必要的调整,是在冷磨后进行的。

2.8 总成试验

总成装配好后,要进行必要的试验,以保证为汽车提供高质量的符合技术标准要求的总成。磨合是总成或机构组装后,为改善零件摩擦表面几何形状和表面层物理机械性能的运转过程,它是在零件的两摩擦表面在正式开始工作之前进行的一次受控性磨损,使两摩擦表面相互适应,以得到最好的承载关系。在这样的配合表面下工作时,消耗在克服摩擦阻力的机械功最小。在生产中目前广泛采用的是无负荷的冷磨和无负荷的热磨,习惯上称为冷磨和热试。

2.8.1 冷磨

冷磨

冷磨是由外部动力驱动总成或机构的磨合,对发动机而言,冷磨的目的是对关键的部位(如气缸与活塞环,曲轴颈与轴承,凸轮轴颈与轴承等)进行的使表面平整光滑,建立能适应发动机正常工作的承载与表面质量要求的磨合过程。

冷磨时,将发动机装在磨合架上,不装火花塞或喷油器。磨合时,一般采用低粘度的润滑油,这是因为它的流动性好,导热作用强,可降低表面温度,避免磨合时发生熔着磨损。冷磨时,常在较稀的车用机油中加入15%~20%的煤油或轻柴油,加强了清洗作用,使磨屑得以及时清除,也易补充到间隙小的部位。为改善磨合质量,缩短磨合时间,可在润滑中加硫、磷、石墨、二硫化钼等添加剂。

影响冷磨的重要因素是开始磨合时的转速,这是因为要保证主要摩擦表面得到充分的润滑。一般开始磨合的转速以550~600r/min为宜,然后在此基础上逐步增加,每一级以100~200r/min递增。整个冷磨时间不得少于2h。

冷磨以后,放出全部润滑油,加入清洗油,再转动几分钟,彻底清洗零件表面和润滑油道,放出清洗油。

2.8.2 热试

热试

热试是将冷磨后的发动机装上全部附件后起动,以自身的动力运转,除进一步磨合外,主要是对发动机的工作进行检查调整。

热试时,转速不宜过高,一般1000~1400r/min,时间不少于1.5h,水温应保持75~85℃;应仔细观察各处的衬垫、油封、水封及接头有无漏油、漏水、漏电、漏气现象;查看电流表、机油压力表、水温表读数是否正常;调整点火系、供油系,使怠速和各种转速时运转均应平隐;检查发动机各部分有无不正常响声;测量气缸压力应符合要求。热试后应检查气缸壁磨合情况、曲轴轴颈与主轴承和连杆轴承的磨合情况(抽查一道即可),检查各道螺栓、螺母的紧固锁止情况;重新调整气门间隙,更换润滑油和细滤器滤芯;重新按规定扭矩将气缸盖螺栓再依次紧一次。在拆检过程中发现的缺陷,应予以修复、排除。

2.9 汽车总装

汽车总装是将经过修理和更换，并经检验合格的各总成、组合件及连接件，以车架为基础，装配成一部完整汽车的过程。汽车总装配质量的好坏，直接影响着汽车使用性能及运行安全。

2.9.1 汽车总装要求

总装要求

(1)装配前，要对各总成、组合件、零件和附件进行检查，各项指标都应符合技术条件的规定；准备好所需的工具、量具以及辅助用品，如纸垫、软木垫、毛毡、螺栓、螺母、垫圈、开口销等；保持零件、组合件、总成以及工作场地的清洁。

(2)总装时，要认真执行技术条件中的规定，按照安全操作规程进行装配作业。

(3)总装后，必须进行试车检验，确保汽车符合技术条件的各项要求，为用户提供高质量的、性能良好的汽车。

2.9.2 汽车总装顺序

总装顺序

由于汽车结构不同，装配工艺不完全相同，现以 CA1091 为例说明一般顺序如下：

(1)安装前桥。将车架架好，在车架上装好前钢板弹簧，安装时，将钢板前端孔与车架上支架孔对正，装入钢板销，用同样方法装好后端，然后装上前桥和车轮。也可以先将钢板弹簧和车轮事先装好在前桥上，然后将车架前端吊起，将前桥推到车架下，将钢板弹簧与车架连接装配在一起。减振器应先装在车架上，然后将减振器与前桥连接。

(2)安装后桥。后钢板弹簧同后桥的安装与前桥基本相同，可先在车架上装好钢板弹簧，再装后桥和车轮，也可将车架后端吊起，把装有车轮和钢板弹簧的后桥推到车架下面，用钢板弹簧销和吊耳销将钢板弹簧与车架连接在一起。

(3)安装制动装置。应先装贮气筒和制动阀，然后再连接各部气管，所有管道应安装牢固。

(4)安装离合器踏板及制动踏板。将制动踏板支架装在车架上，在踏板轴上装好离合器踏板和制动踏板。装好离台器分离叉的拉杆、制动总泵推杆或制动阀拉杆，装好各部拉簧。

(5)安装发动机和变速器。在总装前，先将发动机、离合器和变速器装合在一起，然后吊装到车架上，也可分别安装。注意装好发动机支承处的橡胶垫块。

(6)安装传动轴。将传动轴中间支承装好后，用螺栓将传动轴万向节凸缘接头与变速器及主减速器凸缘接头连接。使两端的万向节叉在同一平面内。传动轴分两段的,先装前面短的,再装后面长的,并使短传动轴两端的万向节叉互相垂直,长传动轴两端的万向节叉应在同一平面内。

(7)安装消声器。在排气岐管与消声器凸缘之间装上石棉衬垫,用卡箍将消声器安装固定,并安装好消声器排气管。消声器及排气管卡箍的固定螺栓应安装弹簧垫圈。

(8)安装驾驶室。驾驶室与车架固定处应安放橡艘垫,固定螺栓的螺母下面安置平垫圈,螺母拧紧后装好开口销。安装好驾驶室后,即可安装油门踏板,接上化油器节气门与阻风门的拉杆及钢丝等连接部分。

(9)安装转向器。将转向轴管在驾驶室内固定后,再拧紧固定螺栓。安装转向摇臂,应先将转向盘转到全部回转行程的中部,将摇臂置于垂直位置装在摇臂轴上。使两前轮处于直行位置,用纵拉杆将摇臂与转向节臂连接起来。

(10)安装汽油箱。汽油箱安装应紧固牢靠,最后连接油管。

(11)安装脚踏板、翼子板和保险杠。先将脚踏板安装在车架上,再装上挡泥板和翼子板,最后装保险杠和拖钩。

(12)装散热器及发动机罩。散热器与车架连接处,要装好橡胶垫,螺母拧紧后必须用开口销锁住,再拧紧框架螺栓,连接橡皮水管,装好百叶窗、拉杆和拉手,最后安装发动机罩。

(13)安装全车电气线路及仪表。电线要用线夹固定并拉紧,接头必须接触良好并紧固可靠,车灯应安装牢靠。

(14)加注润滑油、冷却水。在需润滑的部位,按规定的品种和牌号加注润滑油或润滑脂,水箱内加满冷却水。

(15)安装车箱。用U型螺栓将车箱与车架固定。

(16)检查调整。汽车总装后,还应检查调整离合器踏板自由行程、前轮前束、转向角、转向盘自由转动量、制动踏板自由行程,检查轮胎气压等。

2.10 竣工检验

汽车总装后,要进行一次全面综合性检验,其目的是检查整个汽车的修理质量,消除发现缺陷和问题,使修竣的汽车符合技术标准的规定,为用户提供性能良好、质量可靠的汽车。竣工检验包括试车前检验、试车检验和试车后检验。竣工检验应由专职检验员填写汽车大修竣工检验单,某地汽车维修行业管理规定的汽车大修竣工检验单如表5-6和表5-7所示、发动机大修竣工检验单如表5-8所示。

汽车大修竣工检验单(一)　　表 5-6

进厂编号		厂牌车型		牌照号码	
发动机号码		车架号码		竣工日期	

检验项目	检验结果	检验项目	检验结果
一、整车外观和装配		倒车灯、牌照灯	
喷(涂)漆		雾灯、报警灯	
钣金及整形		仪表、信号及仪表灯	
门、窗、罩、盖		雨刷器	
各部玻璃		电气线路	
升降器		蓄电池	
刮水器		发电机	
遮阳板		调节器	
内、外装饰		起动机	
后、侧视镜		继电器	
座椅及靠垫			
室内装饰		二、汽车运行性能	
各部润滑与加注作业		发动机	
驾驶室		离合器	
客(货)车身		手动变速器	
车架、保险杠		自动变速器	
悬架、弹簧		分动器	
减振器		传动轴	
保险杠及拖钩		主减速器	
备胎及支架		差速器	
轮胎与气压		转向盘	
排气管、消声器			
油箱架、防护网		三、路试后的检查	
离合器踏板		发动机运转状况及异响	
制动踏板		制动鼓	
油门(手油门)操纵		轮毂	
手制动拉杆及有效行程		变速器壳	
传动轴及中间支承		驱动桥壳	
转向机支架		差速器壳	
转向摇臂、横直拉杆		传动轴中间轴承	
转向助力装置		螺栓螺母连接	
大灯、小灯		各总成油液高度	
制动灯、转向灯		四漏检查	
顶灯、示位灯		各部异响	
备注:			

过程检验签字:　　　　　　　　　　年　　月　　日

汽车大修竣工检验单(二) 表 5-7

<table>
<tr><td>施工单号</td><td></td><td>厂牌车型</td><td colspan="2"></td><td>牌照号码</td><td></td></tr>
<tr><td>发动机号码</td><td></td><td>车架号码</td><td colspan="2"></td><td>竣工日期</td><td></td></tr>
<tr><td colspan="7">底盘各部位检验记录</td></tr>
<tr><td colspan="3">检验内容及结果</td><td colspan="4">检验内容及结果</td></tr>
<tr><td colspan="3">汽车左右轴距差(mm):
左:　　右:　　差:</td><td colspan="4">喇叭声级(dB):</td></tr>
<tr><td colspan="3">保险杠左右离地高度差(mm):
左:　　右:　　差:</td><td colspan="4">车轮动平衡(g):</td></tr>
<tr><td colspan="3">翼子板左右离地高度差(mm):
左:　　右:　　差:</td><td colspan="4">轮胎花纹深度(mm):</td></tr>
<tr><td colspan="3">驾驶室、客车厢左右离地高度差(mm):
左:　　右:　　差:</td><td colspan="4">离合器踏板力(N):</td></tr>
<tr><td colspan="3">货厢左右离地高度差(mm)
左:　　右:　　差:</td><td colspan="4">制动踏板力(N):</td></tr>
<tr><td colspan="3">货厢边板关闭后缝隙(mm):</td><td colspan="4">最小转弯半径(m):</td></tr>
<tr><td colspan="3">转向盘自由转动量(°):</td><td colspan="4">前轮侧滑量(m/km)</td></tr>
<tr><td colspan="3">前轮定位(°):
主销内倾:
主销后倾:
车轮外倾:
车轮前束:</td><td colspan="4">制动距离(m):
制动力(N):
制动力平衡:</td></tr>
<tr><td colspan="3">离合器踏板自由行程(mm):</td><td colspan="4">驻车制动:</td></tr>
<tr><td colspan="3">制动踏板自由行程(mm):</td><td colspan="4">柴油车(Rb):
(1)　(2)　(3)　平均值</td></tr>
<tr><td colspan="3" rowspan="4">前照灯发光强度(cd):
左:　　右:
前照灯照射位置(mm):
左灯$^{左}/_{右}$偏:____右灯$^{左}/_{右}$偏:____
左灯$^{上}/_{下}$偏:____右灯$^{上}/_{下}$偏:____</td><td colspan="4">汽油车</td></tr>
<tr><td colspan="2">怠速</td><td colspan="2">高怠速</td></tr>
<tr><td>CO(%)</td><td>HC(10^{-6})</td><td>CO(%)</td><td>HC(10^{-6})</td></tr>
<tr><td></td><td></td><td></td><td></td></tr>
<tr><td colspan="7">备注:</td></tr>
</table>

竣工检验签字:　　　　　　年　月　日

2.10.1　试车前的检验

试车前检验

试车前的检验主要是静态检查汽车各部分是否齐全完好，装配是否正确妥善，发动机、仪表的工作是否良好。

2.10.2　试车检验

试车检验

试车检验主要是动态检查汽车底盘各总成的工作是否正常。试车时发现故障，要及时排除，特别是转向系和制动系故障，必须排除以后，才能继续试车。

发动机大修竣工检验单　　表 5-8

<table>
<tr><td>进厂编号</td><td></td><td>厂牌车型</td><td colspan="2"></td><td colspan="2">牌照号码</td><td colspan="2"></td></tr>
<tr><td>发动机号码</td><td></td><td>竣工日期</td><td colspan="2"></td><td colspan="2">主修人</td><td colspan="2"></td></tr>
<tr><td colspan="9">发动机外观、装备及性能</td></tr>
<tr><td>检验内容及结果</td><td colspan="8">检验内容及结果</td></tr>
<tr><td>发动机外观：</td><td colspan="8">怠速运转(r/min)：</td></tr>
<tr><td>喷(涂)漆：</td><td colspan="8">运转状况：
怠速：　中速：　高速：
加速及过渡：</td></tr>
<tr><td>四漏检查：
油：　水：　电：　气：</td><td colspan="8">发动机异响：</td></tr>
<tr><td>螺栓螺母：</td><td colspan="8">机油压力：
怠速(MPa)：　高速(MPa)：</td></tr>
<tr><td rowspan="4">润滑油：</td><td colspan="8">气缸压力(MPa)：</td></tr>
<tr><td>1</td><td>2</td><td>3</td><td>4</td><td>5</td><td>6</td><td>7</td><td>8</td></tr>
<tr><td></td><td></td><td></td><td></td><td></td><td></td><td></td><td></td></tr>
<tr><td colspan="8">气缸压力差(MPa)：</td></tr>
<tr><td>空滤器：</td><td colspan="8">真空度：
怠速(kPa)：　波动范围(kPa)：</td></tr>
<tr><td rowspan="3">限速装置：</td><td colspan="4">怠速</td><td colspan="4">高怠速</td></tr>
<tr><td colspan="2">CO(%)</td><td colspan="2">HC(10^{-6})</td><td colspan="2">CO(%)</td><td colspan="2">HC(10^{-6})</td></tr>
<tr><td colspan="2"></td><td colspan="2"></td><td colspan="2"></td><td colspan="2"></td></tr>
<tr><td>起动性能：</td><td colspan="8">最大功率(kW)和最大扭矩(N·m)：</td></tr>
<tr><td>冷起动：</td><td colspan="8">发动机比油耗[g/(kW·h)]：</td></tr>
<tr><td colspan="9">备注：</td></tr>
</table>

竣工检验签字：　　　　　　　　年　　月　　日

2.10.3 试车后检验

试车后检验

试车后检验具体要求是：

(1)检查制动鼓、轮毂、变速器亮、驱动桥壳、传动轴中间轴承等处，运行温度正常；

(2)各部位应无漏油、漏水、漏电、漏气等现象；

(3)检查各紧固螺拴和螺母，应无松动；

(4)检查灯光信号装置，工作应正常。

汽车经竣工检验并消除了各项缺陷和故障后，即可通知送修方接车，经送修与承修双方确认合格后，办理出厂交接手续。

2.11 出厂验收

汽车修竣出厂验收包括出厂规定和用户验收。

2.11.1 出厂规定

出厂规定

汽车的送修和承修方都应遵守修竣出厂规定：

(1)送修汽车和总成修竣检验合格后，承修方应签发出企业合格证，并将技术档案资料交送修单位；

(2)汽车和总成修竣出企业时，不论送修时的装备(附件)状况如何，均应按照有关规定配备齐全，发动机应装限速装置；

(3)接车人员应根据合同规定，就汽车或总成的技术状态及装备情况等进行验收，如发现确有不符合竣工要求的情况时，承修单位应立即查明，及时处理；

(4)送修单位必须严格执行汽车走合期的规定，在质量保证期内因质量问题而发生故障或提前损坏，承修方应及时安排，免费修理。如发生纠纷，由汽车维修管理部门组织技术分析和仲裁。

2.11.2 用户验收

用户验收

用户对修竣出厂的汽车进行静态和动态的检查验收，若发现缺陷，承修方应及时消除，使汽车达到整齐美观，安全可靠，经济性和动力性好，技术性能达到指标，用户满意的目标。用户验收时将汽车停放于平坦的路面上，按如下顺序检查。

2.11.2.1 静态检查，主要内容是：

(1)观察汽车外表，站在车头前面察看驾驶室、发动机罩、左右叶子板、前保险杠等是否平正。

(2)到车前检查保险杠及拖钩是否牢固，散热器护罩、发动机罩、叶子板和驾驶室是否凹凸、裂纹，各连接螺栓是否牢

固,前照灯安装是否牢固。

(3)进驾驶室检查车门开关是否轻便,门窗玻璃升降是否灵活,脚踏板是否安装牢固,并检查前挡风玻璃有无裂损。

(4)到车后观察车厢是否平正,后灯、制动灯、车牌灯是否安装牢固。

(5)检查油箱、备胎架安装紧固情况。

(6)如果是喷烘漆的汽车,应检查油漆面颜色是否均匀,是否有滴漆、起泡等现象。

2.11.2.2　动态检查,主要内容是:

动态检查的内容

(1)起步行驶前,发动机应达到正常温度并检查一次仪表信号装置的工作情况。

(2)检查离合器是否能分离彻底,接合平稳可靠,无发抖、打滑、异响等现象。

(3)低速行驶2~3km,使底盘各部件温度升至正常及润滑正常,注意各部件是否有异常响声。轻踏制动踏板,试刹车是否灵活有效,然后提高车速。转向系应轻便灵活,无跑偏现象,高速时不能有“飘”的感觉。

(4)选择合适场地,检查汽车的最小转向半径,转向半径必须符合原车规定。

(5)在加速或减速时,留意细听变速箱、离合器、传动轴、差速器有无响声,检查要求如下:在不同挡位及不同的速度下,允许齿轮有不同的轻微响声,但决不允许有敲击声;在任何一个挡位,当速度突然变化时允许齿轮有瞬间的敲击声;传动轴在正常行驶时不能有响声,但在行驶动力不足而又未能及时转换低速挡时允许有响声。

(6)检查变速箱有否跳挡,在汽车行驶中急加速和急松油便可知道。

汽车大修竣工检验和出厂验收的技术要求详见本单元3.2整车技术检验。

3　汽车修理技术检验

汽车修理技术检验就是按规定的技术要求,确定所修理的汽车、总成、零部件技术状况而实施的检查。这种检查针对不同对象,借助某些手段测定质量特性,并将测定结果同技术标准相比较,判断是否合格。汽车修理技术检验可分为整车技术检验、总成技术检验、零部件技术检验。

3.1 汽车修理技术标准

汽车修理技术标准是对汽车修理全过程的技术要求、检验规则所做的统一规定。汽车修理技术标准是衡量修理质量的尺度，是企业进行生产、管理的依据，具有法律效力，必须严格遵守。认真贯彻技术标准，对保证修理质量，降低成本，提高经济效益和保证安全运行都有重要作用。我国汽车修理技术标准分四级，即国家标准、行业标准、地方标准和企业标准。

3.1.1 国家标准

国家标准

国家标准是国家对本国经济发展有重大意义和工农业产品、工程建设和各种计量单位所作的技术规定，它由国务院标准化行政主管部门制定，现行有关汽车修理的国家标准主要有：

GB 7258—2004 《机动车运行安全技术条件》

GB/T 3798—1983 《汽车大修竣工出厂技术条件》

GB/T 3799—1983 《汽车发动机大修竣工技术条件》

GB 14761.6—1993 《汽油车自由加速烟度排放标准》

GB 3847—1999 《压燃式发动机和装用压燃式发动机的测量排气可见污染物限值及测试方法》

GB/T 5336—1985 《大客车车身修理技术条件》

GB/T 15746.1—1995《汽车修理质量检查评定标准整车大修》

GB/T 15746.2—1995《汽车修理质量检查评定标准发动机大修》

GB/T 15746.3—1995《汽车修理质量检查评定标准车身大修》

GB 3801—1983 《汽车发动机气缸体与气缸盖修理技术条件》

GB 3800—1983 《汽车车架修理技术条件》

GB 3802—1983 《汽车发动机曲轴修理技术条件》

GB 3803—1983 《汽车发动机凸轮轴修理技术条件》

GB 5372—85 《汽车变速器修理技术条件》

GB/T 18275.1—2000《汽车制动传动装置修理技术条件 气压制动》

GB/T 18275.2—2000《汽车制动传动装置修理技术条件 液压制动》

GB/T 18274—2000 《汽车鼓式制动器修理技术条件》

GB/T 12534—1990　《汽车道路试验方法通则》

3.1.2　行业标准

行业标准是全国性各行业范围内的技术标准，由国务院有关行政主管部门制定，并报国务院标准化行政主管部门备案。在公布国家标准之后，该项行业标准即行废止。现行有关汽车修理的行业标准有：

行业标准

JB/Z111—1986　《汽车油漆涂层》

JT 3101—1981　《汽车修理技术标准》

JT3119—1985　《BJ212 轻型越野汽车修理技术条件》

JT121—1986　《东风 EQ140 型汽车修理技术条件》

3.1.3　地方标准

地方标准是省、自治区、直辖市标准化行政主管部门对未颁布国家和行业标准的产品或工程所颁布的标准。汽车维修地方标准，由各省、市、自治区标准化行政主管部门制定，并报国务院标准化行政主管部门和国务院有关行政主管部门备案。在公布国家标准或行业标准之后，该项地方标准即行废止。

地方标准

3.1.4　企业标准

汽车维修企业在维修汽车时，若遇到没有国家标准、行业标准或地方标准能参照的情况，应该以该汽车的生产厂商提供的维修手册、使用说明书等相关技术资料为依据，制定企业标准，指导组织生产。企业标准须报当地政府标准化行政主管部门和有关行政主管部门备案。对已有国家标准或行业标准的，国家鼓励企业自行制定严于国家或行业标准的企业标准，在企业内部实施。

企业标准

3.2　整车技术检验

整车技术检验是按一定的检验规则，对大修竣工汽车的一般技术要求和主要性能要求，采用一系列检视或测量的方法。

3.2.1　技术要求

包括汽车整车技术检验规定采用的方法、一般技术要求和主要性能要求等内容。

3.2.2　检验规则

(1)汽车性能测试应在平坦、干燥、清洁的高级或次高级路面，长度和宽度适应测试要求，纵向坡度不大于1%的直线道路上往返进行。测试数据取平均值。

(2)大修竣工的汽车,经检验合格,应签发合格证。

(3)大修竣工的汽车,应在明显部位安装铭牌,其内容包括发动机和车架号码、承修单位名称、修竣出厂年、月、日等。

(4)修竣的车辆,经送修与承修单位双方确认合格后,办理出厂交接手续。出厂合格证和有关技术资料应随车交付送修单位。

3.3 总成技术检验

总成技术检验主要是指总成修竣后检验,其目的是检查总成的修理质量,消除发现缺陷和问题,使修竣的总成符合技术标准的规定,确保装上汽车使用性能良好和安全可靠。以发动机大修竣工检验为例,说明总成技术检验主要内容。

3.3.1 技术要求

技术要求

(1)装配的零、部件和附件均应符合经规定程序批准的制造或修理技术条件。

(2)发动机应按经规定程序批准的装配技术条件进行装配,并装备齐全。

(3)装配后的发动机,应按经规定程序批准的工艺和技术条件进行冷、热磨合,拆检和清洗。

(4)发动机在正常工作温度下,5s 内能起动。柴油机在环境温度不低于 5℃,汽油机在环境温度不低于 -5℃时,起动顺利。

(5)发动机怠速运转稳定,其转速应符合原设计规定。

(6)四行程汽油机转速在 500 ~ 600r/min 时,以海平面为准,进气歧管真空度应在 430 ~ 530mmHg 范围内。其波动范围,六缸汽油机一般不超过 25mmHg,四缸汽油机一般不超过 38mmHg。

(7)发动机在各种转速下运转稳定,在正常工况下,不得有过热现象。改变转速时,应过渡圆滑。突然加速或减速时,不得有突爆声,化油器不得回火,消声器不得有放炮声。

(8)在规定转速下,机油压力应符合原设计规定。

(9)气缸压缩压力应符合原设计规定,各缸压缩压力差,汽油机应不超过各缸平均压力的 8%,柴油机应不超过 10%。

(10)发动机起动运转稳定后,只允许正时齿轮、机油泵齿轮、喷油泵传动齿轮及气门脚有轻微均匀响声,不允许活塞销、连杆轴承、曲轴轴承有异响和活塞敲缸及其他异常响声。

(11)发动机最大功率和最大扭矩均不得低于原设计标

定值的90%。

(12)发动机最低燃料消耗率不得高于原设计规定。

(13)发动机不应有漏油、漏水、漏气、漏电现象,但润滑油、冷却水密封接合面处允许有不致形成滴状的浸渍。

(14)发动机排放限值应符合国家有关规定。

(15)发动机应按原设计规定加装限速片,或对限速装置作相应的调整,并加铅封。

(16)发动机外表应按规定涂漆,涂层应牢固,不得有起泡、剥落和漏涂现象。

(17)发动机应按规定加注润滑剂。

(18)其他有关要求应符合原设计规定。

3.3.2 检验规则

检验规则

(1)在测试发动机各种转速运转、进气歧管真空度、机油压力、气缸压缩压力时,水冷式发动机应在水温为75~85℃,风冷式发动机应在油温为80~90℃。

(2)承修单位应对发动机的最大扭矩和最低燃料消耗率进行测试,并按主管部门或修理合同规定对最大功率和负荷特性进行抽样测试。

(3)检验合格的发动机,应签发合同证并提供必要的技术资料。

3.4 零部件技术检验

零部件技术检验包括对被检零部件的尺寸误差、表面误差、形状和位置误差、以及零件内部缺陷等进行检测。下面以对发动机凸轮轴修理检验为例,说明零部件技术检验主要内容。

3.4.1 技术要求

技术要求

(1)凸轮表面累积磨损量(包括修理加工磨削量)不超过0.8mm时,允许用直接修磨的方法恢复凸轮;超过0.8mm需要修理时,可在凸轮的局部或全部表面敷以补偿修复层。

(2)凸轮轮廓的升程曲线应符合原设计规定,但个别区段内的升高量允许有不大于0.02mm的超差。

(3)以两端支承轴颈的公共轴线为基准,凸轮基圆的径向圆跳动公差为0.05mm。

(4)凸轮斜角应符合原设计规定。

(5)通过凸轮升程最高点和轴线的平面,相对于正时齿轮键槽中心平面的角度偏差,不得超过±45′。

(6)同一根凸轮的各支承轴颈的直径应修磨为同一级修

理尺寸。分级修理尺寸见表5-9所示。

凸轮轴支承轴颈分级修理尺寸　　表5-9

级　别	0	1	2	3	4	5	6
轴颈直径缩小量（mm）	0	0.10	0.20	0.30	0.40	0.50	0.60

注:1. 各级修理尺寸仍采用原设计尺寸的极限偏差。
2. 有特殊要求的凸轮轴,按原设计要求执行。

(7)支承轴颈直径缩小量超过使用限度时,可敷以补偿修复层,使轴颈直径恢复至原设计尺寸或修理尺寸。

(8)支承轴颈的圆柱度公差为0.005mm。

(9)以两端支承轴颈的公共轴线为基准,中间各支承轴颈的径向圆跳动公差为0.025mm。

(10)安装正时齿轮的轴颈,其尺寸应符合原设计规定。以两端支承轴颈的公共轴线为基准,其轴颈的径向圆跳动和轴向止推端面的端面圆跳动公差为0.03mm。

(11)驱动汽油泵的偏心轮直径,允许比原设计规定的最小极限尺寸小1.0mm。

(12)机油泵驱动齿轮不得缺损,轮齿工作表面不得有剥落,齿厚不小于原设计规定的最小极限尺寸的0.50mm。

(13)支承轴颈表面粗糙度不低于Ra0.8μm,凸轮和驱动机油泵的偏心轮的表面粗糙度不低于Ra1.6μm,轴向止推端面的表面粗糙度不低于Ra3.2μm,其他加工面的表面粗糙度应符合原设计规定。

(14)凸轮轴的凸轮和支承轴颈部位的补偿修复层的性能应满足使用要求。

(15)凸轮轴应进行探伤检查,除凸轮表面堆焊层可以有不连续成片的鱼鳞状裂纹外,不得有其他裂纹。

(16)凸轮轴的所有表面不得有毛刺、氧化皮、焊渣、气孔、渣眼、油垢和脱壳等缺陷,螺纹损伤不得超过两牙。

3.4.2　检验规则

检验规则

(1)凸轮轴经检验合格后,应签发合格证。

(2)送修单位有权根据合同抽样复验。

3.4.3　包装及贮存

包装及贮存

(1)修竣的凸轮轴应进行防锈处理,出厂产品应装入箱内并固定牢靠。

(2)产品应放在通风和干燥的地方,并应采取防护措施。

4　汽车维修技术经济指标

要评价汽车维修企业的生产效益和效率的水平,都离不

开采用各种各样的技术经济指标。技术经济指标有很多种类和层次,形成了不同的技术经济指标体系。在此主要介绍汽车维修行业管理要求的指标体系内容和汽车维修生产常用考核指标。

4.1　汽车维修行业管理指标体系

按照我国汽车维修行业发展规划,汽车维修行业管理指标体系由六个指标组成,即总量指标,服务性指标,维修质量指标,效益指标,技术进步指标和人员素质指标,见表5-10。

汽车维修行业管理指标体系　　表5-10

管理指标体系	总量指标	总量供给与总量需求
		各类维修企业结构比例
	服务性指标	维修点数/千辆车
		停厂(场)车日
	维修质量指标	维修质量保证期内的返修率
		上线检测一次合格率
	效益指标	产值利润与收入利税率
		全员劳动生产率
	技术进步指标	检测设备台数/设备总台数
		专用设备台数/设备总台数
		技术进步对产值增长速度的贡献
	人员素质指标	技术人员数/全部职工数
		持证上岗率

4.1.1　总量指标

4.1.1.1　总量供给与总量需求。我国处于市场经济发展的初期,供需关系逐渐趋于动态平衡。如果2005年的供需比按1.2∶1计算,总量供给与总量需求如表5-11所示。　**总量指标**

总量供给与总量需求(预测2005年)　　表5-11

类　型	方案	总量供给(万辆次)	总量需求(万辆次)
货车大修	高方案	74	61.4863
	低方案	53	44.3613
货车二级维护	高方案	8424	7019.7334
	低方案	6119	5099.6581
客车大修	高方案	82	68.6779
	低方案	73	60.6079
客车二级维护	高方案	7506	6255.6275
	低方案	6623	5519.3420
汽车小修	高方案	67541	56284.2572
	低方案	54332	45277.0876

4.1.1.2　各类汽车维修企业结构比例。按经营性质划

分可分为货车大修、货车二级维护、客车大修、客车二级维护、汽车小修,并将各类企业预测结果折合成货车大修辆次来计算、分析。见表5-12。

按经营性质划分的结构比例(预测2005年) 表5-12

类　型	方案	万辆次	折合货车大修(万辆次)	占比例
货车大修	高方案	74	74	0.0341
	低方案	53	53	0.0304
货车二级维修	高方案	8424	967	0.4458
	低方案	6119	703	0.4026
客车大修	高方案	82	188.29	0.0868
	低方案	73	167.6	0.0959
客车二级维修	高方案	7506	862	0.3975
	低方案	6623	760	0.4353
汽车小修	高方案	67546	77.55	0.0358
	低方案	54332	62.38	0.0357
合计	高方案	83632	2168.84	1.0000
	低方案	67200	1745.98	1.0000

4.1.2　服务性指标

服务性指标

4.1.2.1　维修点数/千辆车。2005年每千辆汽车应配备的维修点数为3.0,其中一、二类企业为1.0。

4.1.2.2　在厂(场)车日。在厂(场)车日是指维修汽车进厂到竣工出厂的天数,这是一项反映汽车维修企业生产管理水平的指标,其计算方法如下:

$$\text{维护在厂(场)车日}=\frac{\text{维护在厂(场)总车日}}{\text{维护竣工辆次}}$$

$$\text{大修平均在厂(场)车日}=\frac{\text{大修在厂(场)总车日}}{\text{大修竣工辆次}}$$

其中在厂(场)总车日应包括返修车日。2005年汽车维修企业要控制的在厂(场)车日指标,如表5-13所示。

2005年要控制的在厂(场)车日　　表5-13

车　型	大修在厂车日	一级维护在厂车日	二级维护在厂车日
载货汽车	10	不占	1
载客汽车	20	不占	1

4.1.3　维修质量指标

质量指标

4.1.3.1　维修质量保证期内的返修率。按照我国汽车维修行业发展规划,质量保证期内的返修率2005年的目标是

不大于4%。返修率的计算公式如下:

$$汽车小修(含汽车维护)返修率(\%)=\frac{车辆返修辆次}{竣工辆次}\times100\%$$

$$汽车大修返修率(\%)=\frac{大修返修辆次}{大修竣工辆次}\times100\%$$

其中,汽车返修辆次的概念要求统一。例如某地交通运输管理部门规定:返修辆次是指竣工汽车在保修期内,由于对原报修项目修理不善引起的(不包括汽车使用者不正常使用和维护引起的)返修汽车。从开返修单时算起,汽车小修停厂车日超过4h或累计耗用修理工时2h为一个返修辆次;二级维护停厂车日超过8h或累计耗用修理工时4h为一个返修辆次;汽车大修停厂车日超过24h,或累计耗用修理工时8h的为一个返修辆次。

4.1.3.2　上线检测一次合格率。汽车大修、二级维护上线检测一次合格率,2005年要不低于90%。

4.1.4　效益指标(未考虑货币时间价值)

效益指标

4.1.4.1　产值利润率($\frac{实现利润}{每百元产值}\times100\%$)及收入利税率$\frac{实现利税}{每百元收入}\times100\%$)。2005年产值利润率全国平均应达到10%;收入利税率应达到20%。

4.1.4.2　全员劳动生产率。依据调查预测,要求每年按5%的速度增长。

4.1.5　技术进步指标

技术进步指标

4.1.5.1　检测设备台数/设备总台数、专用设备台数/设备总台数。这两项指标本应用固定资产净值之比表示,因得到的调查统计资料是以台数为单位统计的,故仍用台数比值。2005年上述两个指标应分别达到32%和38%。

4.1.5.2　技术进步对产值增长速度的贡献(技术进步对汽车维修行业经济增长所占份额指标)。根据我国汽车运输业及机械制造业测算分析,20世纪90年代初期该指标达到20%左右,而发达国家机械行业该指标值为40%~50%。因此,依靠技术进步逐渐促进我国汽车维修行业经济增长,是今后应重点抓好的主要工作之一。2005年应达到45%左右。

4.1.6　人员素质指标

人员素质指标

4.1.6.1　技术人员数/全部职工数,2005年应达到10%,即达到现有的较高水平。

4.1.6.2　持证上岗率,一线工人及质量检验人员持证(技术培训合格证)上岗率应达到100%。

4.2 其他常用考核指标

4.2.1 汽车维护间隔里程

间隔里程

汽车维护间隔里程是指汽车两次同级维护作业之间的实际里程，它是考核汽车运输企业执行汽车维护制度，按期强制维护汽车情况的一项指标。一般要求汽车维护间隔里程与规定的维护周期误差控制在 ±10% 范围内。

汽车运输企业执行汽车同级维护平均间隔里程计算方法如下：

一级（或二级）维护平均间隔里程（km）

$$=\frac{一级（或二级）维护总车行程}{一级（或二级）维护竣工辆次}$$

其中，维护竣工辆次是指报告期限内维护竣工出厂的汽车辆次数。

4.2.2 汽车维护工时定额

工时定额

汽车维护工时定额是指完成每次维护的工时限额，它是考核汽车维护的实际工效和进行定员的主要依据之一。其计算方法如下：

$$维护平均工时=\frac{维护实耗工时}{维护竣工辆次}$$

$$完成维护工时定额百分比（\%）=\frac{维护实耗工时}{定额工时}\times 100\%$$

在汽车维护作业中，凡超过维护作业范围的附加修理作业工时不应计入维护实耗工时，要另外计算汽车修理工时。

汽车维护工时定额，因地区、车型等分别制定。

4.2.3 汽车维护与小修费用定额

维护与小修费用定额

汽车维护与小修费用定额是指汽车每辆次（或单位行程）维护与小修所耗用的工时和物料费用的限额，它是考核汽车维护厂生产管理水平的指标之一。其计算方法如下：

$$一级（或二级）维护平均费用=\frac{维护总费用}{维护竣工辆次}（元/次）$$

$$小修平均费用（元/千车公里）=\frac{小修总费用（元）}{总车公里（千车公里）}$$

完成维护（或小修）费用定额百分比（%）

$$=\frac{维护（或小修）实耗费用}{定额费用}\times 100\%$$

汽车维护与小修费用也可以累计考核，称汽车维修费用。汽车维修费用定额是指汽车每行驶一定里程，维护与小修耗用的工时和物料总费用的限额，按车型和应用条件等分别规定，它是汽车运输行业管理要建立的主要技术经济定额和指

标之一。其计算方法如下：

$$\text{汽车维修费用(元/千车公里)} = \frac{\text{各级维护与小修费用总和}}{\text{总车公里(千车公里)}}$$

4.2.4　小修频率

小修频率

小修频率是指每千车公里发生小修的次数(不包括各级维护作业中的附加小修作业),它是考核汽车使用、维护和修理质量的一项综合性指标,也是汽车运输行业管理要建立的主要技术经济定额和指标之一,一般要求汽车小修频率不超过1~2次/千车公里。其计算方法如下：

$$\text{小修频率(次/千车公里)} = \frac{\text{小修辆次}}{\text{总车行程(千车公里)}}$$

4.2.5　配件、材料消耗定额

材料消耗

配件、材料消耗定额是指汽车在单位行程内或每辆次维护(小修)所需要的配件和材料等消耗限额,它是考核维修企业节约物料和组织供应的依据,计算方法如下：

$$\text{配件等辅助材料平均消耗量(元/万车公里)} = \frac{\text{维护和小修总消耗量(元)}}{\text{总车公里(万车公里)}}$$

$$\text{油料(燃油、润滑油、清洗用油等)平均消耗量(元/辆车)} = \frac{\text{一级(或二级)维护(或小修)总油耗量(元)}}{\text{维护(或小修)竣工辆次}}$$

$$\text{配件、材料完成消耗定额(\%)} = \frac{\text{实际消耗量}}{\text{定额消耗量}} \times 100\%$$

4.2.6　汽车大修间隔里程定额

大修间隔里程

汽车大修间隔里程定额是指新车到大修,或大修到大修之间所行驶的里程限额,按车型和使用条件等分别制定。因为它可以综合反映汽车大修质量和平时使用及维修质量,所以是汽车运输行业和汽车维修行业管理中必须建立的技术经济定额之一。

$$\text{大修平均间隔里程(km)} = \frac{\text{大修车辆总车行程}}{\text{大修车辆次}}$$

需要说明两点：

4.2.6.1　有的汽车行驶一定里程后,经检测和技术鉴定,其零件磨损和总成损坏严重,已无法修复或无修理价值,未经大修即报废,该车的已驶里程应计入大修汽车总车行程中。肇事汽车和机损事故汽车不应计算在内。

4.2.6.2　汽车行驶里程达到大修间隔里程定额时,应进行技术鉴定,在技术上允许、经济上合理的条件下,可规定补充行驶里程定额。

4.2.7　发动机总成大修间隔里程定额

发动机总成大修间隔里程定额是指新发动机到大修,或大修到大修之间所驶的里程限额，按型号和使用燃料类别等分别制定。发动机大修间隔里程定额也是汽车运输行业管理中必须建立的技术经济定额之一，具体考核的要求同汽车大修间隔里程定额。

4.2.8 修理工时定额

修理工时定额是指完成每次修理的工时限额，它是考核汽车修理企业实际工效和进行定员的主要依据之一，具体考核计算方法如下：

$$平均修理工时(h)=\frac{修理实耗工时}{修理竣工辆次}$$

$$完成修理工时定额百分比(\%)=\frac{实耗工时}{定额工时}\times 100\%$$

当修理工时用作汽车修理业务收费依据时，汽车修理企业需严格执行当地汽车维修管理部门所规定的统一工时定额。一般情况下，汽车维修管理部门所规定的统一工时定额是当地进行汽车维修核计工时的最高定额。表 5-14 和表5-15所示为某省汽车维修行业管理规定的汽车大修及总成大修工时定额。

某省规定的汽车大修及总成大修工时定额(一) 表 5-14

单位：工时

序号	作业项目	汽油货车			柴油货车				客车					吉普车		小轿车			备注
		1吨以下	3.5吨以下	5吨以下	3.5吨以下	5吨以下	8吨以下	12吨以下	微型客车	轻型客车	中型客车	大型客车	铰接客车	北京2020	北京2021	普通类	中级类	高级类	
	整车大修	720	920	1050	960	1150	1450	1750	850	1550	2150	2550	2900	870	1600	1250	1650	1850	
1	发动机附离合器	196	230	270	260	320	410	480	190	250	310	410	320	200	260	220	250	280	
2	变速箱附传动轴	46	58	64	58	70	96	114	50	65	80	94	96	62	123	85	110	120	
3	前桥附转向	55	69	78	70	83	106	125	56	72	98	115	114	72	120	106	128	135	
4	后桥(含中桥)	50	65	75	65	80	100	128	52	70	96	115	150	58	105	50	75	80	
5	车架、悬挂	50	76	81	76	100	115	135	55	85	120	133	160	60	76	53	70	93	
6	车身、车厢	121	166	200	174	212	287	360	200	562	900	1052	1322	163	300	250	330	378	含座垫装饰
7	制动	32	34	40	34	40	46	64	34	38	44	48	56	34	44	38	44	56	
8	电器、空调	52	76	82	77	85	95	110	65	90	106	111	110	65	220	130	240	280	
9	轮胎	10	16	18	16	18	22	32	10	16	20	22	30	16	18	16	18	18	
10	喷烤漆	60	80	90	80	90	115	140	90	250	322	390	480	90	280	252	330	350	
11	整车调试测验	48	50	52	50	52	58	62	48	52	54	60	62	50	54	50	55	60	

某省规定的汽车大修及总成大修工时定额(二)

表 5-15

单位:工时

车型	自卸车 汽油车 3.5吨以下	自卸车 汽油车 5吨以下	自卸车 柴油车 5吨以下	自卸车 柴油车 8吨以下	自卸车 柴油车 12吨以下	自卸车 柴油车 15吨以下	自卸车 柴油车 15吨以上	备注
工时	1020	1155	1255	1570	1860	2275	2450	自卸车总成大修工时定额参照同类型货车执行

车型	罐车 汽油车 3.5吨以下	罐车 汽油车 5吨以下	罐车 柴油车 5吨以下	罐车 柴油车 8吨以下	罐车 柴油车 12吨以下			备注
工时	1050	1185	1265	1620	1890			罐车总成大修工时定额参照同类型货车执行

车型	拖挂车 牵引车 15~20吨	牵引车 30~40吨	牵引车 50~60吨	牵引车 60吨以上	拖挂车 3~4吨	拖挂车 5~8吨	拖挂车 15~20吨	拖挂车 30~40吨	拖挂车 50~60吨	拖挂车 60吨以上	半挂车 解放类	半挂车 东风类	备注
工时	1550	1750	1900	2100	320	410	480	650	810	920	1350	1410	牵引车、半挂车总成大修工时定额参照同类型货车执行

4.2.9　汽车大修平均在修车日

平均在修车日

汽车大修平均在修车日是指汽车大修从开工到竣工检验合格平均所占用的天数,这也是一项反映修理企业管理水平的指标,返修车日也应计算在内。

4.2.10　汽车大修费用定额

费用定额

汽车大修费用定额是指汽车大修所耗工时和物料总费用的限额,按汽车类别和车型等分别制定。它是一项考核汽车大修经营管理水平综合性定额,是汽车维修行业管理必须建立的技术经济定额之一。

思考与练习

简答题

1. 什么是汽车修理?什么是“视情修理”?
2. 汽车大修和总成大修的送修标志是什么?
3. 什么是汽车修理工艺?一般包括哪些过程?
4. 简述汽车拆卸作业的一般过程。

5. 试画出零件磨损特性曲线，说明磨合、磨损与极限磨损的概念。

6. 简述汽车总装配的一般顺序。

7. 汽车大修竣工检验的主要内容是什么？

8. 如何计算汽车维修在厂（场）车日？维修质量保证期内的返修率怎样计算？

选择题

1. ________不是汽车修理中通常划分的汽车总成。

A. 转向系　　B. 电系　　C. 制动系　　D. 空调装置

2. 零部件技术检验包括对被检零部件的尺寸误差、表面误差、形状和位误置差，以及零件________等进行检测。

A. 外部缺陷　　B. 磨损　　C. 变形　　D. 内部缺陷

3. 汽车小修是用修理或更换个别零件的方法，保证或恢复汽车工作能力的________。

A. 计划修理　　B. 定期修理

C. 恢复性修理　　D. 运行性修理

4. 汽车大修时，对能适应生产进度要求的需修总成或零件宜采用________。

A. 就车修理法　　B. 总成互换修理法

C. 尺寸修理　　D. 补偿修理

5. 在组织汽车修理生产中，对拆解和总装较多采用________。

A. 定位作业　　B. 流水作业

C. 综合作业　　D. 专业分工作业

6. 零件检验技术标准的主要内容中，零件的________最为重要。

A. 极限磨损尺寸

B. 缺陷特征和检验方法

C. 允许磨损尺寸和允许变形量

D. 修复可采用的方法

7. 国产汽车的主要及易损零件的修理尺寸分级多半是每级相差________mm。

A. 0.15　　B. 0.25　　C. 0.35　　D. 0.45

8. 汽油发动机冷磨时，不装________。

A. 飞轮　　B. 正时齿轮　　C. 气门　　D. 火花塞

9. 整车技术检验是按一定的________，对大修竣工汽车的一般技术要求和主要性能要求，采用一系列检视或测量的方法。

A. 检验标准　B. 检验规则　C. 检验要求　D. 检验方法

10. 发动机在正常工作温度下，________ s 内能起动。

A. 1　　B. 3　　C. 5　　D. 10

判断题

1. 汽车送修时，一般应具备行驶功能，装备齐全。（　）

2. 修理发动机总成时，气缸体与飞轮壳不得采用互换法修理。（　）

3. 汽车修理进厂检验主要是对送修汽车的装备和技术状况的检查鉴定，以便确定维修方案。（　）

4. 修理尺寸修理是利用堆焊、喷涂、电镀等方法先增补零件的磨损表面，然后再进行机械加工，并恢复其原设计尺寸、形状以及表面粗糙度等要求。（　）

5. 装配工艺顺序因总成结构不同而异，但总的原则是由内向外进行装配。（　）

6. 发动机热试，水温应保持 75 ~ 85℃，应仔细观察各处无"四漏"现象；调整点火系、供油系，使怠速和各种转速运转时均平隐。（　）

7. 我国汽车修理技术标准分为国家标准、地方标准和企业标准三级。（　）

8. 发动机大修竣工后的各气缸压缩压力差，汽油机应不超过各缸平均压力的 10%。（　）

9. 汽车维修行业管理指标体系由总量指标，服务性指标，维修质量指标，效益指标，技术进步指标和人员素质指标等六个指标组成。（　）

10. 汽车维护与小修费用定额是考核汽车维修企业生产管理水平的指标之一。（　）

相关链接

计划修理制度是一种按修理计划对机器设备进行预防性的日常维护保养、检查和大、中、小修理的制度，也称计划预修制度(planned preventive maintenance system)。它首创于前苏联，是以修理周期结构和修理复杂系数为支柱，包括一系列的组织技术措施，规定了修理工作的严格计划性，主要是为防止设备磨损加剧而采取的事先预防措施。

原设计是指汽车制造厂或按照规定程序批准的改造、改装的技术文件。

《汽车维修行业发展规划》1996 年 10 月 7 日交通部交公路发〔1996〕849号文发布，规划期为1996 ~ 2005年，即10年汽车维修行业发展规划。规划期内要达到的具体目标由六个指标组成的指标体系进行表述,这六个指标也就是规划考核指标,即:总量指标,服务性指标,维修质量指标,效益指标,技术进步指标和人员素质指标。

参考资料

《汽车技术管理》,上海科学技术出版社,2002 年。

汽车维护与修理网,http://www.autorepair.com.cn/index.asp。

全球汽车互联网,http://www.wwwauto.net.cn/。

单元六　汽车维修企业质量管理

学习目标

知识目标

1. 简单叙述汽车维修企业建立健全与其维修类别相适应的质量管理机构、内部质量保证体系的必要性;

2. 简单叙述ISO9000族、质量管理的八项原则,以及汽车维修企业开展ISO9001认证的意义和效果;

3. 正确描述全面质量管理的“四个阶段”、“八个步骤”和“五种工具”,以及QC小组的作用、组织和活动形式;

4. 正确描述汽车维修企业质量管理机构主要职责、质量检验人员素质和技术要求。

能力目标

1. 会分析汽车修理质量检查评定的结果,了解汽车维修质量监督管理要求;

2. 会分析比较简单的汽车维修质量问题,了解“三单一证”在汽车维修过程中的作用。

根据交通部《汽车维修质量管理办法》规定,汽车维修企业必须建立健全与其维修类别相适应的质量管理机构,建立健全汽车维修企业内部质量保证体系,加强质量检验,掌握质量动态,进行质量分析,推行全面质量管理。

1　质量管理标准

以包括产品质量管理和工作质量管理在内的,全面质量管理事项为对象而制定的标准,称为质量管理标准,其内容一般包括:质量管理名词术语、质量保证体系标准、质量统计标准、可靠性标准等。

1.1　ISO9000

ISO9000 是国际标准化组织耗时 10 年,于 1987 年制订出来,是全世界第一个关于质量管理的标准,它集中了各国质量管理专家和众多成功企业的经验,蕴涵了质量管理的精华。"ISO9000"不是指一个标准,而是一族标准的统称。根据 ISO9000-1:1994 的定义:"ISO9000 族是由 ISO/TC176 制定的所有国际标准。"

ISO9000 族出台,在发达国家的企业中引起很大反响,它们争相采用这套标准来规范企业质量管理。我国在 2000 年 12 月正式颁布了等同采用 2000 版 ISO9000 族的国家标准,称"GB/T19000 族",并于 2001 年 6 月 1 日起正式实施。我国企业开展贯彻和实施 ISO9000 族活动,简称为"贯标"。

1.1.1　ISO9000 族核心标准

核心标准

2000 版 ISO9000 族包括了以下一组密切相关的质量管理体系核心标准:

1.1.1.1　ISO9000:2000《质量管理体系 基础和术语》,表述质量管理体系的基础知识,并确定了相关的术语。

1.1.1.2　ISO9001:2000《质量管理体系 要求》,规定质量管理体系的要求,用于证实组织具有提供顾客要求和适用法规要求的产品的能力,目的是增进顾客满意。ISO9001 又称质量体系认证标准。

1.1.1.3　ISO9004:2000《质量管理体系 业绩改进指南》,指导组织用有效和高效的方式识别并满足顾客和其他相关方的需求和期望,实现、保持和改进组织的整体业绩和能力,从而使组织获得成功。

1.1.1.4　ISO19011:2000《质量和(或)环境管理体系审核指南》,遵循"不同管理体系可以有共同管理和审核要求"的原则,为质量和(或)环境管理体系审核的基本原则、审核方案的管理、质量和(或)环境管理体系审核的实施以及对质量和(或)环境管理体系审核员的资格要求提供了指南。

1.1.2　有关质量的术语

有关质量的术语

1.1.2.1　产品:活动或过程的结果。产品可包括服务、硬件、流程性材料、软件或它们的组合。汽车维修是一种服务,即为满足顾客(送修方)的需要,供方(承修方)和顾客之间在接触时的活动以及供方内部活动所产生的结果。

1.1.2.2　质量:反映实体满足明确和隐含需要的能力的特性总和,这里讲的"实体"可以指单独描述和考虑的事物。如某项活动、过程、产品、组织、体系、人或它们的任何组合。因此,汽车维修的质量不仅是影响汽车本身,还应考虑到对整个维修过程、维修前和维修后的活动,以及对维修企业等方面的影响。

1.1.2.3　质量管理:确定质量方针、目标和职责,并在质量体系中通过诸如质量策划、质量控制、质量保证和质量改进促进其实施的全部管理职能的所有活动,它是企业全面管理职能(财务、人事、行政、安全等)的一个中心环节。开展质量管理要考虑经济性因素。

1.1.2.4　质量管理体系:在质量方面指挥和控制组织的管理体系。ISO9001 标准规定了质量管理体系要求。质量管理体系要求是通用的,适用于所有行业或经济领域,不论其提供何种类别的产品。ISO9001 标准本身并不规定产品要求。

1.1.2.5　全面质量管理:一个组织以质量为中心,以全员参与为基础,目的在于通过让顾客满意和本组织所有成员及社会受益,而达到长期成功的管理途径。

1.2　八项原则

为了成功地领导和运作一个组织,需要采用一种系统和透明的方式进行管理。为实现质量目标,应遵循以下八项质量管理原则:

1.2.1　以顾客为关注焦点

顾客是关注焦点

组织依存于其顾客,因此组织应当理解顾客当前的和未来的需求,满足顾客要求并争取超越顾客期望。任何组织(工业、商业、服务或行政组织)均提供产品(硬件、软件、流程性材料、服务或它们的组合),产品的接受者、使用者即为顾客。如果不存在顾客,则组织将无法生存。因此,任何一个组织均应将争取客户,使客户满意作为首要的工作来考虑,依此安排所有的活动。而超越顾客的期望,从长远来讲,将为组织带来更大的利益。

1.2.2 领导作用

领导者将本组织的宗旨、方向和内部环境统一起来，并创造使员工能够充分参与实现组织目标的环境。

1.2.3 全员参与

全员参与

各级人员是组织之本，只有他们的充分参与，才能使他们的才干为组织带来最大的收益。组织的运作需要不同层次的人员。例如：各层次管理、技术、操作、执行和验证人员，所有这些人员都是组织必不可少的，否则组织运作将会出现问题。全员充分参与是组织良好运作的必需条件，当每个人的能力、才干得到充分发挥时，将会为组织带来最大的收益。

1.2.4 过程方法

过程方法

过程方法就是将相关的资源和活动作为过程进行管理，可以更高效地得到期望的结果。任何将所接收的输入转化为输出的活动都可视为过程，通常一个过程的输出会直接成为下一个过程的输入。组织系统地识别并管理所采用的过程以及过程间的相互作用，称之为“过程方法”。通常情况下，期望的结果可理解为按照某种关键的活动，如采购信息的确定、对供方的评价和选择、采购产品的验证等。为了管理这些关键的活动需明确职责权限，还需要了解并测定关键活动的能力，同时要识别组织职能和内部职能之间关键活动的接口，对不同的组织及生产部门之间的接口，应认真加以管理。对于组织关键活动的各种因素，如资源、方法和材料等的改进应重点管理，从而对产品特性的信息、作业指导书、合适的生产设备、测量与监控装置等影响产品实现过程的因素提出相应的管理和控制要求。

1.2.5 管理的系统方法

管理的系统方法

管理的系统方法是针对设定的目标、识别、理解并管理一个由相互关联的过程所组成的体系，有助于提高组织的有效性和效率。管理需要方法，而方法具有系统性则有助于管理目标的实现，并提高管理的效率和有效性。管理的系统方法是系统论在质量管理中的应用，系统方法的特点在于：围绕某一设定的方针和目标，确定实现这一方针和目标的关键活动，识别由这些活动所构成的过程，分析这些过程间的相互作用和相互影响的关系，按某种方式或规律将这些过程有机地组合成一个系统，管理由这些过程构筑的系统，使之能协调地运行。

1.2.6 持续改进

持续改进

持续改进是组织的一个永恒的目标。事物是在不断发展的，都会经历一个由不完善到完善，直到更新的过程。人们对

过程结果的质量要求也在不断提高，例如对产品，对服务的质量要求。对这一过程的活动的管理必须包含对这种变化的管理。管理的重点应关注变化或更新所产生结果的有效性和效率，这是一种持续改进的活动。由于改进是无止境的，所以持续改进是组织的永恒目标之一。

1.2.7　基于事实的决策方法

决策方法

基于事实的决策方法强调了对数据和信息的逻辑分析或直觉判断是有效决策的基础。成功的结果取决于活动实施之前的精心策划和正确的决策，正确适宜的决策依赖于良好的决策方法，决策需要依据，依据准确的数据和信息，进行逻辑推理分析或依据信息，做出直觉判断是一种良好的决策方法。

1.2.8　与供方互利的关系

互利的关系

与供方互利的关系是指通过互利关系，增强组织和供方创造价值的能力。通常某一产品不可能由一个组织，从最初的原材料开始加工直至形成最终顾客使用的产品，往往是通过多个组织分工协作来完成的，因此任何一个组织都有其供方或合作伙伴。供方或合作伙伴已成为组织不可缺少的资源之一，供方或合作伙伴所提供的材料、零部件或服务对组织的最终产品有着重要的影响。供方或合作伙伴提供的高质量产品将使组织为顾客提供高质量的产品提供保证，最终确保顾客满意。所以，组织与供方或合作伙伴的合作与交流是非常重要的，必须是坦诚和明确的，最终促使组织与供方或合作伙伴均增强了创造价值的能力，使双方都获得效益。

1.3　汽车维修企业贯标

汽车维修企业贯彻和实施 ISO9000 族，按照质量管理体系标准要求，对汽车维修的全过程（包括维修接待、故障诊断、修理、过程检验、总检、交付、回访等过程）进行全面控制，建立一套完整的质量管理体系，以保证维修服务达到让客户满意。

自从 1987 年 ISO9000 问世以来，为了加强质量管理，适应质量竞争的需要，企业家们纷纷采用 ISO9000 族在企业内部建立质量管理体系，申请质量体系认证，很快形成了一个世界性的潮流。目前世界各国已普遍推行 ISO9000 族，已有 130 多个国家把 ISO9000 族转变为自己的国家标准，已有 100 多个国家开始质量管理体系的认证工作，越来越多的需方开始依据 ISO9001 认证向供方提出要求。

1.3.1 ISO9001 认证程序

认证程序

企业通过质量体系认证(ISO9001 认证)的具体程序,总体上分为五个阶段:

1.3.1.1 认证申请。企业可在决定是否申请认证之前向任何一个认证机构索取有关制度的住处,包括认证规则、公开文件、各项规定、其他有关资料(这些资料均免费提供)。企业向其自愿选择的某个体系认证机构提出申请,按认证机构要求提交申请文件,包括企业质量手册、程序文件等体系文件。

1.3.1.2 受理申请。认证机构收到申请方的正式申请后,将对申请方的申请文件进行审查,包括填报的各项内容是否完整和正确,质量手册的内容总体上是否覆盖了相应质量合格保证模式标准的要求等。经审查若符合规定的申请要求,决定接受申请,由认证机构向申请方发出"受理申请书",双方签订合同,并通知申请方下一步的工作安排等。

1.3.1.3 体系审核。体系认证机构指派数名国家注册审核员实施审核工作,包括文件审查,现场检查前的准备,到企业现场进行检查,审核结束提交审核报告等。

1.3.1.4 审批与注册发证。认证机构按程序审核,通过后颁发证书、注册并向社会公告。

1.3.1.5 监督管理。在证书的有效期内,认证机构每年对企业至少进行一次监督审核,根据企业的质量体系运行情况,按规定分别予以保持、暂停、撤消或注销企业的质量体系认证证书。

1.3.2 ISO9001 认证的作用

认证的作用

通过 ISO9000 标准的认证,每个认证组织都会在以下方面有所收益:

(1)增强顾客满意;

(2)提高组织的经济效益;

(3)增强组织竞争力;

(4)提高工作效率;

(5)减少各种浪费;

(6)减少无效的重复劳动;

(7)减少出错机会;

(8)节约成本;

(9)激发员工的工作热情;

(10)更有效地利用时间和资源;

(11)加强内部沟通;

(12)增强顾客的信任感;

(13)有助于扩大市场占有率;

(14)保持组织内部的持续改进。

有资料显示,到2001年底,全世界通过ISO9000认证的各类组织已超过40万家。ISO9000之所以在企业界得到如此广泛的应用,与标准本身的优越性以及企业获取ISO9000认证所带来的巨大效益是分不开的。

2　全面质量管理

全面质量管理是企业管理现代化、科学化的一项重要内容,它于20世纪60年代产生于美国,后来在西欧与日本逐渐得到推广与发展,它应用数理统计方法进行质量控制,使质量管理实现定量化,变产品质量的事后检验为生产过程中的质量控制。

2.1　理论依据和典型模式

全面质量管理是对组织进行管理的一种途径,"质量"的概念扩充为实体全部管理目标,即"全面质量",可包括提高实体质量(产品、工作、质量体系、过程、人的质量),缩短周期(生产周期、物资储备周期),降低成本和提高效益。也可以理解为:质量的涵义是全面的,不仅包括产品服务质量,而且包括工作质量,用工作质量保证产品或服务质量。

全面质量管理的特点是以全面质量为中心,全员参与为基础,目的是实现持久成功,即使顾客、本组织成员和社会持续满意和受益。也可以理解为:质量管理是全过程的,不仅要管理生产制造过程,而且要管理采购、设计直至储存、销售、售后服务的全过程。

全面质量管理典型模式是"四个阶段"、"八个步骤"、"五种工具"和QC小组。建立并实施质量体系是开展全面质量管理的基础。成功的关键在于最高管理者强有力的领导,全员教育和培训,持续进行质量改进。

2.1.1　四个阶段

质量管理遵循四个阶段的循环工作程序,称PDCA循环,其内容是:　**四个阶段**

(1)计划阶段(P)。经过分析研究,确定质量管理目标、项目和拟定相应的措施。

(2)执行阶段(D)。根据预定目标和措施计划,落实执行部门和负责人，组织计划的实施和执行。

(3)检查阶段(C)。检查计划实施的结果，衡量和考察取得的效果，找出问题。

(4)处理阶段(A)。总结成功的经验和失败的教训，并纳入有关标准、制度或规定，巩固成绩，防止问题再次出现，以便转入下一个循环去加以解决。

PDCA 循环对全企业可划大循环，对各部门、各车间、各班组可在大循环中又有各自范围的小循环，形成大环套小环。PDCA 每循环一次，质量提高一步，不断循环则质量不断提高，如图 6-1 所示。

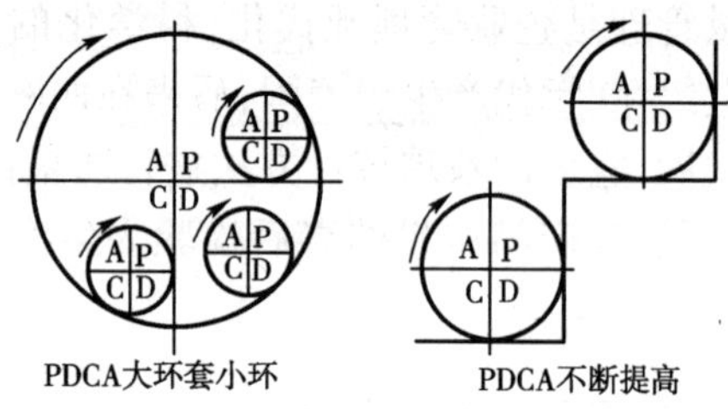

图 6-1　PDCA 循环(大环套小环，不断提高)

2.1.2　八个步骤

质量管理的八个步骤在 PDCA 循环中完成，如图 6-2 所示。

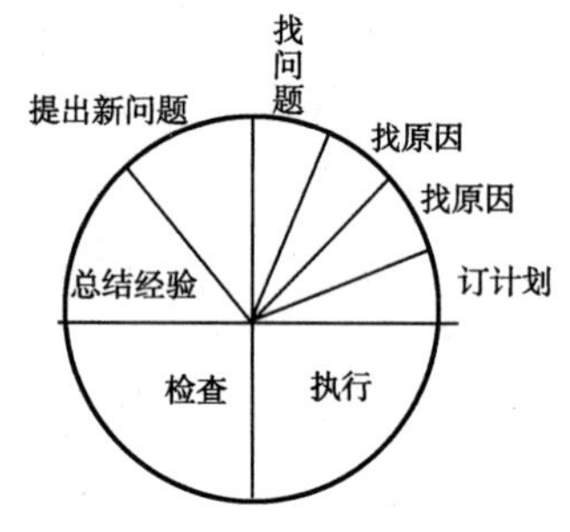

图 6-2　PDCA 循环(八个步骤)

(1)分析现状，发现问题。

(2)分析质量问题中各种影响因素。

(3)分析影响质量问题的主要原因。

(4)针对主要原因，采取解决的措施。

(5)执行，按措施计划的要求去做。

(6)检查，把执行结果与要求达到的目标进行对比。

(7)标准化，把成功的经验总结出来，制定相应的标准。

(8)把没有解决或新出现的问题转入下一个 PDCA 循环中去解决。

五种工具

2.1.3　五种工具

下面介绍五种全面质量管理工具及如何运用它们解决日常业务问题，每种工具的讨论都包括下列内容：何时用、何时不用、培训、能达到何目的和注意事项。

2.1.3.1　鱼缸会议，这是一种组织会议的方式。不同的群体本着合作的精神，一起分享各自观点和信息。因此，让销售部门与客户服务部、或高层管理人员与管理顾问碰头，这种做法一定管用。

(1)何时用：鱼缸会议使某些群体与顾客、供应商和经理

等其他与之利益攸关的群体加强沟通。

(2)何时不用:如果用这种方法不能明确地分清各群体的职责,就不宜使用。

(3)培训:会议召集人需要接受培训。

(4)能达到何目的:迅速增进了解、扫除误解。

(5)注意事项:这类会议影响巨大,可能会暴露实情,使内情人和旁观者感到受威胁,因此需要精心组织。把与会者安排成内外两圈,内圈人员会上比较活跃,外圈人员则从旁观察、倾听,必要时提供信息。会议结束时推荐改进方案,取得外圈人员的赞同。

横向思维

2.1.3.2　横向思维,这是一种为老问题寻找新解决方案的工具。

(1)何时用:由于老方法、旧思路不再管用或已经不够好,需要寻找新方法、新思路时使用。

(2)何时不用:种种制约使这种全新的思维方式无法发挥作用时不要用。

(3)培训:建议读爱德华·德·波诺[英]所著《横向思维》一书。

(4)能达到何目标:开创新思路,激发创意,找出可行的解决方案。

(5)注意事项:需要传统的逻辑思维加以支持。爱德华建议,只有10%的解决问题过程采用横向思维,运用幽默、随机排列和对流行观念的挑战来制定横向思维解决方案,对找到的各种想法加以适当的提炼和取舍。

帕雷托分析法

2.1.3.3　帕雷托分析法,这是项目管理中常用的一种方法。它根据事物在技术或经济方面的主要特征,进行分类排队,分清重点和一般,从而有区别地确定管理方式的一种分析方法。由于它把被分析的对象分成A、B、C三类,所以又称为ABC分析法,该方法强调为80%的问题找出关键的几个因素(通常为20%),因此也叫主次因素分析法。

(1)何时用:凡是一个问题的产生有多个变量因素并需要找出其中最关键的因素时,都可使用这一方法,在一个改进项目的开始阶段尤为有用。

(2)何时不用:如果设置有更完善的系统就没有必要使用此法。

(3)培训:需具备基本的统计知识以备分析之用。

(4)能达到何目标:非常直观地展示出如何确定问题的优先顺序,将资源集中在何处才能取得最佳效益,这种展示让企业各级一看就懂。

(5)注意事项:仔细分析结果;不仅靠数据,还要利用常识来找出问题的原因和优先顺序。绘制帕雷托分析图,横坐标表示原因,纵坐标表示问题,以出现次数、频率或造成的成本来表示,如图 6-3 所示。找出最关键的几个原因,依据重要性排序,利用改进技术消除产生问题的原因。

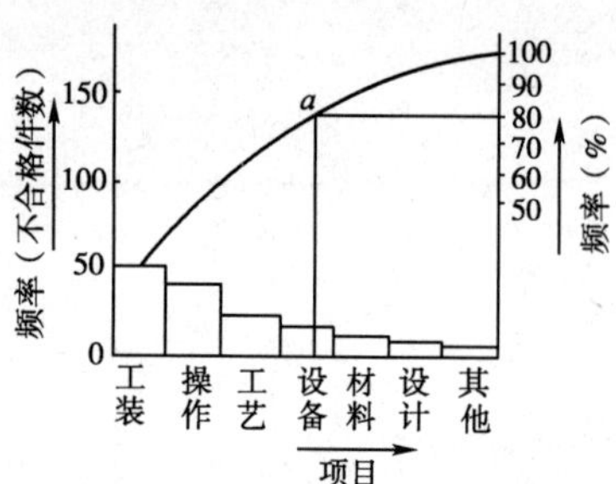

图 6-3 帕雷托分析图

2.1.3.4 质量功能分布图,这是一种产品和流程设计工具,可以用于把顾客的呼声转化成产品或流程的特点。采用该方法能防止企业仅因为某些观念似乎有效就予以实施。

(1)何时使用:用以设计或重新设计产品或流程,保证提供顾客切实需要的产品特性;专为制造业设计的,但也可用于服务业。

(2)何时不用:如果问题的优先顺序已经分明、流程设计卓有成效或设计团队经验老到,不要采用该方法。

(3)培训:该方法运用特定的惯例,建立相关的矩阵图和计分标准,在这方面有必要进行培训。

(4)能达到何目标:有能力分辨基本的产品与流程特色和所期望的产品与流程特色,这样便可以看清高成本的技术或工程投资在哪方面将有回报。同时,还提供了一个评估产品或流程变化影响的框架准则。

(5)注意事项:花时间通过市场调研来找出顾客的真正需求所在。建立一个矩阵图,将顾客的需求与设计进行比较(即性能/方案矩阵图)并加以计分,如图 6-4 所示。选取 5 个左右分数较高的设计,然后再按 3 个层次建立矩阵图:设计和关键点、关键点和生产工序、生产工序和生产要求。

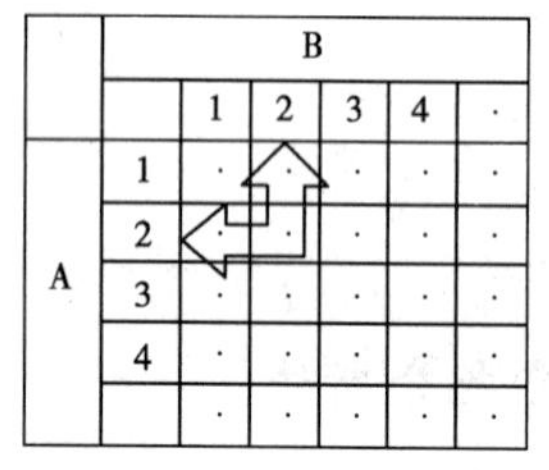

图 6-4 性能 A/方案 B 矩阵图

2.1.3.5 关联树图,这种图示工具对关联项进行层次分类。这是一种很好的思维工具,用一种快捷的方法把各种想法总括出来,并在相关的枝叉出现时可随即增加细节。

(1)何时使用:使用该图示可以为同一目标寻求多种不同的实现途径。

(2)何时不用:不可用于详细比较各种方案,它只用于从总体上探索新的方向。

(3)培训:无需正式培训,但设置一个协调人员会很有帮助。

(4)能达到何目标:该图示能很有逻辑地揭示出该采用什么方法来实现目标,它们要求哪些行动和资源。

(5)注意事项:如果你选用的方法经不起分析,要随时准备回到关联树图上来,如图 6-5 所示。

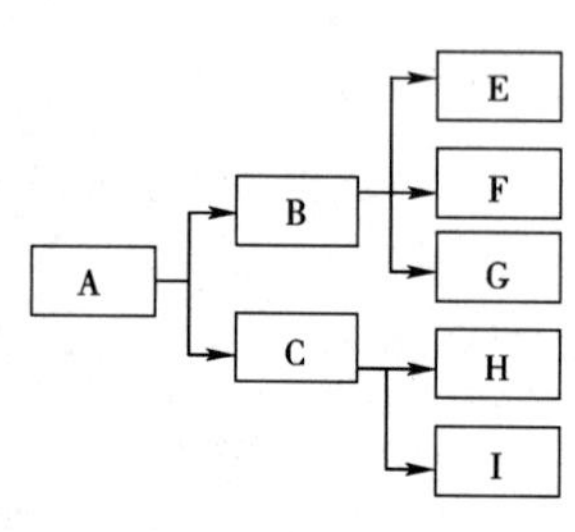

图 6-5 关联树图

2.2　质量管理机构

汽车维修企业要建立与其维修类别相适应的质量管理机构，例如，规模较大汽车修理企业建立企业质量管理委员会，由经理（厂长）、总工程师（或主任工程师）以及质量管理部门（如全面质量管理办公室，简称全质办）和其他有关部门的负责人组成；规模较小汽车修理企业设立质量管理领导小组；生产班组设质量管理员。汽车维修企业必须明确质量管理负责人和质量检验员，质量检验人员必须经过当地汽车维修行业管理部门培训、考核，并取得汽车维修检验员证，方可上岗。

2.2.1　企业质量管理部门的工作

企业质管部门的工作

2.2.1.1　认真执行质量管理法规和《汽车维修质量管理办法》；

2.2.1.2　贯彻执行有关汽车维修的国家标准、行业标准和地方标准；

2.2.1.3　制定企业的相关技术标准、维修工艺和操作规程；

2.2.1.4　建立健全企业内部质量保证体系，加强质量检验，掌握质量动态，进行质量分析，推行全面质量管理；

2.2.1.5　开展汽车维修质量评优与奖惩工作。

2.2.2　对企业质量检验人员的要求

企业对质检人员的要求

质量检验人员是汽车维修企业质量管理的哨兵，是企业形象的代表之一；其业务素质的高低，直接影响本企业的声誉，因此必须严格选拔，慎重任用。汽车维修企业质检人员分为质量总检验员和质量检验员，均应具备一定的素质和掌握必要的技能。

2.2.2.1　基本素质要求：

（1）质量总检验员应具备高中以上文化水平，持质检员证从事质检工作3年，且具有汽车维修工高级技术等级证书和机动车驾驶证，并达到中级汽车驾驶员水平。

（2）质量检验员应具备高中以上文化水平，且要求持有汽车维修工中级技术等级证书和机动车驾驶证，并达到中级汽车驾驶员水平。

2.2.2.2　技术水平要求：

（1）质量总检验员应系统了解有关汽车维修质量管理规章和相关法律、法规；熟知质量总检验员的岗位职责和职业道德规范；熟练掌握汽车维修质量检验的基本原理、技术标准、规范和方法；能独立完成并可指导他人完成汽车维修全过程的各项质量检验工作;达到规定的理论水平要求和操作技能要求。

(2)质量检验员应系统了解有关汽车维修质量管理规章和相关法律、法规;熟知质量检验员的岗位职责和职业道德规范;掌握汽车维修质量检验的基本原理、技术标准、规范和方法;能独立完成并可指导维修工进行相关工种或过程的质量检验工作;达到规定的理论水平要求和操作技能要求。

2.3 质量管理制度

质量管理制度是企业管理体系的一个组成部分,作用在于增强企业员工的质量意识,规范生产活动和保证维修质量。汽车维修企业的质量管理制度主要有:

2.3.1 质量信息制度

质量信息

质量信息管理是企业质量保证体系的重要组成部分,目的是使生产过程中各种质量问题能得到及时收集、传递、分析和处理,不断提高质量管理水平。

质量信息必须以书面形式按规定及时反馈,反馈的基本原则是后对前、下对上。质量信息反馈一般按照程序路线和传递方式进行,为了提高各种质量信息的处理效率,除必要的定期质量信息反馈以外,各部门应选用最佳传递路线,尽可能地减少传递环节。

质量信息的处理中心是企业全面质量管理办公室(简称全质办),各种规定的定期质量报表及重要的质量信息应及时报送全质办,全质办必须对每个信息及时反馈处理。各责任部门在接到全质办或有关部门的质量信息后,一般问题必须在3天内作出反馈处理。

用户来信来访中所涉及的问题,由各部门填写"质量信息反馈卡"向全质办反馈,其中可由部门直接解决的,则由该部门负责组织解决,并将措施意见和处理结果填写在"质量信息卡"上,报全质办存档。在调查走访过程中所发现的质量问题,由调查者整理后填写"质量信息反馈表"报全质办,由全质办负责组织反馈处理。

2.3.2 质量记录制度

质量记录

汽车维修中的原始记录,是企业在生产过程中产品质量和作业量的真实记载,是质量跟踪和质量分析的重要依据,是原材料进厂,半成品入库、产品出厂的凭证。因此,对原始记录的填写、归档、保管、查阅必须进行科学管理。

由检验科负责各种检验原始记录、台账和内部报表的拟定、修改及编号工作,并规定其传递程序;各有关部门和个人必须按表式认真填写,做到数据准确,字迹清楚;对原始记录、台账和各种报表的填写情况,列入有关人员的工作质量进行考核;所有各质量原始记录,由检验科统一编号、归类存档,各单位和个人不得私自截留。

2.3.3　质量审核制度

质量审核

质量审核的任务是对企业的维修质量、工作质量以及建立的质量体系进行检查和评价,找出存在的问题,提出改进建议,促进工作质量与产品质量的提高,以确保产品质量满足用户的要求。

质量审核的种类可分为:产品质量审核、关键工序质量审核、质量保证体系审核。厂全面质量管理委员会为质量审核领导机构,由全质办负责质量审核的组织工作,下设产品质量审核组,工序质量审核组和质保体系审核组。产品审核组由产品设计室、情报标准化室、检查科、全质办人员组成;工序审核组由工艺员、质管员、设备员和操作者组成;质量保证体系审核组由全质办及有关部门人组成。

全质办负责编制质量审核年度计划,与年度全面质量管理工作计划一起下达。对维修质量审核应每月进行一次,工序质量审核不定期进行,但每半年不少于一次,质量保证体系审核每年进行一次。

质量审核工作须按程序进行,审核着重于调查研究实际现状,从中找出问题,提出改进措施。全质办按审核计划,事先通知被审核单位,被审核单位负责人应及时做好审核前的工作,审核人员应坚持实事求是的原则,要认真做好原始记录,写好审核报告。各种审核原始记录、审核报告,要求完整齐全,清晰,审核者、被审核部门负责人均签名,并将有关重要情况按信息反馈路线及时反馈到有关部门,各类资料由全质办存档。

2.4　质量管理小组

质量管理小组是企业员工围绕生产活动中的问题自由结合、自愿参加组织起来,主动进行质量管理活动的小组,简称QC 小组。QC 小组是推广全面质量管理的基础之一,是企业职工参与现场管理的核心。因此,企业各级管理人员必须十分重视 QC 小组的组织领导工作,对 QC 小组活动要给予帮助、支持和鼓励,为 QC 小组活动创造良好的条件。

2.4.1 QC小组特点

小组特点

2.4.1.1 QC小组的成员来自企业的全体职工,不管是高层领导,还是一般管理者、技术人员、工人、服务人员,都可以组织QC小组。

2.4.1.2 QC小组活动选择课题广泛,可以围绕企业的经营战略、方针目标和现场存在的问题来选题。

2.4.1.3 小组活动的目的是提高人的素质,发挥人的积极性和创造性,改进质量,降低消耗,提高经济效益。

2.4.1.4 小组活动强调运用质量管理的理论和方法开展活动,突出其科学性。

2.4.2 QC小组的形式

小组形式

2.4.2.1 按照现有的生产班组(生产单元)建立QC小组,这是我国目前建立QC小组的主要形式,也是效果较好的形式之一。另外一种形式是按照质量关键问题,组织跨班组或跨部门的QC小组,这是国内外运用较多的一种形式。

2.4.2.2 QC小组的人数一般以3~10人为宜,每个QC小组成员具体应该多少,应根据所选课题涉及的范围、难度等因素确定,不必强求一致。在课题变化或小组成员岗位变动后,成员数也可作相应调整。在小组成员人数可多可少的情况下,宜少不宜多,以便于每个小组成员都能在小组活动充分发挥作用。

2.4.3 QC小组的组建程序

小组组建程序

由于各个企业的情况、欲组建的QC小组的类型、以及欲选择的活动课题特点等不同,所以组建QC小组的程序也不尽相同,大致可以分为三种情况。

2.4.3.1 自下而上的组建程序,由同一班组的几个人(或一个人),根据想要选择的课题内容,共同商定是否组成一个QC小组,给小组取个什么名字,要选个什么课题,确认组长人选。基本取得共识后,由经确认的QC小组组长向所在车间(或部门)申请注册登记,经主管部门审查认为具备建组条件后,即可发给小组注册登记表和课题注册登记表。组长按要求填好注册登记表,并交主管部门编录注册登记号,该QC小组组建工作便告完成。这种组建程序,通常适用于那些由同一班组(或同一科室)内的部分成员组成的QC小组。他们所选的课题一般都是自己身边的、力所能及的较小的问题。这样组建的QC小组,成员的活动积极性、主动性很高。企业主管部门应给予支持和指导,包括对小组骨干成员的必要的培训,以使QC小组活动持续有效地发展。

2.4.3.2　自上而下的组建程序，这是中国企业当前较普遍采用的。首先，由企业主管QC小组活动的部门，根据企业实际情况，提出全企业开展QC小组活动的设想方案；然后与车间（或部门）的领导协商，达成共识后，由车间（或部门）与QC小组活动的主管部门共同确定本单位应建几个QC小组，并提出组长人选，进而与组长一起物色每个QC小组所需的组员，所选的课题内容；最后由企业主管部门会同车间（部门）领导发给QC小组长注册登记表，组长按要求填完两表（即小组注册登记表、课题注册登记表），经企业主管部门审核同意，并编上注册号，小组组建工作即告完成。

这样组建的QC小组，所选择的课题往往都是企业或车间（部门）急需解决的，有较大难度的，牵涉面较广的技术、设备、工艺问题，需要企业或车间为QC小组活动提供一定的技术、资金条件。还有一些管理型QC小组，由于其活动课题也是自上而下确定，并且是涉及部门较多的综合性管理课题，通常也采取这种程序组建。这样组建的QC小组，容易紧密结合企业的方针目标，抓住关键课题，对企业和QC小组成员会带来直接经济效益。由于有领导与技术人员的参与，活动易得到人力、物力、财力和时间的保证，利于取得成效。但这种方式易使成员产生“完成任务”感，影响活动的积极性、主动性。

2.4.3.3　上下结合的组建程序，这是介于上面两种之间的一种。它通常是由上级推荐课题范围，经下级讨论认可，上下协商来组建。这主要是涉及组长和组员人选的确定，课题内容的初步选择等问题，其他程序与前两种相同。这样组建小组，可取前两种所长，避其所短，应积极倡导。

2.4.4　QC小组活动程序

QC小组活动应遵循PDCA循环，结合自身的特点开展。QC小组活动的具体程序如图6-6所示。

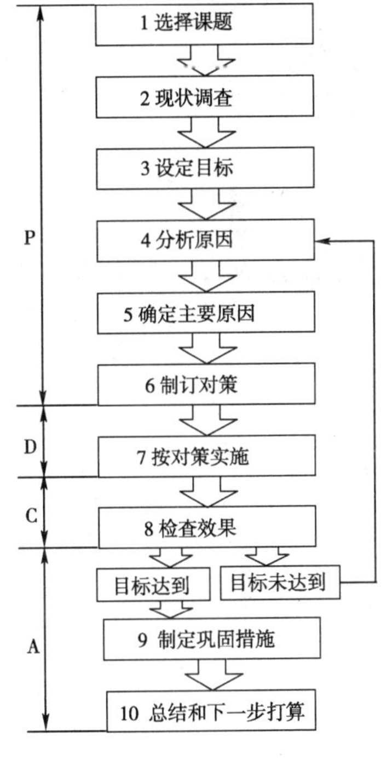

图6-6　QC小组活动程序

3　汽车维修质量监督

道路运输管理机构应加强对汽车维修经营的质量监督和管理工作，地市级道路运输管理机构应委托相关行业协会或具有法律资格的汽车维修质量监督检验中心，对汽车维修质量进行监督检验。

3.1　汽车修理质量检查评定

汽车修理质量检查评定是对整车大修、发动机大修、车身大修竣工质量及其基本检验技术文件完善程度的综合评定。

评定标准

3.1.1 汽车修理质量检查评定标准

汽车修理质量检查评定标准包括三部分:

(1)GB/T 15746.1—1995 《汽车修理质量检查评定标准 整车大修》;

(2)GB/T 15746.1—1995 《汽车修理质量检查评定标准 发动机大修》;

(3)GB/T 15746.1—1995 《汽车修理质量检查评定标准 车身大修》。

以上标准分别规定了汽车整车大修、发动机大修、车身大修质量检查评定的主要内容、评定规则和办法,其中评定规则相同,评定的内容和办法不同。下面就以汽车整车大修为例,说明修理质量评定的内容和办法。

汽车整车大修质量评定是对汽车整车大修竣工质量和汽车大修基本检验技术文件完善程度的综合评价。

技术文件评定

3.1.2 汽车大修基本检验技术文件评定

汽车大修基本检验技术文件是指在汽车大修过程中,为保证汽车修理质量,汽车修理企业所填制的必要的修理检验单证,简称“三单一证”。

3.1.2.1 汽车大修进厂检验单。大修汽车进厂时,由汽车维修检验技术人员对送修理技术状况和装备齐全状况进行技术鉴定的记录。如表5-3所示为某地汽车维修行业管理规定使用的汽车大修进厂检验单。

3.1.2.2 汽车大修工艺过程检验单。汽车在大修过程中,由汽车维修检验技术人员,对总成和零部件按其修理工艺过程中工艺顺序所进行技术鉴定的记录。

3.1.2.3 汽车大修竣工检验单。汽车大修竣工后,由汽车维修检验技术人员对汽车的技术状况进行技术鉴定的记录。某地汽车维修行业管理规定使用的汽车大修竣工检验单如表5-6和表5-7所示。

3.1.2.4 汽车大修合格证。承修单位对大修竣工,经过技术鉴定符合相应标准后的汽车所开具的质量凭证。全国将统一合格证的式样,汽车维修竣工出厂合格证由省级道路运输管理机构统一印制和编号,县级以上道路运输管理机构按照规定发放和管理。禁止任何单位和个人伪造、倒卖、转借汽车维修竣工出厂合格证。汽车维修竣工质量检验合格的,由质量检验人员签发汽车维修竣工出厂合格证,未签发汽车维修竣工出厂合格证的汽车不得交付使用。式样见本单元附录。

汽车整车大修基本检验技术文件的评定办法按表6-1规定,"三单一证",缺一不可。

汽车整车大修基本检验技术文件的评定办法　　表6-1

序号	评定项目	评定技术要求	检查方法与手段	评定方法	备注
A1.1	汽车整车大修进厂检验单	(1)汽车整车大修进厂检验单应包括下列内容: 进厂编号、牌照号、厂牌、车型、底盘号、发动机型号及号码等、托修单位、送修车辆状态、里程表记录、托修方报修项目(对送修车技术状况的陈述及要求)、车辆装备情况、车辆整车性能试验记录、检验日期、承修方处理意见、检验员签字、承、托修双方代表签章等。 (2)单中字迹应清晰,项目应齐全、完整,填写真实、正确	查阅、核对	单据中各项有一处不符合要求,则计一项次不合格	
A1.2	汽车整车大修工艺过程检验单	(1)汽车整车大修工艺过程检验单应包括: 发动机及离合器修理工艺过程检验单; 前桥及转向系修理工艺过程检验单; 后桥修理工艺过程检验单; 变速器及分动器修理工艺过程检验单; 传动轴及万向节修理工艺过程检验单; 车架悬挂及车轮修理工艺过程检验单; 车身修理工艺过程检验单; 汽车电器、仪表和线路修理工艺过程检验单; 汽车制动系修理工艺过程检验单; (2)各修理工艺过程检验单应包括下列内容: 进厂编号、厂牌、车型、各总称型号、号码、检验项目、检验结果记录、检验结论、处理意见、主修人及检验员签章及日期等。 (3)检验单中字迹应清晰,项目齐全、完整,填写真实、正确。 检验项目、名词术语和计量单位应符合国家及行业有关标准及相关车辆修理技术文件的有关规定	查阅、核对	单据中各项有一处不符合要求,则计一项次不合格	
A1.3	汽车大修竣工检验单	(1)汽车大修竣工检验单中内容应包括: 进厂编号、托修单位、承修单位、牌照号、厂牌、车型、底盘号、发动机型号及号码、车辆装备状况、车辆改装改造状况、汽车修竣后技术状况、检验记录、检验结论、检验员签章及日期等。 (2)检验单中字迹应清晰,项目齐全、完整,填写真实、正确。 检验项目、要求、方法、名词术语、和计算单位应符合国家、行业有关标准及相关车辆修理技术文件的有关规定	查阅、核对	单据中各项有一处不符合要求,则计一项次不合格	
A1.4	汽车大修合格证	(1)汽车大修合格证内容应包括: 进厂编号、牌照号、厂牌、车型、底盘号、发动机型号及号码、维修合同号、出厂日期、总检验员签章及日期、承修单位质量检验部门盖章、走合期规定、保证期规定。 (2)合同中字迹应清晰,项目齐全、完整,填写真实、正确。 合同中名词术语应符合国家及行业有关标准中的规定	查阅	单据中各项有一处不符合要求,则计一项次不合格	

3.1.3　汽车大修竣工质量评定

汽车整车大修竣工质量是汽车整修竣工后恢复其完好状况和寿命的程度。汽车大修竣工质量评定包括一般技术要求、主要性能要求、发动机运转状况、传动系工作状况。汽车整车大修竣工质量评定办法按表6-2规定。

汽车整车大修竣工质量评定办法 表 6-2

序号	评定项目	评定技术要求	检查方法与手段	评定方法	备注
B1.1	一般技术要求				
B1.1.1	驾驶室总成客车车厢	形状正确、曲面圆顺、转角处无折皱;蒙皮平整,无松弛、机械损伤及突出物等	检视	其中有三处以上缺陷为不合格	
B1.1.2	涂漆质量				
B1.1.2.1△	喷(烤)漆				
a.	漆外观	喷(烤)漆颜色应协调均匀、光亮,且漆膜光泽度:客车不低于90%、货车驾驶室不低于85%,漆层无裂纹、剥落、起泡、流痕、皱纹等缺陷	用漆膜光泽测量仪按 GB1743 测量及检视	光泽度不符合要求或存在三处以上缺陷者为不合格	
b.	漆硬度	漆表面硬度应符合 JB/Z111 的规定	按 JB/Z111 规定检验	不符合规定为不合格	
B1.1.2.2	刷漆	刷漆部位不应有明显的流痕和刷纹;不刷漆部分不应有漆痕	检视	有三处以上缺陷为不合格	
B1.1.3	保险杠、翼子板	保险杠、翼子板安装应端正、牢固,不应有歪斜,应左右对称,离地高度差应不大于 10mm	检识,用钢板直尺(或钢卷尺)测量	不符合要求为不合格	
B1.1.4△	驾驶室、货厢、客车厢	驾驶室及客车厢左右对称离地高度差应不大于10mm,货厢不大于 20mm。货厢边板、铰链应铰接牢固、启闭灵活。边板关闭后,缝隙不应超过 5mm	检视,用钢板直尺(或钢卷尺)测量	不符合要求为不合格	
B1.1.5	总成、零部件及附件装备				
a.	总成、零部件	各总成及零部件应完好有效,安装应符合原厂规定	检视	不符合要求为不合格	
b.	附件装备	各项附件装备应齐全、完好、有效	检视	有一项以上缺陷为不合格	
B1.1.6	座椅	座椅形状、尺寸、座位间距及调节装置应符合原设计或有关技术文件规定	检视	有三项以上缺陷为不合格	
B1.1.7	门窗及玻璃				

续上表

序号	评定项目	评定技术要求	检查方法与手段	评定方法	备注
a.	门窗	门窗应启闭灵活、闭合严密、锁止可靠、缝隙均匀不松旷	检视	不符合要求为不合格	
b.	玻璃	门窗玻璃应采用安全玻璃；前挡风玻璃应采用夹层玻璃或部分区域钢化玻璃。其性能应符合国家及行业标准有关规定	检视	不符合要求为不合格	
B1.1.8	离合器、制动踏板、驻车制动拉杆				
a.	踏板自由行程	踏板自由行程应符合原厂规定	用直尺测量	不符合规定为不合格	
b.	制动器	采用液压制动的车辆，制动踏板在规定压力下保持1min，踏板不应有向下移动现象	用压力表、计时器和制动踏板力计检验	不符合要求为不合格	
c.	驻车制动拉杆	驻车制动拉杆有效行程应符合原厂规定	检视	不符合规定为不合格	
B1.1.9	轮胎				
a.	胎压	轮胎气压应符合原厂规定	用轮胎气压表测量	不符合规定为不合格	
b.	轮胎规格型号及花纹	1. 轿车轮胎胎冠上的花纹深度不得小于1.6mm，其他车辆不得小于3.2mm； 2. 轮胎胎面不得暴露出轮胎帘布层； 3. 轮胎和胎壁上不得有长度超过2.5cm、深度足以暴露出轮胎帘布层的破裂或割伤； 4. 同轴上装用的轮胎型号和花纹应相同； 5. 汽车转向轮不得装用翻新胎	用轮胎花纹深度尺测量及检视	不符合要求为不合格	
B1.1.9	车轮				
a.	车轮圆跳动量	轿车不大于5mm，其他车辆不大于8mm	用直角尺或钢直尺测量	不符合要求为不合格	
b.	车轮动不平衡量	动平衡量应符合有关规定	用车轮动平衡仪测量	不符合规定为不合格	
B1.1.11	转向机构	转向机构各连接部位不应有松旷现象，且锁止可靠	检视	不符合要求为不合格	
B1.1.12	电气设备和仪表				
a.	照明及信号	照明及各种信号装置应齐全、有效、符合GB4785中的有关规定	检视	不符合规定为不合格	

续上表

序号	评定项目	评定技术要求	检查方法与手段	评定方法	备注
b.	仪表	各种仪表应装备齐全、完好、有效	检视	不符合要求为不合格	
c.	导线	各种线路布置应合理，接头牢固，导线包扎固定可靠，不应裸露、破损老化现象，线束通过孔洞时应有防护套且距排气管距离应不得小于300mm	检视	有两处以上缺陷为不合格	
d.	漏电	各部导线及电器元件不得有漏电现象	检视	不符合要求为不合格	
B1.1.13	整备质量	汽车整备质量及各轴负荷分配不得大于原设计的3%	用汽车平衡或轮轴质量仪测量	超过3%为不合格	
B1.1.14	润滑				
a.	装置（油嘴）	各部油嘴应安装正确、齐全、有效	检视	有两处缺陷为不合格	
b.	油（脂）规格及添加量	润滑油（脂）规格质量及添加量应符合原车规定	检视	不符合规定为不合格	
B1.1.15	轴距	汽车左右轴距差应符合GB3798或原设计的有关规定	检视	不符合要求为不合格	
B1.1.16	紧固件				
a.	关键紧固件	扭紧力矩应符合原车规定，锁止可靠	检视	不符合规定为不合格	
b.	一般紧固件	应牢固可靠，不得有松动、脱落、缺损现象	检视	有三处以上缺陷为不合格	
B1.1.17	铆接及焊接				
a.	铆接件	铆接件的结合面应贴紧，铆钉应充满钉孔不松动，不得用螺栓代替，钉头不应有裂纹、歪斜、残缺现象	检视	有三处以上缺陷为不合格	
b.	焊缝	焊缝应平整、光滑，不应有夹渣、裂纹等焊接缺陷	检视	有三处以上缺陷为不合格	
B1.2	主要性能要求				
B1.2.1	动力性			B1.2.1.1、B1.2.1.2只测其一即可	

续上表

序号	评定项目	评定技术要求	检查方法与手段	评定方法	备注
B1.2.1.1	底盘输出功率	汽车底盘输出功率应符合有关规定要求	用底盘测功机测量	不符合规定为不合格	
B1.2.1.2	加速时间			采用 a、b 之一即可	
a.	台试	汽车的加速时间应符合台试有关规定	用底盘测功机测量	不符合要求为不合格	
b.	路试	国产汽车的加速时间应符合 GB3798 中的有关规定。 进口汽车的加速时间应符合原设计要求	按 GB/T12543 的规定测量	大于规定加速时间为不合格	
B1.2.2	经济性				
a.	台试	汽车等速百公里油耗应符合有关规定	用底盘测功机、油耗计等仪器测量	不符合规定为不合格	
b.	路试	国产汽车油耗应符合 GB3798 中的有关规定。进口汽车油耗应不高于原车规定	按 GB/T12545 的规定测量	不符合规定为不合格	
B1.2.3	滑行性能			B1.2.3.1、B1.2.3.2 测量其一即可	
B1.2.3.1	滑行距离			采用 a、b 之一即可	
a.	台试	汽车在台架上的滑行距离应符合有关规定	用底盘测功机测量	不符合规定为不合格	
b.	路试	汽车空载以初速度 30km/h 摘档滑行应满足下列要求(双轴驱动车辆,取 F 为 0.8,单轴驱动车辆,取 F 为 1):汽车整备质量滑行距离,m 量,t ≤4　≥160f >4-5　≥180f >5-8　≥220f >8-11　≥250f >11　≥270f	用五轮仪按 GB/T12536 中的规定测量	不符合要求为不合格	
B1.2.3.2	滑行阻力	汽车的滑行阻力应不超过汽车整备质量的 1.5%	在干燥平坦的沥青或混凝土路面上用拉力计测量滑行阻力。用汽车衡或轮轴质量仪测量汽车	不符合要求为不合格	

续上表

序号	评定项目	评定技术要求	检查方法与手段	评定方法	备注
B1.2.4	转向操纵性				
B1.2.4.1	侧滑量	转向轮侧滑量不得超过4m/km	用侧滑试验台测量	不符合要求为不合格	
B1.2.4.2	前轮定位	汽车车轮前束、主销内倾、主销后倾、车轮外倾应符合原设计规定	用前束尺和前轮定位仪等测量	不符合规定为不合格	
B1.2.4.3	转弯直径	汽车最小转弯直径应符合原设计要求	按GB/T12540中的有关规定	不符合规定为不合格	
B1.2.4.4	方向盘转动性能	转向轮最大转角应符合原设计要求，方向盘自由转动量应符合GB3798中1.8条的规定，且应转动灵活、操纵轻便、无阻滞现象	用方向盘转动测量仪测量及检视	不符合要求为不合格	
B1.2.4.5	方向盘操纵力	方向盘操纵力应符合GB7258中3.6条的规定	用方向盘转动测量仪按GB7258中3.6条的规定测量	不符合规定为不合格	
B1.2.5 *	制动性能				
B1.2.5.1 *	汽车行车制动性能			采用a、b之一即可	
a.	路试	(1)汽车制动距离应符合GB7258中4.13条的有关规定。 (2)汽车制动减速度应符合GB7258中4.14条的有规定	用五轮仪、减速度仪、计时器、风速仪、钢卷尺等按GB/T12676规定测量	不符合规定为不合格	取其一即可
b.	台试	汽车行车制动器制动力应符合GB7258中4.15条的有关规定	用滚筒反力式汽车制动检验台和轮轴质量仪测量	不符合规定为不合格	
B1.2.5.2 *	汽车驻车制动性能			采用a、b之一即可	
a.	路试	汽车空载在20%坡道上使用驻车制动，应能保持5min不溜滑	按JB4020规定测量	不符合要求为不合格	
b.	台试	汽车驻车制动力总和应不低于汽车整备质量的20%	用汽车衡或轮轴质量仪和滚筒反力式汽车制动力检验台测量	不符合要求为不合格	

续上表

序号	评定项目	评定技术要求	检查方法与手段	评定方法	备注
B1.2.6	前照灯				
B1.2.6.1	发光强度	汽车前照灯光发光强度应符合 GB7258 中 5.4.11 条的规定	用汽车前照灯检验仪测量	不符合规定为不合格	
B1.2.6.2	光轴位置	汽车前照光轴中心位置应符合 GB7258 中 5.3 条的规定	用汽车前照灯检验仪测量	不符合规定为不合格	
B1.2.7	车速表				
B1.2.7.1	车速表波动	汽车稳定运行时车速表指针不得有明显的上下摆动	检视	不符合要求为不合格	
B1.2.7.2 *	车速表指示误差	车速表指示误差应符合 GB7258 中 1.10 条的规定	用车速表检验台测量	不符合规定为不合格	
B1.2.8	排放、噪声				
B1.2.8.1 *	汽油车怠速污染物排放	汽车怠速污染物排放应符合 GB1476 中 1.5 的有关规定	用废气分析仪按 GB/T3845 中的有关规定测量	不符合规定为不合格	
B1.2.8.2 *	柴油车尾气排放	柴油车自由加速烟度排放应符合 GB1476 中 1.6 的有关规定	用烟度计按 GB/T3846 测定	不符合规定为不合格	
B1.2.8.3	噪声				
a.	车内噪声	汽车车内噪声应符合 GB1495 的有关规定	用声级计按 GB1496 中的有关规定测量	不符合规定为不合格	
b.	车外噪声	汽车车外噪声应符合 GB1495 的有关规定	用声级计按 GB1496 中的有关规定测量	不符合要求为不合格	
c. *	喇叭声级	汽车喇叭声级应不高于 105dB	用声级计按 GB1496 中的有关规定测量	不符合要求为不合格	
B1.2.9△	密封性				
B1.2.9.1△	防雨密封性	客车防雨密封性限值应符合 GB12481 中的规定;货车的门窗及防雨密封设施应齐全、完好、有效,不得有漏水现象	按 GB/T12480 中的规定测量及检视	不符合要求为不合格	
B1.2.9.2△	防尘密封性	客车防尘密封性限值应符合 GB12479 中的规定;货车防尘密封装置应完好、有效,不得有明显进尘现象	按 GB/T12478 中的规定测量及检视	不符合要求为不合格	
B1.3	发动机运转		检视		

续上表

序号	评定项目	评定技术要求	检查方法与手段	评定方法	备注
B1.3.1 *	启动性能	发动机启动顺利,无异响		三次以上启动不成功或有异响为不合格	
B1.3.2 *	发动机怠速运转	在正常工作温度下,发动机怠速运转应稳定,其转速应符合原设计规定,转速波动不大于50r/min	用转速表发动机综合测试仪检查	不符合要求为不合格	
B1.3.3 *	发动机运转性能	发动机在各种转速下运转应平稳,改变转速时过渡圆滑;突然加速或减速时不得有突爆声;在正常工况下不得过热,无异响	检视	不符合要求为不合格	
B1.3.4 *	机油压力	发动机机油压力应符合原厂规定	检视	不符合规定为不合格	
B1.4	传动机构工作状况				
B1.4.1	离合器	离合器应接合平稳、分离彻底、操作轻便、工作可靠、无异响	检视	不符合要求为不合格	
B1.4.2	变速器	变速器换档轻便、准确可靠,无异响,正常工况下不得过热	点温计、检视	不符合要求为不合格	
B1.4.3	传动轴及中间轴承	传动轴及中间轴承工作正常,无松旷、异响,中间轴承不得过热	点温计、检视	不符合要求为不合格	
B1.4.4	差速器、减速器	差速器、减速器应工作正常、无异响,正常工况下不得过热	点温计、检视	有两处缺陷为不合格	

注:① * 为关键项;

②△轿车为关键项,货车为一般项。

3.1.4 汽车整车大修质量评定规则

汽车整车大修基本检验技术文件是参与评定的基本条件,缺一不可。汽车大修竣工质量评定是评定的基础项目,评定项目按其重要程度分为“关键项”和“一般项”。

综合项次合格率和项次合格率用下式计算

$$\beta_0 = \sum_{i=1}^{3} K_i \beta_i \tag{1}$$

$$\beta_i = \frac{n_i}{m_i} \times 100\% \tag{2}$$

式中 β_0——综合项次合格率;

β_i——项次合格率;

n_i——检查合格的项次数之和;

m_i——检查的项次数之和;

i——角标,取1、2、3,分别表示汽车大修基本检验技术文件(即“三单一证”)、修竣车、关键项;

k_i——修正系数,分别取0.2、0.6、0.2。

汽车大修质量的评定采用综合项次合格率来衡量,分为优等、一等、合格、不合格四级。应符合表6-3规定。

汽车大修质量评定分级　　表6-3

等　级	要　求	
	关键项次合格率	综合项次合格率
优等	$\beta_3 = 100\%$	$\beta_0 \geq 95\%$
一等	$\beta_3 = 100\%$	$85\% \leq \beta_0 < 95\%$
合格	$\beta_3 = 100\%$	$70\% \leq \beta_0 < 85\%$
不合格	$\beta_3 < 100\%$	或 $\beta_0 < 70\%$

3.2　质量保证期制度

汽车维修实行竣工出厂质量保证期制度。汽车维修质量保证期计算,从维修竣工出厂之日算起。质量保证期中行驶里程和日期指标,以先达到者为准。汽车维修企业应当公示承诺的汽车维修质量保证期,在承诺的质量保证期内,汽车因维修质量原因造成汽车无法正常使用的,维修企业应当及时无偿返修。

3.2.1　商用汽车

商用汽车整车维修或者总成维修质量保证期为行驶18000km或100d;二级维护质量保证期为行驶5000km或者30d;一级维护、小修及零件维修质量保证期为行驶2000km或者10d。　商用汽车

3.2.2　乘用汽车

乘用汽车整车维修或者总成维修质量保证期为行驶20000km或者120d;二级维护质量保证期为行驶6000km或者35d;一级维护、小修及零件维修质量保证期为行驶2000km或者10d。　乘用汽车

3.2.3　其他汽车

其他汽车整车维修或者总成维修质量保证期为行驶6000km或者60d;维护、小修及零件维修质量保证期为行驶800km或者7d。　其他汽车

3.2.4　摩托车

摩托车整车维修或者总成维修质量保证期为行驶8000km或者90d;维护、小修及零件维修质量保证期为行驶1000km或者10d。　摩托车

3.3　客户满意战略

现代社会,市场竞争胜负的决定因素是用户的满意程度。汽车维修企业向客户提供的是一种服务,服务业的宗旨,就是要让客户满意,让客户对维修的汽车满意,对维修的服务满意。

3.3.1　质量投诉处理规定

质量投拆处理

3.3.1.1　对维修质量投诉,在质量保证期内,承修方在3d内不能或者无法提供因非维修原因而造成汽车质量问题的相关证据的,应负责无偿返修;对没有和托修方签订书面合同以及无法提供真实的维修记录的,由承修方承担全部责任;在质量保证期外,双方可按照相关证据,进行积极协商解决。

3.3.1.2　对汽车维修质量的责任认定需要进行技术分析和鉴定的,可通过公路运输管理机构组织专家组或者委托具有法定检测资格的部门作出技术分析和鉴定。鉴定费用由责任方承担。

3.3.1.3　汽车维修质量纠纷的双方当事人,均有保护当事车辆原始状态的义务,必要时可拆检车辆有关部位,但当事双方应同时在场,一致证实拆检情况。如托修方拒绝与承修方合作拆检,托修方可向当地公路运输管理机构提出拆检申请,公路运输管理机构接到拆检申请后,应及时组织拆检,并记录有关情况。

3.3.2　客户满意度测评

客户满意度测评

进行用户满意度测评,就是运用计量经济学理论和科学的统计分析方法,量化显示用户对所测评产品或服务的满意程度,使企业更准确的把握企业在市场竞争中的地位,确定某些不能很好满足用户需要的关键领域,有针对性地进行改进,提高市场竞争能力。我国开展对用户满意度跟踪调查活动比较有影响的组织有全国用户委员会、中国质量协会用户评价中心等。

据中国质量协会、全国用户委员会公布的最新测评结果显示,中国轿车行业2004年度用户满意度指数(CACSI)为72.2分,比2003年提高了0.8分,比2002年提高了1.1分。分析还显示,汽车维修服务、燃油经济性和保养维修经济性得分都很低,其中,维修收费的合理性得分极低,从而拉低了用户对维修服务的整体评价,轿车维修服务仍是用户不满意的主要环节。

汽车维修企业要增强以客户为中心的服务意识,争取较高的客户满意度,努力做到:

(1)树立“坚持高品质的服务,处处为顾客设想”的服务理念;

(2)塑造良好的企业形象,企业不仅要有知名度,更要有美誉度和给消费者的信赖感;

(3)重点加强对员工的业务、礼仪诸方面的培训,直接提高服务界面的水平;

(4)员工的满意度提高,顾客的满意度相应越高,因此企业内部采取各种措施激励员工;

(5)以顾客满意为起点,重构企业服务作业系统和服务工作流程、规程,为顾客提供真正满意的服务;

(6)改善员工与顾客的有效沟通,建立良好的人际关系;

(7)强化质量管理工作,提升服务质量。

思考与练习

简答题

1. 汽车维修企业为什么要贯标?

2. 什么是全面质量管理?全面质量管理的理论依据是什么?

3. 质量检验人员应该具备哪些素质?应该掌握哪些技能?

4. 质量管理小组有哪些特点?简述QC小组活动的程序?

5. 简述汽车整车大修质量评定规则。

6. 汽车维修企业应该从哪些方面去努力,提高客户满意度?

选择题

1. ________不是2000版ISO9000族中密切相关的质量管理体系核心标准。

A. ISO9000　B. ISO9002　C. ISO9004　D. ISO19011

2. 全面质量管理目的在于通过让________满意和本组织所有成员及社会受益,而达到长期成功的管理途径。

A. 企业　B. 领导　C. 员工　D. 顾客

3. 企业运作需要不同层次的人员,如各层次管理、技术、操作、执行和________人员。

A. 工作　B. 调度　C. 检验　D. 验证

4. 基于事实的决策方法原则,强调对________的逻辑分析或直觉判断是有效决策的基础。

A. 数据和信息　B. 形势和趋势

C. 调查　D. 报告

5. 全面质量管理的典型模式之一:“四个阶段”是指计划

阶段、执行阶段、检查阶段、________阶段。

A. 策划　　B. 实施　　C. 调查　　D. 处理

6. 全面质量管理的典型模式之二:“五种工具”是指鱼缸会议、横向思维、主次因素分析法、质量功能分布图和________。

A. 因果图　　B. 鱼刺图　　C. 控制图　　D. 关联树图

7. 汽车维修行业形成的“自检、互检、专职检验”质量控制模式,其中互检一般是________负责。

A. 质量总检验员　　B. 质量检验员

C. 班组长　　D. 维修人员

8. 汽车修理质量检查评定标准包括三部分:整车大修、发动机大修、________大修的质量检查评定要求。

A. 车架　　B. 车身　　C. 制动系　　D. 转向系

9. 商用汽车整车维修或者总成维修质量保证期为行驶________ km 或 100d。

A. 10000　　B. 15000　　C. 18000　　D. 25000

10. 乘用汽车二级维护质量保证期为行驶________ km 或者 35d。

A. 10000　　B. 6000　　C. 3000　　D. 2000

判断题

1. ISO9000 是全世界第一个关于产品质量检验的标准。（　）

2. 质量是反映的“实体”包括某项活动、组织、人或它们的任何组合。（　）

3. ISO9001 标准规定了汽车维修质量要求。（　）

4. 持续改进是汽车维修企业的一个永恒的目标。（　）

5. 过程方法的原则,要求组织系统地识别并管理所采用的过程以及过程间的相互作用。（　）

6. QC 小组由企业的领导、一般管理者和技术人员组成,人数宜少不宜多。（　）

7. 汽车大修质量的评定采用综合项次合格率来衡量,分为一等、二等、合格、不合格四级。（　）

8. 商用汽车二级维护质量保证期为行驶 3000km 或者 30d。（　）

9. 乘用汽车整车维修或者总成维修质量保证期为行驶 20000km 或者 120d。（　）

10. 对汽车维修质量投诉,在质量保证期内的,承修方在 7d 内不能或无法提供因非维修原因而造成汽车质量问题的

相关证据的，承修方负责无偿返修。（　）

相关链接

ISO 其全称是 International Organization for Standardization，译成中文就是“国际标准化组织”。ISO 是世界上最大的国际标准化组织。成立于 1947 年 2 月 23 日，负责除电工、电子领域之外的所有其他领域的标准化活动。ISO 现有 117 个成员，包括国家和地区。ISO 的最高权力机构是每年一次的“全体大会”，其日常办事机构是中央秘书处，设在瑞士的日内瓦。中央秘书处现有 170 名职员，由秘书长领导。

ISO/TC176 即 ISO 中第 176 个技术委员会，它成立于 1980 年，全称是“品质管理和品质保证技术委员会”，专门负责制定品质管理和品质保证技术的标准。

全面质量管理 这个名称在早期称为 TQC，由美国的著名专家菲根堡姆于 1961 年在其《全面质量管理》一书中最先提出。它是在传统的质量管理基础上，随着科学技术的发展和经营管理上的需要发展起来的现代化质量管理，现已成为一门系统性很强的科学。

PDCA 循环 又称“戴明环”，由世界著名的质量管理专家戴明博士最早提出。戴明博士对世界质量管理发展做出的卓越贡献享誉全球，以戴明命名的“戴明品质奖”，至今仍是日本品质管理的最高荣誉。

全国用户委员会质量跟踪站 是全国用户委员会设在各地的群众性质监督机构，现已达 100 余家，分布在全国各大商场。其宗旨是通过质量跟踪、咨询服务、收集反馈用户信息、处理用户投诉，达到质量监督、维护用户利益。

中国质量协会用户评价中心 是中国质量协会全资投入兴办，专门从事用户满意度测评、研究、咨询，不以营利为目的的事业单位。是中国质量协会、全国用户委员会推动我国用户满意理论与实践发展，促进质量效益提高的重要组织机构。

ISO9000 族是国际标准化组织（ISO）于 1987 年制订，后经不断修改完善而成的系列标准 2000 年 12 月 ISO 公布了 2000 版 ISO9000 族，并规定了从 2003 年 12 月 15 日起停止使用 1994 版 ISO9000 族，而全面采用 2000 版 ISO9000 族。

QC 小组在 1997 年 3 月 20 日由国家经贸委、财政部、中国科协、中华全国总工会、共青团中央。中国质量管理协会联合颁发的“印发《关于推进企业质量管理小组活动意见》的通知”中指出，QC 小组是“在生产或工作岗位上从事各种劳动的职工，围绕企业的经营战略、方针目标和现场存在的问题，以改进质量、降低消耗、提高人的素质和经济效益为目的组织起来，运用质量管理的理论和方法开展活动的小组。”

参考资料

《全面质量管理》,北京大学出版社,2004 年

《横向思维》,新华出版社,2002 年

中国质量网,http://www.caq.org.cn/index.asp

附录

"汽车维修竣工出厂合格证"式样(正面)。

汽车维修竣工出厂

合格证

×××省交通厅监制

（空白）

汽车维修竣工出厂

合格证

×××省交通厅监制

剪开线　　空白　　中折线

"汽车维修竣工出厂合格证"式样(背面)。

No A0000000

存　根

托　修　方________

车 牌 号 码________

车　　　型________

发动机型号/编号________

底盘(车身)号________

维 修 类 别________

维修合同编号________

该车按维修合同维修,经检验合格,准予出厂。

质量检验员:(盖章)

保 修 单 位:(盖章)

进厂日期:　　出厂日期:

托修方接车人:　　(签字)

接车日期:

No A0000000

车属单位保管

托　修　方________

车 牌 号 码________

车　　　型________

发动机型号/编号________

底盘(车身)号________

维 修 类 别________

维修合同编号________

该车按维修合同维修,经检验合格,准予出厂。

质量检验员:(盖章)

承 修 单 位:(盖章)

进厂日期:　　出厂日期:

托修方接车人:　　(签字)

接车日期:

No A0000000

质量保证卡

该车按维修合同进行维修,本厂对维修竣工的汽车实行质量保证,质量保证期自出厂之日起:二级维护 10 天内或行驶 1 500km 以内;大修三个月内或 10 000km 以内。在托修单位严格执行走合期规定、合理使用、正常维护的情况下,出现的维修质量问题,凭此卡随竣工出厂合格证,由本厂负责包修,免返修工料费,在原维修类别期限内修竣交托修方。

返修情况记录:

维修专用发票号:

次数	返修项目	返修日期	修竣日期	送修人	质检员

单元七　汽车维修零配件管理

学习目标

知识目标

1. 简单叙述汽车维修零配件的采购、保管和使用过程;
2. 正确描述汽车零配件的分类方法;
3. 正确描述汽车零配件采购员、仓库保管员的工作要求。

能力目标

1. 会做汽车零配件供应、入库贮存、出库领用、妥善保管等工作;
2. 能解决汽车零配件分类的问题。

汽车零配件管理是汽车维修业务管理的内容之一。汽车维修所使用的零配件,直接影响汽车维修后的质量、安全、企业信誉和经济效益。因此,汽车维修企业须加强对零配件的管理,建立和健全包括采购、保管、使用等过程的质量管理体系,有效压缩库存量,降低成本,不断改进管理方法,提高企业信誉和经济效益。

1　零配件分类

对汽车配件分类的方法很多,有实用性分类、标准编号分类和外包装标识分类等。

1.1　实用性分类

根据我国汽车零配件市场供应的实用性原则,汽车零配件可分为易耗件、标准件、车身覆盖件与保安件等四类。

1.1.1　易耗件

在对进行汽车二级维护、总成大修和整车大修时,易损坏且消耗量大的零部件称为易耗件。 **易耗件**

1.1.1.1　发动机易耗件:

(1)曲柄连杆机构的气缸体、气缸套、气缸盖、气缸体附件(气缸垫、水道孔盖板、分水管、放水开关、曲轴箱通风管、气门室盖、正时室盖、飞轮底壳),气缸盖附件(缸盖出水管、气缸盖罩、气缸螺栓），活塞、活塞环、活塞销、连杆、连杆轴承、连杆螺栓及螺母、曲轴轴承、飞轮总成，以及发动机悬挂组件（支架、减振胶垫、夹片、垫片、螺栓和螺母）。

（2）配气机构的气门、气门导管、气门弹簧、挺杆、推杆、摇臂、摇臂轴、凸轮轴轴承、正时齿轮、正时齿轮皮带。

（3）燃油供给系统的化油器总成及附件（针阀、浮子、各种量孔）、汽油泵膜片、油阀、汽油滤清器滤芯、汽油软管、电动汽油泵、压力调节器、空气流量传感器、喷油器、三元催化装置、输油泵总成、喷油泵柱塞偶件、出油阀偶件、喷油器、高压油管。

（4）冷却系统的散热器、节温器、水泵（水泵轴、轴承、水封等）、风扇、散热器进出水橡胶管。

（5）润滑系统的机油滤清器滤芯（分粗滤芯和细滤芯）、机油软管。

（6）点火系统的点火线圈、分电器总成及附件（分电器盖、分火头、断电器、电容器）、蓄电池、火花塞、电热塞、发电机电刷和绕组。

1.1.1.2　底盘易耗件：

底盘易耗件

（1）传动系统的离合器摩擦片、从动盘总成、分离杠杆、分离叉、踏板拉杆、分离轴承及座、回位弹簧、离合器操纵机构的主缸（总泵）和分缸（分泵）总成、离合器油管、变速器的各档变速齿轮、凸缘叉、滑动叉、万向节叉及花键轴、传动轴及轴承、主从动锥齿轮、行星齿轮、十字轴及差速器壳、半轴、半轴套管等。

（2）行驶系统的主销、主销衬套、主销轴承、调整垫片、轮辋、轮毂、车轮连接紧固件、轮胎、内胎、钢板弹簧片（第一、二、三片）、独立悬挂的螺旋弹簧、钢板弹簧销和衬套、钢板弹簧垫板、滑快和吊耳、吊环、U 型螺栓、减振器。

（3）转向系统的转向蜗杆、转向摇臂轴、转向螺母及钢球、钢球导流管、转向器总成、转向盘、纵拉杆与横拉杆（球销、球销碗、弹簧座、弹簧、防尘罩）。

（4）制动系统的制动器及制动蹄、盘式制动器摩擦块、液压主缸（缸体、活塞、皮碗、皮圈、总泵弹簧、控制阀、推杆），制动分缸（（缸体、活塞、皮碗、皮圈），制动气室总成、贮气筒、单向阀、安全阀、放水开关、制动软管、空气压缩机松压阀、制动操纵机构（制动踏板、拉杆、操纵臂、传动杆、回位弹簧、踏板支架、踏板轴），以及手制动器总成。

1.1.1.3　电器设备及仪表的易耗件：

高压线、低压线、汽车灯具和灯泡，安全报警及低压电路

保险电器和保险丝盒，点火开关、车灯开关、转向灯开关、变光开关、脚踏板制动开关、车速表、电流表、燃油存量表、冷却水温表、空气压力表、机油压力表。

1.1.1.4　汽车的各类油封。

1.1.2　标准件

标准件

按国家标准设计与制造的，并具有通用互换性的零部件称为标准件。汽车上属于标准件的有：气缸盖紧固螺栓及螺母、连杆螺栓及螺母、发动机悬挂装置中的螺栓及螺母、主销锁销及螺母、轮胎螺栓及螺母等。

1.1.3　车身覆盖件

车身覆盖件

为使乘员及部分重要总成不受外界环境的干扰，并具有一定的空气动力学特性的构成汽车表面的板件。如发动机罩、翼子板、散热器罩、车顶板、门板、行李箱盖等均属于车身覆盖件。

1.1.4　保安件

保安件

汽车上不易损坏的零部件称为保安件。汽车上属于保安件有曲轴、起动爪、正时齿轮、扭转减振器、凸轮轴、汽油箱、汽油滤清器总成、柴油滤清器总成、汽油钢管、喷油泵、调速器、机油滤清器总成、机油硬管、发电机、起动电机、离合器压盘及盖总成、离合器硬油管、变速器壳体及上盖、操纵杆、前桥、桥壳、转向节、轮胎衬带、钢板弹簧总成及第四片以后的零件、载货汽车后钢板弹簧的副钢板总成及零件、转向摇臂、转向节臂等。

1.2　标准编号分类

根据汽车零部件分类标准，我国汽车零部件总共分为发动机零部件、底盘零部件、车身及饰品零部件、电器电子产品和通用件等五大类。为便于对汽车零部件的检索、流通和供应，我国汽车行业有 QC/T 265—2004《汽车零部件编号规则》，把汽车零部件分为 64 个大组（见附录：汽车产品零部件编号中的组号和分组号）；规定汽车零部件编号表达式由企业名称代号、组号、分组号、源码、零部件顺序号和变更代号构成。零部件编号表达式根据其隶属关系可按下列三种方式进行选择，如图 7-1 所示。

其中的代码使用规则如下：

（1）企业名称代号：由 2 位或 3 位汉语拼音字母表示。

（2）源码：用 3 位字母、数字或字母与数字混和表示，用于描述设计来源、车型系列和产品系列，由生产企业自定。

（3）组号：用2位数字表示汽车各功能系统分类代号，按

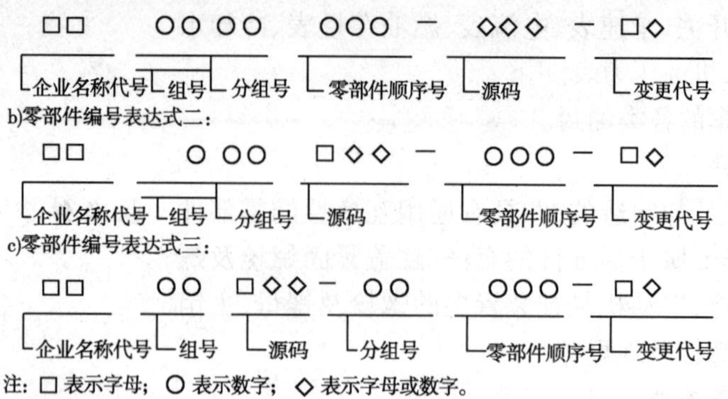

图 7-1 汽车零部件编号表达式

顺序排列,见本单元后附录。

(4)分组号:用 4 位(含 2 倍组号)数字表示各功能系统内分系统的分类顺序代号,按顺序排列,见附录。

(5)零部件顺序号:用 3 位数字表示功能系统内总成、分总成、子总成、单元体零件等顺序代号。

(6)变更代号:由 2 位字母、数字或字母与数字混和组成,由生产企业自定。

图 7-2 五金类标志

图 7-3 交电类标志

图 7-4 化工类标志

图 7-5 机械类标志

1.3 外包装标识分类

汽车零配件的外包装标识包括分类标志、供货号、货号、品名规格、数量、重量、生产日期、有效期限、生产厂名、体积、收货地点和单位、发货地点和单位、运输号码等,是为在物流过程中辨认货物而采用的必要标识,它对收发货、入库以及装车配船等环节管理起着特别重要的作用。

其中分类标志是表明汽车配件类别的特定符号,按照国家统计目录汽车配件分类,用几何图形和简单的文字来表明汽车配件类别,作为收、发货之间据以识别的特定符号。汽车配件常用分类图示标志如图 7-2 至图 7-5 所示。汽车配件常用分类图示标志尺寸见表 7-1。

汽车配件分类图示标志尺寸(mm) 表 7-1

包装件高度(袋按长度)	分类图案尺寸	图形具体参数		备注
		外框线宽	内框线宽	
500 以下	50×50	1	2	平视距离 5m,包装标志,清晰可见
500~1000	80×80	1	2	
1000 以上	100×100	1	2	平视距离 10m,包装标志,清晰可见

2　零配件采购

2.1　零配件供应链

从供应链角度看,国内零配件流通将通过图7-6所示的方式完成,从零配件供应商出发,经过零配件流通商至车辆维修商再到车主。在这一传递过程中,由于零配件产品、车主(客户)使用品牌特征或选择服务主题等的不同,将可能存在多种不同的流通途径,从大体上划分可以是通过各品牌四位一体专卖店(4S店)、快修连锁店、汽配城或其他维修站等。

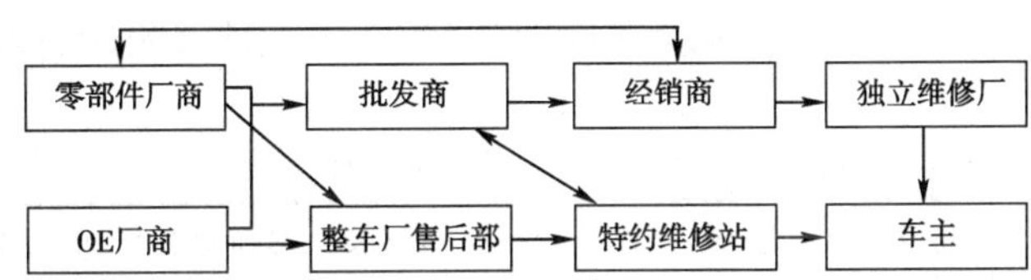

图7-6　中国汽车零配件市场供应链

在上述流程图中,我们注意到目前国内的汽车零配件流通商大体可以分三类:

2.1.1　批发商

大型零配件批发商曾经是进口零配件的主要采购者,其上游采购对象通常为汽车供应厂商(OE厂商),并通过大规模采购向下分销给中小型经销商(汽配城经销商等)。目前由于模式的转化,该部分经销商的采购规模正迅速扩大,并呈现出买断某一品牌或多个品牌的能力。　**批发商**

2.1.2　经销商

中小规模汽配经销商目前是国内相当庞大的群体,主要集中在汽配城等地,据不完全统计,国内共有大小汽配城350余家,汽配经销商25万家,种类繁多,良莠不齐。汽配经销商的采购对象通常是大型零配件批发商、汽车供应商以及其他汽配经销商等,其销售对象通常为各类汽车维修厂。　**经销商**

2.1.3　特约维修站

特约维修站是以维修品牌类汽车为主的服务模式,特约维修站通常通过厂家封闭或准封闭式的供货渠道进货,并直接在汽车维修过程中将零配件销售至终端客户(车主)。在其他中小型商用汽车中,往往也存在该类服务模式,但维修站进货渠道往往缺乏规范性,正厂件与副厂件可以同时销售。　**特约维修站**

2.2 采购供应制度

为保证汽车维修企业生产用零配件正常供应，须有采购供应工作的制度约束。

2.2.1 采购计划

采购计划

汽车零配件采购工作必须有计划地进行，防止盲目无计划的采购。采购计划按时间分为年度、半年、季度和月的计划四种，一般以季度采购计划为主，由配件供应部门定期提出。提出采购计划须在市场变化、货源情况、业务动态等方面，做了充分调查研究的基础上，了解计划期库存量和合理占用资金等因素。采购计划须经厂长（经理）批准后实施。采购计划是订货的依据，对有疑问的地方要事先查明，不得擅自变更。表7-2所示为某企业的“汽车零配件采购计划表”。

汽车零配件采购计划表 表7-2

部(组)别： 年 月 日 金额单位：元

品 名	编 号	产 地	单 位	单 价	要货数量	合计金额	备 注

部(组)主任： 采购员： 制表人：

2.2.2 订购合同

订购合同

零配件合同的签订是一种经济责任，须由配件供应部负责对外签订，其他部门不得对外签订合同。零配件合同签订后，由配件供应部根据库存和维修用量情况负责分批进货。常用零星配件要根据生产部门的需求和库存情况进行分散进货，做到零配件无积压，数量品种充足又齐全。在签订合同前应主动征求有关部门和生产单位的意见，做到采购回来的零配件符合质量要求，使用部门满意，同时要对购货合同进行登记，便于办理提货及付款手续。每年第一季度要根据年度的生产计划，寻找供应商，签订年度的零配件供货合同，以保证大宗零配件供应的稳定可靠性。

2.2.3 进货验收

进货验收

零配件进库实行质检员、库管员、采购员联合作业，对零

配件质量、数量进行严格检查,做到宗货与样货相符,把好零配件进库质量关。汽车零配件验收依据主要是进货发票,另外进货合同、运货单、装箱单等都可以作为汽车零配件验收的参考依据;汽车零配件验收内容主要是品种、数量和质量。

2.2.3.1　品种验收:根据进货发票,逐项验收汽车零配件品种、规格、型号等,检查有无单和货不相符情况;易碎件、液体类物品,应检查有无破碎渗漏情况。

2.2.3.2　点验数量:对照发票,先点收大件,再检查零配件包装及其标识是否与发票相符;对整箱整件,先点件数,后抽查细数,零星散装配件点细数,贵重零配件逐一点数;原包装零配件有异议的,应开箱开包点验细数。

2.2.3.3　质量验收:质量验收方法一是仪器验收,二是感观验收。主要检验汽车零配件生产证件是否齐全,如有无合格证、保修证、标签或使用说明等;汽车零配件是否符合质量要求,如有无变质、水湿、污染、机械损伤等。

经过验收,对于质量完好、数量准确的汽车零配件,要及时填制和传递“汽车零配件验收入库单”,同时组织零配件入库。对于在验收中发现有问题的,如数量、品种、规格错误,包装标签与实物不符,零配件受污受损,质量不符合要求等,应做好记录,判明责任,联系供应商解决。表7-3所示为某企业的“汽车零配件验收入库单”。

汽车零配件验收入库单　　表7-3

供货单位:　　入库日期:20　年　月　日　　在途卡号______

<table>
<tr><td colspan="3">供货方发票</td><td rowspan="3">货号规格品名</td><td rowspan="3">单位</td><td rowspan="3">产地牌价</td><td rowspan="3">供应价</td><td rowspan="3">每件数量</td><td colspan="10">应　收</td><td colspan="10">实　收</td></tr>
<tr><td colspan="2">年</td><td rowspan="2">号码</td><td rowspan="2">件数</td><td rowspan="2">数量</td><td colspan="8">金　额</td><td rowspan="2">件数</td><td rowspan="2">数量</td><td colspan="8">金　额</td></tr>
<tr><td>月</td><td>日</td><td>十</td><td>万</td><td>千</td><td>百</td><td>十</td><td>元</td><td>角</td><td>分</td><td>十</td><td>万</td><td>千</td><td>百</td><td>十</td><td>元</td><td>角</td><td>分</td></tr>
<tr><td></td><td></td><td></td><td></td><td></td><td></td><td></td><td></td><td></td><td></td><td></td><td></td><td></td><td></td><td></td><td></td><td></td><td></td><td></td><td></td><td></td><td></td><td></td><td></td><td></td><td></td><td></td><td></td></tr>
<tr><td></td><td></td><td></td><td></td><td></td><td></td><td></td><td></td><td></td><td></td><td></td><td></td><td></td><td></td><td></td><td></td><td></td><td></td><td></td><td></td><td></td><td></td><td></td><td></td><td></td><td></td><td></td><td></td></tr>
<tr><td rowspan="3">入库纪要</td><td colspan="7">编制记录日期:20　年　月　日</td><td colspan="4">短损情况</td><td colspan="5">被盗</td><td colspan="3">破损</td><td colspan="8" rowspan="3">仓库主任审批:</td></tr>
<tr><td colspan="3">货运记录号码</td><td colspan="4"></td><td colspan="4">数　量</td><td colspan="5"></td><td colspan="3"></td></tr>
<tr><td colspan="3">普通记录号码</td><td colspan="4"></td><td colspan="4">金　额</td><td colspan="5"></td><td colspan="3"></td></tr>
<tr><td colspan="12">备注:</td><td colspan="16">汽车配件存放</td></tr>
</table>

储运主管　　保管员

2.2.4　供应商评价

采购业务工作人员要严格履行自己的职责,在采购工作中实行“货比三家”的方法,询价后报领导核准供应商,不得私自订购和盲目进货。采购的零配件和辅助材料要保证质量,做到用途不明不购、质量不符合标准不购、规格不清不购。副厂产品的采购需经技术和生产使用单位的同意,以免影响生产,造成配件和物资积压。对价值高的总成件,如发动机、变速器、差速器等的采购,需经本企业主管领导批准。采购配件,坚决反对盲目采购和私拿回扣等不正之风及低劣产品充当正品等违法行为。在重质量、遵合同、守信用、售后服务好的前提下,做到质优价廉。要实行办事责任跟踪制,不得无故积压或拖延办理。

2.2.5 采购程序

采购程序

采购零配件,必须填写零配件采购申请单,经主管领导审批后方可购买。外购件确需即时付款的,由厂领导在零配件采购申请单上签批具体金额后,采购人员凭此签单到财务组办理借款手续。零配件采购回厂后,必须交由技术主管人员进行技术鉴定,鉴定合格后,由技术主管在零配件采购申请单上和发票上盖章。采购人员凭有效申请单及时到仓库办理入库手续。库管员在办理入库手续时,必须认真地清点核对所购物品与申请单中所列物品是否相符,并据实填制入库单,登记库存材料台账。采购人员凭有效申请单、购件凭证、入库单等,及时到财务部办理报销事宜。挂账配件,必须将配件商出具的有效凭证,及内部控制凭证交出纳处核对后,由出纳将凭证移交会计。财务主管要严格审核采购员所呈报的单据,及时入账。车间所需急件,在采购回厂、办理完入库手续后,应及时通知生产班组领料。

2.3 采购人员

2.3.1 基本素质

基本素质

采购人员应始终贯彻执行有关政策法令,严格遵守企业的各项规章制度,牢固树立企业主人翁思想,尽职尽责,在商务工作中做到廉洁自律,秉公办事,不谋私利。为掌握瞬息万变的市场经济商品信息(如价格行情等),采购人员必须经常自觉学习业务知识,提高工作能力,以保证及时、保质、保量地做好零配件供应工作。

2.3.2 业务素质

业务素质

作为汽车零配件采购员,对其业务能力的具体要求,一是要熟悉汽车维修配件的有关价格、保险、索赔等方面的法律、法规和政策;二是要对汽车维修专业知识有比较全面的了解,如汽车的类型及特征、汽车构造及基本原理、汽车材料及零配件知识、汽车维修工艺过程、常见故障及检测设备主要用途、各工种特点及成本构成等,最好具有一定的维修技能或经历。

2.3.3　岗位职责

岗位职责

在配件部经理领导下工作,负责报告工作情况,按照配件部经理指示及时采购零配件。外采配件时,负责审核配件的质量、规格、型号和价格。出现问题应承担责任,造成经济损失的应予赔偿,并接受厂规的处分。外采前对所购材料不明确时,应向指示人问清情况。做好本部其他岗位的协助工作,协助本部做好配件管理,协助业务进行配件估价,协助配件仓库发料工作,有责任掌握常用配件和消耗料的专业常识,不能因基本常识欠缺而影响工作。专业常识包括常用零配件的名称、规格、价格、存量、主供市场等。

3　零配件保管与使用

3.1　零配件保管

3.1.1　仓库管理

仓库管理

仓库管理员对进厂入库的零配件要认真查验,采用科学方法,根据配件不同性质,进行妥善的维护保管,确保零配件的安全。存放货位编号定位,要整齐划一,有条不紊,便于收发查点和库容整洁。配件发放要有利生产,方便工人,作到深入现场,送货上门,满足工人的合理要求。要定期清仓和盘点,及时掌握配件变动情况,避免积压、浪费和丢失,保持账、卡、物相符。不断提高管理和业务水平,使验收分类、堆放、发送、记账等手续简便、迅速和及时。做好废旧配件和物资的回收利用。

仓库货位编号可采用“四段编号”方法,即物资存放按四段编号进行合理定位,对库房按照分类区统一编号存放。库房的四段编号是库、架、层、位,第一段1~2位数表示库或场,第二段3~4位数表示架或货区,第三段5~6位数表示货架的层或区的排,第四段7~8位数表示货位。

仓库各工作区域应有明显的标牌,如备件销售出货口、车间领料出货口、发料室、备货区、危险品库房等,应有足够的进货、发货通道和备件周转区域。货架的摆放要整齐划一,仓库的每一过道要有明显的标示,货架应标有位置码,货位要有备件号,备件名称。一般不宜将备件堆放在地上,为避免备件锈蚀及磕碰,必须保持完好的原包装。易燃易爆物品应与其他备件严格分开管理,存放时要考虑防火、通风等问题,库房内应有明显的防火标志。非仓库人员不得随便进入仓库内,仓库内不得摆放私人物品,索赔件必须单独存放。

仓库布局

仓库布局的原则：

(1)有效利用有限的空间，根据库房大小及库存量、按大、中、小型及长型进行分类放置，以便于节省空间；用适当尺寸的货架及纸盒来保存中、小型备件；将不常用的备件放在一起保管，留出常用新车型备件的空间，无用备件及时报废。

(2)防止出库时发生错误，将备件号完全相同的备件放在同一纸盒内，不要将备件放在过道上或货架的顶上；备件号接近、备件外观接近的备件不宜紧挨存放。

(3)保证备件的质量，保持清洁，避免潮湿、高温或阳光直射；仓库内禁止吸烟，须放置灭火器。

仓库的基本设施要求：配备专用的备件搬运工具，配备一定数量的货架、货筐等，配备必要的通风、照明及防火设备器材；尽可能采用可调式货架，便于调整和节约空间；一般中货架和专用货架必须采用钢质材料，小货架所用材料不限，但必须保证安全耐用，全部货架颜色宜统一。

3.1.2 库存盘点

库存盘点

为了掌握库存零配件的变化情况，避免零配件的短缺丢失或超储积压，必须经常对库存零配件进行盘点。盘点的目的是查明实际库存量与账与卡上的数字是否相符，检查收发有无差错，查明有无超储积压、损坏、变质等。盘点方式有永续盘点、循环盘点、定期盘点和重点盘点等。

“永续盘点”是指保管员每天对有收发动态的零配件盘点一次，以便及时发现问题，防止收发差错；“循环盘点”是指保管员对自己所管物资分别轻重缓急，做出月盘点计划，按计划逐日盘点；“定期盘点”是指在月、季、年度组织清仓盘点小组，全面进行盘点清查，并造出库存清册；“重点盘点”是指根据季节变化或工作需要，为某种特定目的而对仓库物资进行的盘点和检查。

对于盘点后发现的盈亏、损耗、规格串混、丢失等情况，应组织复查落实、分析产生的原因，及时处理。

3.1.2.1 合理储耗。对易挥发、潮解、溶化、散失、风化等物资，允许有一定的储耗。凡在合理储耗标准以内的，由保管员填报“合理储耗单”，经批准后，即可转财务部门核销。储耗的计算一般一个季度进行一次，计算公式如下：

合理储耗量 = 保管期平均库存量 × 合理储耗率

实际储耗量 = 账存数量 − 实存数量

储耗率 = 保管期内实际储耗量/保管期内平均库存量 × 100%

实际储耗量超过合理储耗部分作盘亏处理，凡因人为的因素造成物资丢失或损坏，不得计入储耗内。由于被盗、火

灾、水灾、地震等原因及仓库有关人员失职，使配件数量和质量受到损失者，应作事故向有关部门报告。

3.1.2.2　盈亏报告。在盘点中发生盘盈或盘亏时，应反复落实，查明原因，明确责任。由保管员填制“库存物资盘盈盘亏报告单”，经仓库负责人审签后，按规定处理。

在盘点过程中，还应清查有无本企业多余或暂时不需用的配件，以便及时把这些配件调剂给其他需用单位。

3.1.2.3　报废削价。由于保管不善，造成霉烂、变质、锈蚀等配件；在收发、保管过程中已损坏并已失去部分或全部使用价值的；因技术淘汰需要报废，经有关方面鉴定，确认不能使用的。库存盘点中，凡发现上述情况之一的零配件，应由保管员填制“物资报废单”，报请审批报废。

由于上述原因需要削价处理者，经技术鉴定，由保管员填制“物资削价报告单，按规定报上级审批。

3.2　零配件使用

汽车在使用过程中，由于相对运动零件间的磨损，有害物对零件的腐蚀，零件长期承受交变载荷后产生疲劳，零件在外载荷、温度、残余内应力作用下发生变形，橡胶等非金属零件和电气元件长期工作老化，实际使用中因偶然事故造成零件损伤等原因，使零件的原有尺寸、几何形状发生变化，破坏了零件之间的配合特性、正确位置及其他技术要求。从零件开始投入使用到损坏，整个寿命期可以分为磨合阶段、磨损阶段和损耗阶段。

3.2.1　磨合阶段

磨合阶段的特点是：故障率较高，且随时间的增加会下降。就汽车而言，一般是由于装配质量问题而引起的。例如，新车或大修车在刚投入使用时，有一个走合过程，在此过程中，某些装配上的缺陷会暴露出来。　**磨合阶段**

3.2.2　磨损阶段

磨损阶段的特点是：故障率低而且稳定，偶发故障是由设计不合理、材料缺陷等偶然因素引起的，偶发故障期是汽车的正常工作期，保持使用性能的正常水平，这段时间的长短标志着汽车的有效寿命。因此，应采取各种措施来延长汽车在这一时期内运行。　**磨损阶段**

3.2.3　耗损阶段

耗损阶段的特点是：某些零部件已经老化耗损，故障随时间加长迅速上升。耗损故障的出现将使汽车丧失使用性能，所以为延长汽车的使用寿命，在耗损故障期到来之前的适当　**耗损阶段**

时机，应及时进行维修。

3.2.4 零配件互换

零配件互换

当损伤的配件已无修复价值，或是修复费用近于新件价格时，就应考虑更换新件。汽车在保养、修理过程在中，经常需要更换零部件。对某一种零件而言，他们当中的任何一个在装配时都可以互相调换，而不需补充加工和修配，就能达到所要求的质量，满足使用要求，零件所具有的这种性质称为互换性。

一般说来，同一汽车生产厂家生产的同一系列车型上的许多零部件都具有通用性。许多不同厂家生产的同类汽车，有很多零部件具有互换性。比如一汽大众捷达轿车和上海大众桑塔纳轿车的发动机活塞、活塞环、气缸垫、前制动盘等零部件就可互换。

在汽车零配件互换时应注意以下几点：

（1）零件的材料、结构形状、尺寸及尺寸精度和公差等级、表面粗糙度、机械物理性能（热膨胀系数、强度、硬度等）及其他技术条件都相同。

（2）同一系列车型的主要零部件，特别是易耗件，通常具有互换性。如6135Q和12V135Q型两种汽车用柴油机，同属135系列，它们的活塞、活塞环、活塞销等许多零件可以互换。

（3）个别零件虽然材料、结构形状有所差异，但仍有互换性。有的配件的外形很接近，但没有互换性。因此在选用时一定要仔细分辨其细微差异或标记，切勿混淆。

（4）查阅汽车零配件通用互换资料。

3.3 旧件回收和利用

对维修过程中产生的一些旧零配件、废物废料等，凡是有残余价值的，都应积极回收和利用，通过修复、改制或利用等方式来处理废旧零配件和物料。汽车零配件的修旧利废应做到经常化和制度化。

3.3.1 废旧蓄电池

废旧蓄电池

从环保的角度来看，汽车蓄电池是对环境、人类健康危害很大的一种物质，如不采取较完善的回收制度，随意抛置的废旧蓄电池所分解出的重金属和有毒废液，会对生态平衡和人类健康造成严重威胁，有关这方面的实例报道屡见不鲜。

废旧蓄电池是固体废物中的危险品，应遵循分类管理、强制处置，对其收集、转运、贮存、处理、处置等重点环节要有严格要求和重点控制，集中处置的原则进行管理。

3.3.2　废旧轮胎

废旧轮胎

废旧轮胎具有很强的抗热、抗机械和抗降解性，数十年不会自然消解，如果丢弃在自然环境中，不仅占用土地，浪费资源，而且严重污染环境，会形成一种新的“黑色污染”。

目前我国废旧轮胎的回收利用主要有四种途径，一是直接回收利用，用作港口码头及船舶的护舷、防波护堤坝、漂浮灯塔、公路交通墙屏等；二是翻新利用，旧轮胎翻新不仅可延长轮胎使用寿命、节约能源、节约原材料、降低运输成本，而且减少环境污染，是一项非常有前途的环保产业；三是生产再生橡胶；四是生产硫化橡胶粉。利用废旧轮胎生产胶粉、再生胶、轮胎、炭黑、钢丝、防水材料、橡胶密封圈的企业，以及进行轮胎翻新和生产翻胎用胎面胶的企业均可以享受税收优惠。

3.3.3　废旧塑料

废旧塑料

从现代汽车使用的材料看，无论是外装饰件、内装饰件，还是功能与结构件，到处都可以看到塑料制件的影子，汽车用塑料量最大的品种是聚丙烯。塑料是一种难以自燃、分解的物质，有些改性后的塑料材料使用寿命更长。若是通过简单焚烧方式来处理塑料会造成严重的大气污染。因此，如何处置这些塑料零件就成为一道令人头痛的难题。

目前，塑料的处理有下述几种途径：填埋、焚烧、堆肥化、回收再生等。其中回收后再生分熔融再生、热裂解、能量回收、回收化工原料等方法。

3.4　仓库管理员

仓库管理员对库存的物资必须按照货单与实物对照验收入库，不合格品不准入库。日常管理要做到：按分类规定将配件材料清点上架，堆放整齐，做好标识。根据领料单或销售单发货，做到不错发、漏发、多发或重复发。做好库存盘点工作，确保账、物一致。对库存物资进行定期检查，防止零配件和材料变质损坏。如达到低储备量，需及时报告。落实安全防范措施，做好防火、防盗工作。对危险物品仓库的管理员应经专门培训，持证上岗，并熟悉危险品的业务知识，各类易燃、易爆物品要做好防护工作，配专门消防器具。

思考与练习

简答题

1. 对配件采购员有什么要求？其岗位职责是什么？

2. 简述采购零配件程序。

3. 什么是仓库货位的“四段编号”方法?

4. 如何计算库存零配件的“储耗率”?

5. 汽车零件的使用寿命期可以分为哪几个阶段?

6. 简述对仓库管理员有什么要求?

7. 废旧轮胎的回收利用主要有哪四种途径?

选择题

1. 下列零件中,________不属于易耗件。

A. 离合器从动盘　B. 离合器盖　C. 轮毂　D. 轮胎

2. 下列零件中,________属于保安件。

A. 活塞　B. 气门导管

C. 柴油滤清器总成　D. 输油泵总成

3. 通常________是通过封闭式供货渠道获得汽车配件。

A. 批发商　B. 经销商

C. 特约维修站　D. 独立修理厂

4. 采购计划一般以________计划为主,由配件供应部门定期提出。

A. 年度　B. 半年　C. 季度　D. 月度

判断题

1. 汽车上起安全作用的零件称为保安件。　(　)

2. 汽车零部件编号中的组号表示该零部件属于汽车某个功能系统。　(　)

3. 对汽车零配件进货验收的主要内容是品种、数量和质量。　(　)

4. 进货验收一般对整箱整件点大数,零星散装配件点细数。　(　)

5. 保管员对所管物资按月计划逐日盘点称为“定期盘点”。　(　)

相关链接

汽车零部件 按 QC/T265—2004《汽车零部件编号规则》定义:包括总成、分总成、子总成、单元体和零件。其中总成是由数个零件、数个分总成或它们之间的任意组合而构成一定装配级别或某一功能形式的组合体,具有装配分解特性。分总成是由两个或多个零件与子总成一起采用装配工序组合而成,对总成有隶属装配级别关系。子总成是由两个或多个零件经装配工序或组合加工而成,对分总成有隶属装配级别关系。单元体

是由零部件之间的任意组合而构成具有某一功能特征的功能组合体,通常能在不同环境独立工作。零件是不采用装配工序制成的单一成品、单个制件,或由两个及以上连在一起具有规定功能,通常不能再分解的(如含油轴承、电容器等外购小总成)制件。

参考资料

《汽车配件销售员培训教程》· 人民交通出版社,2001 年

附录

汽车产品零部件编号中的组号和分组号

组号	分组号	名　称	组号	分组号	名　称
10		发动机		1105	燃油粗滤器
	1000	发动机总成		1106	输油泵
	1001	发动机悬置		1107	化油器
	1002	气缸体		1108	油门操纵机构
	1003	气缸盖		1109	空气滤清器
	1004	活塞与连杆		1110	调速器
	1005	曲轴与飞轮		1011	燃油喷射泵
	1006	凸轮轴		1012	喷油器
	1007	配气机构		1015	发动机断油机构
	1008	进排气歧管		1116	燃油电磁阀
	1009	油底壳及润滑组件		1117	燃油细滤器
	1010	机油收集器		1118	增压器
	1011	机油泵		1119	中冷器
	1012	机油粗滤器		1120	燃油压力脉动衰减器
	1013	机油散热器		1121	燃油分配器
	1014	曲轴箱通风装置		1122	燃油喷射泵传动装置
	1015	发动机起动辅助装置		1123	电控喷射燃油泵
	1016	分电器传动装置		1124	电控喷射喷油器
	1017	机油细滤器		1125	油水分离器
	1018	机油箱及油管		1126	冒烟限制器
	1019	减压器		1127	自动提前器
	1020	减压器操纵机构		1128	高压燃油管路
	1021	正时齿轮机构		1129	燃油喷射管路
	1022	曲轴平衡装置		1130	燃油蒸发物排放控制系统
	1023	发动机标牌		1131	燃油压力调节器
	1024	发动机吊钩		1132	进气系统
	1025	皮带轮与张紧轮		1133	释压阀
	1026	发动机电控单元执行装置		1134	怠速控制阀
	1030	发动机工况诊断装备		1136	燃气供给系装置
11		供给系		1140	贮气瓶
	1100	供给系装置		1141	燃气管路
	1101	燃油箱		1142	蒸发器
	1102	副燃油箱		1143	过滤器
	1103	燃油箱盖		1144	混合器
	1104	燃油管路及连接件		1145	燃气空燃比调节阀

续上表

组号	分组号	名　称	组号	分组号	名　称
	1146	燃气压力调节器	16		离 合 器
	1147	气体流量阀		1600	离合器总成
	1148	气体喷射器		1601	离合器
	1149	充气口总成		1602	离合器操纵机构
	1150	充气(出气)三通总成		1603	液力偶合器
	1151	燃气减压阀		1604	离合器助力器
	1152	燃气安全装置		1605	储液罐
	1153	燃料选择开关		1606	离合器取力器
	1154	空气预滤器		1607	离合器操纵管路
	1156	供给系电控单元执行装置		1608	离合器总泵
12		排 气 系		1609	离合器分泵
	1200	排气系装置	17		变 速 器
	1201	消声器		1700	变速器总成
	1202	谐振器		1701	变速器
	1203	消声器进排气管		1702	变速器换档机构
	1204	消声器隔热板		1703	变速器换档操纵装置
	1205	排气净化装置(催化转化器)		1704	变速器油泵
	1206	二次空气供给系统		1705	起动机构
	1207	排气再循环系统(EGR)		1706	变速器悬置
	1208	隔热板		1707	AMT 电控单元执行装置
	1209	尾管		1708	同步器
13		冷 却 系		1709	油压调节器
	1300	冷却系装置		1710	油压开关总成
	1301	散热器		1711	润滑油滤清器
	1302	散热器悬置		1712	冷却器
	1303	散热器软管与连接管		1720	副变速器总成
	1304	散热器盖		1721	副变速器
	1305	放水开关		1722	副变速器操纵机构
	1306	调温器	18		分 动 器
	1307	水泵		1800	分动器总成
	1308	风扇		1801	分动器悬置
	1309	风扇护风罩		1802	分动器
	1310	散热器百叶窗		1803	分动器换档机构
	1311	膨胀箱		1804	分动器操纵装置
	1312	水式热交换器		1805	分动器选择开关
	1313	风扇离合器		1806	换档气缸总成
	1314	冷却系电控单元执行装置		1807	分动器电控单元执行装置
15		自动液力变速器	20		超 速 器
	1500	自动液力变速器总成		2000	超速器总成
	1501	液力变矩器		2001	超速器
	1502	自动变速器总成		2002	超速器连轴器
	1503	冷却器		2003	超速器结合器
	1504	自动液力变速器操纵机构		2004	超速器操纵机构
	1505	液力变速器电控单元执行装置	21		电动汽车驱动系统
	1506	液力偶合器		2100	电动汽车驱动装置
	1507	锁止离合器		2101	电池组
	1508	单向离合器		2102	主开关

续上表

组号	分组号	名　　称	组号	分组号	名　　称
	2103	驱动电动机		2211	中桥第二中间传动轴
	2104	驱动控制系统		2212	传动轴保护架
	2105	电缆及连接器		2241	传动轴中间支承
	2106	断路器	23		前　桥
	2107	充电器		2300	前桥总成
	2108	车辆控制器		2301	前桥壳及半轴套管
	2109	接线盒		2302	前桥主减速器
	2110	变压器		2303	前桥差速器及半轴
	2011	传感器		2304	转向节
	2120	燃料电池		2305	前桥轮边减速器
	2121	耦合器		2306	前桥差速锁
	2122	逆变器		2307	前桥差速锁操纵机构
	2123	AC/DC 变换器		2308	变速驱动桥
	2124	电池过热报警装置		2309	前桥变速操纵机构
	2126	插头		2310	前桥轴头离合器
	2127	冷却系装置		2311	前桥限拉带
	2128	电机过速报警装置	24		后　桥
	2129	电机过热报警装置		2400	后桥总成
	2131	电机过电流报警装置		2401	后桥壳及半轴套管
	2132	整流器		2402	后桥主减速器
	2133	漏电报警装置		2403	后桥差速器及半轴
	2134	接触器		2404	转向节
	2136	运行显示装置		2405	后桥轮边减速器
	2137	电制动显示装置		2406	后桥差速锁
	2138	故障诊断装置		2407	后桥差速锁操纵机构
	2139	变流器		2408	变速驱动桥
	2141	锁止机构		2409	后桥变速操纵机构
	2142	电机控制器	25		中　桥
	2143	继电调整器与变向器		2500	中桥总成
	2144	联轴节		2501	中桥壳及半轴套管
	2146	变速系统		2502	中桥主减速器
	2147	传动系统		2503	中桥差速器及半轴
	2148	制动系统		2505	中桥轮边减速器
	2149	动力单元		2506	中桥差速锁
	2151	驱动单元		2507	中桥差速锁操纵机构
22		传 动 轴		2510	轴间差速器
	2200	传动轴装置		2511	轴间差速锁
	2201	后桥传动轴		2512	轴间差速锁操纵机构
	2202	中间传动轴		2513	中桥润滑油泵
	2203	前桥传动轴	27		支承连接装置
	2204	后桥第一中间传动轴		2700	支承连接装置
	2205	中桥传动轴		2701	挂车台架
	2206	中桥中间传动轴		2702	牵引装置
	2207	后桥第二中间传动轴		2703	连接机构
	2208	前桥第一中间传动轴		2704	挂车转向装置
	2209	前桥第二中间传动轴		2705	转向装置的止位机构
	2210	后桥第三中间传动轴		2706	挂车台架转向装置

续上表

组号	分组号	名　称	组号	分组号	名　称
	2707	牵引连接装置		2924	附加桥横向稳定器
	2720	挂车支承装置总成		2925	前横臂独立悬架系统
	2721	挂车支承装置		2926	后横臂独立悬架系统
	2722	挂车支承装置的轴及滚轮		2930	前空气悬架
	2723	支承装置升降机构		2935	后空气悬架
	2724	支承装置升降驱动机构		2940	第二前悬架总成
	2725	支承装置升降驱动机构操纵装置		2941	第二前悬架钢板弹簧
	2728	挂车自动连接机构		2942	第二前悬架减振器
	2730	鞍式牵引座		2945	悬架电控单元执行装置
	2731	铰接车转盘装置		2950	空气悬架电控单元执行装置
	2740	辅助支承装置总成		2955	液压悬架电控单元执行装置
	2741	辅助支承装置		2960	油气悬架
28		车　架		2965	限位拉索
	2800	车架总成	30		前　轴
	2801	车架		3000	前轴总成
	2802	发动机挡泥板		3001	前轴及转向节
	2803	前保险杠		3003	转向拉杆
	2804	后保险杠		3010	第二前轴总成
	2805	牵引装置		3011	第二前轴及转向节
	2806	前拖钩(拖拽装置)	31		车轮及轮毂
	2807	前牌照架		3100	车轮及轮毂装置
	2808	后牌照架		3101	车轮
	2809	防护栏		3102	车轮罩
	2810	副车架总成		3103	前轮毂
29		汽车悬架		3104	后轮毂
	2900	汽车悬架装置		3105	备轮架及升降机构
	2901	前悬架总成		3106	轮胎
	2902	前钢板弹簧		3107	备轮举升缸总成
	2903	前副钢板弹簧		3109	备轮举升手压泵
	2904	前悬架支柱及臂		3117	附加轴轮毂
	2905	前减震器		3112	联结法兰
	2906	前悬架横向稳定装置		3113	轮辋
	2908	调平控制系统	32		附加桥(附加轴)
	2909	前推力杆		3200	附加桥总成
	2911	后悬架总成		3201	摆臂轴及摆臂
	2912	后钢板弹簧		3202	附加桥举升机构
	2913	后副钢板弹簧		3203	举升机构管路系统
	2914	后独立悬架控制臂	33		后　轴
	2915	后减震器		3300	后轴总成
	2916	后悬架横向稳定装置		3301	后轴及转向节
	2917	侧向稳定后拉杆		3303	转向拉杆
	2918	平衡悬架	34		转向系统
	2919	后悬架反作用杆		3400	转向装置
	2920	限位器		3401	转向器
	2921	附加桥钢板弹簧		3402	转向盘及调整机构
	2922	附加桥附加弹簧		3403	转向器支架
	2923	附加桥减震器		3404	转向轴及万向节

续上表

组号	分组号	名　称	组号	分组号	名　称
	3405	转向操纵阀		3550	ABS 防抱死装置
	3406	动力转向管路		3551	制动调整臂
	3407	动力转向油泵		3555	空气干燥器总成
	3408	动力转向油罐		3556	制动截止阀
	3409	动力转向助力缸		3561	制动软管及连接器
	3411	整体动力转向器		3562	制动带
	3412	转向附件		3565	车辆稳定性辅助装置
	3413	紧急制动转向装置		3567	车辆稳定性辅助装置电控单元执行装置
	3415	转向转换装置		3568	EBS 电控单元执行装置
	3417	助力转向控制滑阀	36		电子装置
	3418	电子助力转向执行装置		3600	整车电子装置系统
35		制 动 系		3601	车载电子诊断装置
	3500	制动系装置		3602	自动驾驶装置
	3501	前制动器及制动鼓		3603	防撞雷达装置
	3502	后制动器及制动鼓		3604	遇航装置
	3504	制动踏板及传动装置		3605	防盗系统
	3505	制动总泵		3606	IC 卡识读机
	3506	制动管路		3607	电子报站器
	3507	驻车制动器		3610	发动机系统电控装置
	3508	驻车制动操纵装置		3611	发动机系统电控用传感器
	3509	空气压缩机		3612	电子喷射电控单元及传感器
	3510	气压或真空增力机构		3613	化油器电控单元及传感器
	3511	油水分离器		3614	供给系电控单元及传感器
	3512	压力调节器		3615	EGR 电控单元及传感器
	3513	贮气筒及支架		3616	冷却系电控单元及传感器
	3514	气制动阀		3621	自动液力变速器电控单元及传感器
	3515	保险装置		3623	AMT 电控单元及传感器
	3516	快放阀		3624	分动器电控单元及传感器
	3517	紧急制动阀		3629	空气悬架电控单元及传感器
	3518	加速阀(继动阀)		3630	ABS 电控单元及传感器
	3519	制动气室		3631	缓速器电控单元及传感器
	3520	气制动分离开关		3634	转向系电控单元及传感器
	3521	气制动管接头		3635	EBS 电控单元及传感器
	3522	挂车制动阀		3636	车辆稳定性辅助装置电控单元及传感器
	3523	感载阀		3658	安全气囊电控单元及传感器
	3524	缓速器		3665	集中润滑系统电控单元及传感器
	3525	制动压力调节阀		3682	卫生间电控单元及传感器
	3526	手制动阀	37		电气设备
	3527	辅助制动装置		3700	电气设备
	3529	防冻泵		3701	发电机
	3530	弹簧制动气室		3702	发电机调节器
	3533	双路阀		3703	蓄电池
	3534	压力保护阀		3704	点火开关
	3540	真空助力器带制动泵总成		3705	点火线圈
	3541	真空泵		3706	分电器
	3548	发动机进气制动		3707	火花塞及高压线
	3549	发动机排气制动		3708	起动机

续上表

组号	分组号	名　称	组号	分组号	名　称
	3709	灯光总开关		3781	空挡开关
	3710	变光开关		3782	电动外后视镜开关
	3719	遮光罩		3783	冷风电动机
	3721	电喇叭		3784	逆变器
	3722	电路保护装置		3785	防爆电子设备
	3723	接线器		3786	天线电动机
	3725	点烟器		3787	中央门锁
	3728	磁电机		3788	火焰塞
	3730	挂车供电插座		3789	润滑泵电动机
	3735	各种继电器		3790	电子门锁
	3736	电源总开关		3791	遥控门锁及遥控器
	3737	搭铁开关		3792	翘板开关
	3740	微电机	38		仪器仪表
	3741	刮水电机及开关		3800	仪器仪表装置
	3742	中隔墙电机及开关		3801	仪表板
	3743	座位移动电机及开关		3802	车速里程表、传感器及软轴
	3744	暖风电机及开关		3803	远光指示灯
	3745	空调电机及开关		3804	电钟
	3746	门窗电机及开关		3806	燃油表
	3747	洗涤电机及开关		3807	机油温度表
	3748	后风窗除霜装置		3808	水温表
	3749	散热器风扇电机及开关		3809	气体温度表
	3750	变换开关		3810	机油压力表
	3751	接触器		3811	电流表
	3752	爆震限制器		3812	电压表
	3753	行程电磁铁		3813	转速表
	3754	电磁开关		3814	真空表
	3755	制动位液面装置		3815	混和气点火器
	3757	气压警报开关		3816	空气压力表
	3758	车门信号开关		3818	警报器装置
	3759	座椅加热器及控制开关		3819	蜂鸣器
	3761	真空信号开关		3820	组合仪表
	3763	车辆限速装置		3822	燃气显示装置
	3764	ABS 系统调节电动机		3824	稳压器总成
	3765	电子节气门		3825	水位报警器总成
	3766	闪光器		3826	气制动储气筒压力表
	3767	燃油泵电动机		3827	发动机油压表
	3768	电子点火模块		3828	冷却液温度表
	3769	进气预热器		3832	变速器操纵信号显示装置
	3770	电预热塞		3833	举升信号装置
	3774	组合开关		3834	差速操纵信号显示装置
	3775	主副油箱转换阀		3850	车辆行驶记录仪
	3776	倒车监视系统		3853	挂车自动连接信号显示装置
	3777	分动器控制装置		3865	集中润滑系统显示装置
	3778	电子防盗装置		3871	预热温度开关及显示器总成
	3779	取力指示器及开关		3872	蓄电池欠压报警装置
	3780	电压转换开关	39		随车工具及组件

续上表

组号	分组号	名　　称	组号	分组号	名　　称
	3900	随车工具及组件		4108	牌照灯
	3901	通用工具		4109	停车灯
	3903	说明牌		4111	转向灯及开关
	3904	铭牌		4112	投光灯
	3905	铲子		4113	倒车灯及开关
	3907	牵引钢绳		4114	示廓灯
	3908	防滑链		4116	雾灯及开关
	3909	备用桶		4117	侧标志灯(侧反射器)
	3910	灭火器及附件		4118	挂车标志灯
	3911	油脂枪		4119	防空灯及开关
	3912	轮胎气压表		4121	组合前灯
	3913	起重器		4122	壁灯
	3914	保温套		4123	顶灯
	3915	活动扳手		4124	阅读灯
	3916	特种工具		4126	踏步灯
	3917	轮胎充气手泵		4127	行李箱照明灯
	3918	拆卸工具		4128	应急报警闪光灯
	3919	工具箱		4129	警告灯
	3920	厚薄规及量规		4131	门灯
	3921	装饰标牌		4133	组合后灯
	3922	备品包箱		4134	制动灯及开关
	3923	车辆识别代号标牌		4135	回复反射器
	3924	发动机修理包		4136	闪光器
	3926	三角警告牌	42		特种设备
40		电 线 束		4200	特种设备
	4000	汽车线束装置		4201	机械打气泵
	4001	发动机线束		4202	一挡取力器(动力输出装置)
	4002	车身线束		4203	增压泵及减速器
	4003	仪表板及控制台线束		4205	二挡取力器
	4004	座舱线束		4207	三挡取力器
	4006	装货空间线束		4209	发动机拆卸器
	4010	车架线束		4210	特种设备气压操纵装置
	4011	前线束		4211	取力器
	4012	中间线束		4212	水下部件通气管
	4013	后线束		4221	轮胎充气系贮气筒
	4014	空调线束		4222	轮胎充气系压力控制阀
	4016	线束固定器(线夹)		4223	轮胎阀体
	4017	线束插接器		4224	轮胎充气接头
	4018	灯具线束		4225	轮胎充气管路
41		汽车灯具		4240	车门自动开关机构
	4100	汽车灯具装置		4250	集中润滑系统
	4101	前照灯		4260	集中气动助力伺服系统
	4102	前小灯	45		绞　盘
	4103	仪表灯		4500	绞盘总成
	4104	内部照明灯及开关		4501	绞盘
	4106	工作灯		4502	绞盘传动轴
	4107	尾灯		4503	绞盘操纵装置

续上表

组号	分组号	名　称
	4504	绞盘钢索、链条及钩
	4505	绞盘鼓
	4506	绞盘驱动装置
	4507	绞盘支架
	4508	液压泵、液压马达
	4509	液压管路及连接器
50		车　身
	5000	车身总成
	5001	车身固定装置
	5002	车身翻转机构
	5004	车身锁止机构
	5005	放物台
	5006	车身外装饰
	5010	车身骨架
	5012	伸缩棚装置
	5014	绞接棚及转盘机构
51		车身地板
	5100	车身地板总成
	5101	车身地板零件
	5102	车身地板护面
	5107	车身地板盖板
	5108	工具箱
	5109	地毯
	5110	地板隔热层
	5111	进风口罩
	5112	售票台
	5120	驾驶区地板总成(前地板总成)
	5121	驾驶区地板
	5122	纵梁
	5123	横梁
	5124	压条
	5130	乘客区地板总成(反地板总成)
	5131	通道地板
	5132	侧面地板
	5133	后地板
	5134	纵梁
	5135	横梁
	5136	压条
	5140	前踏步总成
	5150	中间踏步总成
	5160	后踏步总成
	5172	车身下防护装置
	5173	车身下防护板
	5174	车身下导流板
52		风　窗
	5200	风窗总成
	5201	风窗框
	5202	风窗铰链
	5203	风窗侧面玻璃
	5204	风窗升降装置
	5205	刮水器
	5206	风窗玻璃及密封条
	5207	风窗洗涤器
53		前　围
	5300	前围总成
	5301	前围骨架及盖板
	5302	前围护面
	5303	杂物箱
	5304	前围通风孔
	5305	副仪表板
	5306	仪表板
	5310	前围隔热层
	5315	高架箱
54		侧　围
	5400	侧围总成
	5401	侧围骨架及盖板
	5402	侧围护面
	5403	侧围窗
	5404	侧围升降机构
	5405	中间支柱
	5406	三角窗
	5409	内行李架
	5410	侧围隔热层
	5411	行李舱门
55		车身装饰件
	5500	车身装饰
	5501	顶盖装饰件
	5502	喷水口装饰件
	5503	安全带装饰件
	5504	车身底部装饰件
	5506	牌照及照明装置装饰件
	5507	活动人口装饰件
	5508	中间支柱装饰件
	5509	散热器护栅装饰件
	5511	大灯、信号灯装置装饰件
	5512	轮罩装饰件
	5513	排气口出口装饰件
	5514	散热器导流板装饰件
	5516	变速杆装饰件
	5517	空调装饰件
	5518	行李箱装饰件
	5519	驾驶台装饰件
	5521	地板装饰件
	5522	车壁装饰件

续上表

组号	分组号	名　　称	组号	分组号	名　　称
	5523	豪华座椅装饰件		5831	儿童安全座椅
	5524	行李架装饰件		5832	儿童安全门锁
	5526	乘客扶手装饰件		5833	儿童安全带
	5527	卧铺装饰件		5834	童车和轮椅约束装置
	5528	车门搁物袋	59		客车舱体与舱门
	5529	座椅背搁物袋		5901	大行李舱体
	5531	专用隔热、隔音装饰件		5902	大行李舱门
	5532	专用防尘、防雨密封装饰件		5903	蓄电池舱体
56		后　围		5904	蓄电池舱门
	5600	后围总成		5907	除霜器舱体
	5601	后围骨架及盖板		5908	除霜器舱门
	5602	后围护面		5909	空调舱体
	5603	后围窗		5910	空调舱门
	5604	行李箱盖		5915	配电舱体
	5605	行李箱盖铰链及支柱		5916	配电舱门
	5606	行李箱盖锁及手柄		5918	小行李舱体
	5608	行李箱护面		5919	小行李舱门
	5610	后围隔热层		5920	其他舱体与舱门
	5611	刮水器	60		车篷及侧围
	5612	洗涤器		6000	车篷总成
	5613	隔栅		6001	车篷骨架及附件
	5614	导流板		6002	车篷及侧围
57		顶　盖		6003	车篷后窗
	5700	顶盖总成		6004	车篷升降机构
	5701	顶盖骨架及盖板		6005	车篷座
	5702	顶盖内护面	61		前侧面车门
	5703	顶盖通风窗		6100	前侧面车门总成
	5704	顶盖外护面		6101	车门骨架及盖板
	5709	行李架总成		6102	车门护面
	5710	顶盖隔热层		6103	车门窗
	5711	顶盖升降机构		6104	车门玻璃升降机构
	5713	应急窗(安全窗)		6105	车门锁及手柄
58		乘员安全约束装置		6106	车门铰链
	5800	乘员安全约束装置		6107	车门密封条
	5810	安全带总成		6108	车门开关机构
	5811	前安全带		6109	车门滑轨及限位机构
	5812	后安全带		6110	车门气路
	5813	中间安全带		6111	车门气泵
	5814	安全带收紧器		6112	车门应急开启装置
	5820	安全气囊总成	62		后侧面车门
	5821	前气囊袋		6200	后侧车门总成
	5822	侧气囊袋		6201	车门骨架及盖板
	5823	气体发生器		6202	车门护面
	5824	安全气囊电控单元执行装置		6203	车门窗
	5825	微处理器		6204	车门玻璃升降机构
	5826	安全气囊触发器		6205	车门锁及手柄
	5830	儿童约束保护系统		6206	车门铰链

续上表

组号	分组号	名　　称
	6207	车门密封条
	6208	车门开关机构
	6209	车门滑轨及限位机构
	6210	车门气路
	6211	车门气泵
	6212	车门应急开启装置
63		后 车 门
	6300	后车门总成
	6301	车门骨架及盖板
	6302	车门护面
	6303	车门窗
	6304	车门玻璃升降机构
	6305	车门锁及手柄
	6306	车门铰链
	6307	车门密封条
	6308	车门开关机构
	6309	车门助力撑开
	6310	后门窗刮水器
	6311	后门窗洗涤器
	6312	后门窗除霜器
64		驾驶员车门
	6400	驾驶员车门总成
	6401	车门骨架及盖板
	6402	车门护面
	6403	车门窗
	6404	车门玻璃升降机构
	6405	车门锁及手柄
	6406	车门铰链
	6407	车门密封条
	6408	车门开关机构
	6409	驾驶员车门(右)
66		安 全 门
	6600	安全门总成
	6601	安全门骨架及盖板
	6602	安全门护面
	6605	安全门锁及手柄
	6606	安全门铰链
	6607	安全门密封条
	6608	安全门开关机构
67		中侧面车门
	6700	中侧面车门总成
	6701	车门骨架及盖板
	6702	车门护面
	6703	车门窗
	6704	车门玻璃升降机构
	6705	车门锁及手柄
	6706	车门铰链
	6707	车门密封条
	6708	车门开关机构
	6709	车门滑轨限位机构
	6710	车门气路
	6711	车门气泵
	6712	车门应急开启装置
68		驾驶员座
	6800	驾驶员座总成
	6801	驾驶员座骨架
	6802	驾驶员座骨驾护面
	6803	驾驶员座软垫
	6804	驾驶员座调整机构
	6805	驾驶员座靠背
	6807	驾驶员座支架
	6808	驾驶员座头枕
	6809	驾驶员座扶手
69		前　座
	6900	前座总成
	6901	前座骨架
	6902	前座骨架护面
	6903	前座软垫
	6904	前座调整机构
	6905	前座靠背
	6906	前座扶手
	6907	前座支架
	6908	前座头枕
	6930	前座中间座
70		后　座
	7000	后座总成
	7001	后座骨架
	7002	后座骨架护面
	7003	后座软垫
	7004	后座调整机构
	7005	后座靠背
	7006	后座扶手
	7007	后座支架
	7008	后座头枕
71		乘客单人座
	7100	乘客单人座总成
	7101	乘客单人座骨架
	7102	乘客单人座骨架护面
	7103	座位软垫
	7104	座位调整机构
	7105	座位靠背
	7106	座位扶手
	7107	座位支架
	7108	乘客单人座头枕

续上表

组号	分组号	名　称	组号	分组号	名　称
	7109	座椅附件		7605	卧铺扶手
72		乘客双人座		7606	卧铺靠背
	7200	乘客双人座总成		7607	卧铺调整机构
	7201	乘客双人座骨架		7608	卧铺搁脚架
	7202	乘客双人座骨架护面		7609	卧铺梯
	7203	座位软垫		7611	卧铺附件
	7204	座位调整机构	78		中间隔墙
	7205	座位靠背		7800	中间隔墙总成
	7206	座位扶手		7801	中间隔墙骨架及盖板
	7207	座位支架		7802	中间隔墙护面
	7208	乘客双人座头枕		7803	中间隔墙窗
	7209	座椅附件		7804	中间隔墙玻璃升降机构
73		乘客三人座		7805	中间隔墙门
	7300	乘客三人座总成	79		车用信息通讯与声像设备
	7301	乘客三人座骨架		7900	车用信息通讯与声像装置
	7302	乘客三人座骨架护面		7901	收放机
	7303	座位软垫		7902	无线电发报机
	7304	座位调整机构		7903	天线
	7305	座位靠背		7904	滤波器
	7306	座拉扶手		7905	车载电话
	7307	座位支架		7906	防干扰装置
	7308	乘客三人座头枕		7908	录放机
74		乘客多人座		7909	扩音机
	7400	乘客多人座总成		7910	车用视盘机
	7401	乘客多人座骨架		7911	车用音响装置
	7402	乘客多人座骨架护面		7912	显示器总成
	7403	座位软垫		7913	车用卫星定位导航装置
	7404	座位调整机构		7914	车载计算机
	7405	座位靠背		7917	车内监控摄像系统
	7406	座位扶手		7921	电源附件
	7407	座位支架		7922	声像附件
	7408	乘客多人座头枕		7925	信息通讯附件
75		折合座		7930	交通信息显示系统
	7500	折合座总成	81		空气调节系统
	7501	折合座骨架		8100	空气调节装置
	7502	折合座骨架护面		8101	暖风设备
	7503	座位软垫		8102	除霜设备
	7504	座位调整机构		8103	制冷压缩机
	7505	座位靠背		8104	车身强制通风设备
	7506	座位扶手		8105	冷凝器
	7507	座位支架		8106	膨胀阀
76		卧　铺		8107	蒸发器(制冷器)
	7600	卧铺总成		8108	空调管路
	7601	卧铺骨架		8109	储液干燥器
	7602	卧铺软垫		8110	吸气节流阀
	7603	卧铺支架		8111	冷气附件
	7604	卧铺骨架护面		8112	空气调节操纵装置

续上表

组号	分组号	名　　称	组号	分组号	名　　称
	8113	空气净化设备		8240	炊事间总成
	8114	空调电气设备	84		车前、后钣金件
	8115	加温设备		8400	车前钣金零件
	8116	冷、暖风流量分配器		8401	散热器罩
	8117	空气流量分配器		8402	发动机罩及锁
	8118	恒温调节器		8403	前翼板
	8119	进、送风格器		8404	后翼板
	8121	进气道与滤清器		8405	踏脚板
	8122	集液器	85		车　箱
	8123	供暖和通风系统		8500	车箱总成
82		附　件		8501	车箱底板
	8200	附件		8502	车箱边板
	8201	内后视镜		8503	车箱后板
	8202	外后视镜		8504	车箱前板
	8203	烟灰缸		8505	车箱板锁
	8204	遮阳板		8506	车箱座位
	8205	窗帘		8507	车箱工具箱
	8206	搁脚板		8508	车箱蓬布及支架
	8207	各种用具、枪架		8509	车箱护栏
	8208	反光器		8511	车箱挡泥板
	8209	安全锤		8514	后门骨架总成
	8213	冰箱		8515	翼开启机构
	8214	饮水器		8516	顶棚外蒙皮总成
	8215	拉手	86		车箱倾斜机构
	8218	物品盒		8600	车箱倾斜机构总成
	8219	下视镜		8601	车箱底架
	8220	保险柜		8602	倾斜机构
	8221	杯架		8603	倾斜机构液压缸
	8222	书架、工作台		8604	倾斜机构油泵
	8223	药箱		8605	倾斜机构油泵管路
	8224	随车文件盒		8606	倾斜机构操纵装置
	8225	衣钩		8607	分配机构
	8226	行李挂钩		8608	举升机构油箱
	8227	告示牌		8610	举升机构传动轴
	8228	投币机		8611	油泵限位阀
	8230	卫生间总成		8613	举升节流单向阀
	8231	卫生间		8614	下降限位阀
	8232	卫生间储水箱		8615	下降节流单向阀
	8233	卫生间供排水装置		8616	滤清器
	8234	卫生间电控单元执行装置		8617	车箱保险支架总成
	8235	卫生间污物处理封装装置			

单元八　汽车维修设备管理

学习目标

知识目标

1. 简单叙述汽车维修企业的通用设备、专用设备的分类和型号；

2. 正确描述汽车维修设备选型、安装、验收、使用、维护、修理、改造、更新直至报废的全过程管理；

3. 正确描述汽车维修设备使用条件、使用规程、操作规程。

能力目标

1. 会做汽车维修企业的设备选型、安装验收、使用维护的工作；

2. 能解决汽车维修企业的设备使用规程和操作规程问题。

汽车维修设备是指在汽车维修生产过程中所需要的机械及仪器等，是汽车维修生产中必不可少的物质基础。设备管理是以企业生产经营目标为依据，通过一系列的技术、经济和组织措施，对设备的设计制造、购置、安装、使用、维护、修理、改造、更新直至报废的全过程进行的管理。设备管理包括设备的物质运动和价值运动两个方面，管理目的是以最小的花费、取得最佳投资效果。为此，必须采取一系列措施，使汽车维修设备经常处于良好技术状况，充分发挥其效能，保证汽车维修质量和设备的安全运行，促使汽车维修企业生产持续健康发展，为提高企业经济效益和社会效益服务。

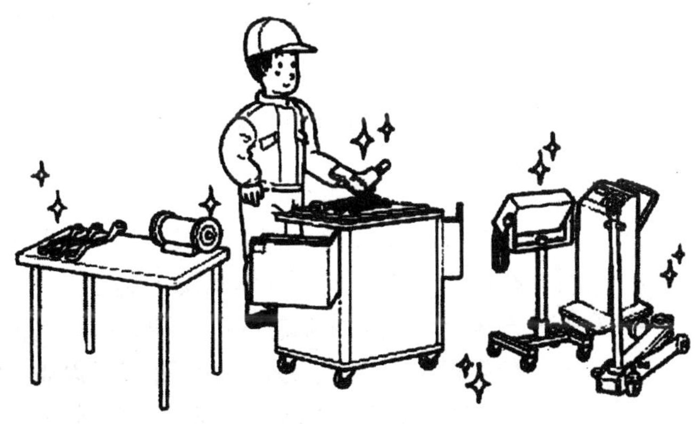

1　设备种类

汽车维修设备主要依据性能、结构和工艺特征分为专用设备、检测与诊断设备、通用设备、计量器具以及主要工具。

1.1　通用设备

凡设备性能基本相同,且又属于各行业通用的,列为通用设备。按照《汽车维修业开业条件》规定:一类汽车维修企业须有普通车床、钻床、电焊设备、氧-乙炔焊设备、钎焊设备、液压或机械压力机、空气压缩机、砂轮机、钳工工作台及设备、除锈设备等通用设备;二类汽车维修企业须有钻床、电焊设备、氧-乙炔焊设备、钎焊设备、液压或机械压力机、空气压缩机、砂轮机、钳工工作台及设备等通用设备;三类汽车维修企业所配备的设备必须满足专项修理(或维护)作业的要求。所有企业设备均要符合安全、环境保护、卫生和消防等有关规定。

1.2　专用设备

凡设备结构、性能只适用于某一行业专用,列为专用设备。汽车维修专用设备根据功能可分为:发动机检修设备及工具、发动机维修作业设备及工具、发动机维修加工设备及工具、汽车底盘维修作业设备及工具、汽车底盘维修加工设备及工具、汽车电气设备及车用辅助装置检修设备及工具、汽车电气设备及车用辅助装置维修作业设备及工具、汽车车身维修整形设备及工具、汽车维修喷涂电镀设备及工具、汽车清洗除尘设备及工具、汽车举升吊运设备及工具、汽车润滑加注设备及工具、汽车过盈配合件拆装设备及工具、汽车检测维修设备微机控制系统等,详见本单元后附录(汽车检测维修设备及工具分类与代码)。

1.3　检测诊断设备

在汽车检测诊断工作中所用的设备称为检测诊断设备。检测诊断设备与一般检测仪具的基本区别,主要是看其能否在汽车或者总成不解体状况下确定其工作能力和技术状况,以及查明故障或隐患的部位和原因。目前汽车检测诊断设备种类很多,一般分为汽车检测诊断设备、发动机检测诊断设备、汽车底盘检测诊断设备及工具等,详见附录 D(汽车检测

维修设备及工具分类与代码)。

1.4　设备型号

设备型号一般由阿拉伯数字和汉语拼音字母组成。

1.4.1　通用机床型号

通用机床型号表示已标准化,其型号的排列顺序及符号所代表的意义如图 8-1 所示。

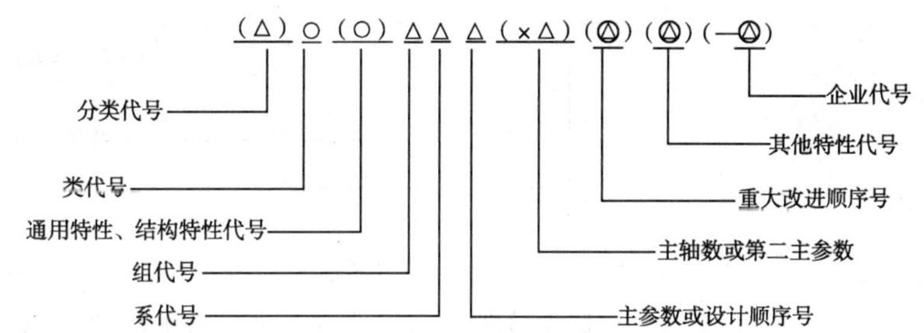

图 8-1　通用机床型号表示方法

其中机床设备的类别及分类代号见表 8-1 所示,机床通用特性代号见表 8-2 所示。机床的类别分为车床、钻床、镗床磨床、齿轮加工机床、螺纹加工机床、铣床、刨床、拉床、电加工机床、切断机床和其他机床 12 大类。它们的代号分别用类别名称的汉语拼音的第一个字母表示。例如磨床用 M 表示,钻床用 Z 表示等。

机床的类别及分类代号　　　　表 8-1

类别	车床	钻床	镗床	磨床			齿轮加工机床	螺纹加工机床	铣床	刨床	拉床	电加工机床	切断机床	其他机床
代号	C	Z	T	M	2M	3M	Y	S	X	B	L	D	G	Q
读音	车	钻	镗	磨	二磨	三磨	牙	丝	铣	刨	拉	电	割	其

机床通用特性代号表示机床除有普通型外,若还有下列某种特性时,则在类别代号之后加通用特性代号予以区分,例如设备的精确、自动化程度等。一般在一个型号中表示最主要的一个通用特性,如属于普通型者,通用特性则不给予表示。

机床通用特性代号　　　　表 8-2

通用特性	高精度	精密	自动	半自动	数字程序控制	仿行	自动换刀	轻型	万能	简式
代号	G	M	Z	B	K	F	H	Q	W	J
读音	高	密	自	半	控	仿	换	轻	万	简

1.4.2 专用设备型号

专用设备型号

汽车检测维修专门化和专用设备及工具的型号由三节组成:第一节为产品分类代码;第二节为产品特性、参数、改进顺序代码;第三节为产品生产企业名称代码。节与节之间用“—”隔开,读作“至”。产品型号的表示方法如图8-2所示。

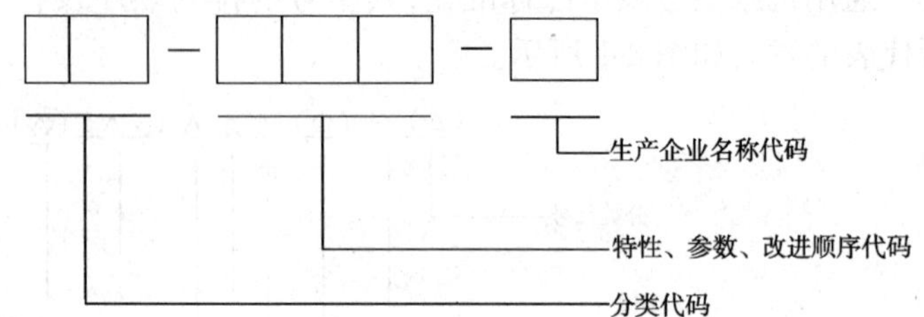

图8-2 汽车检测维修专门化和专用设备型号表示方法

其中分类代码按附录(汽车检测维修设备及工具分类与代码)规定,大类为一位字母型代码,小类为二位数字型代码。汽车检测维修设备型号举例如下:

(1)允许承载质量为10t(第一主参数)、滑板宽度为500mm(第二主参数)的双滑板式汽车侧滑检测仪的型号为A01-S10/500,其名称为双滑板式汽车侧滑检测仪。

(2)允许镗削(第二特性)内孔直 径为400mm的立式(第一特性)制动鼓切削机的型号为H25-LT400,其名称为立式制动鼓镗削机。

(3)额定举升质量为2.5t的液动(第一特性)双柱式(第二特性)汽车举升机的型号为Q03-YE2.5,其名称为液动双柱式汽车举升机。

2 设备购置

汽车维修企业应根据生产规模、工艺流程和作业方法,配备专用的和通用的汽车维修设备,以适应汽车维修生产的需要。要根据维修车型配备先进的检测仪器和设备,例如轿车维修企业必须配备检测发动机故障的解码器、汽油电喷嘴检测仪、前轮定位仪、侧滑检测台、车身整形、底盘校正台等。企业设备动力部门须负责或参与设备更新、技术改造、自制设备、新建项目和零星购置设备的前期管理工作,包括调研、规划、购置(设计、制造)、安装和调试,特别是对关键设备进行经济技术可行性分析,把好选型和安装验收质量关,为搞好设备的后期管理打基础。

2.1　设备选型

设备选型是指购置设备时,根据生产工艺要求和市场供应情况,按照技术上先进、经济上合理、生产上适用的原则,以及可靠性、维修性、操作性和能源供应等要求,进行调查和分析比较,以确定设备的优化方案。

2.1.1　技术经济论证

技术经济论证

技术经济论证是指根据技术与经济的辨证关系,对设备规划从技术与经济两方面进行分析、比较和评价,论证方案的必要性,可行性和经济性,以达到技术先进和经济合理的最佳结合,取得最优的经济效益。具体应考虑以下因素:

(1)生产性:指设备的生产能力,一般用单位时间内的产品产量来衡量,技术参数常用功率、行程、速率等表示。

(2)可靠性:指设备精度或准确度的保持性、零件的耐用与安全性等。一般以设备所加工的产品、零件的物理性能和化学成分,以及保证的工程可靠性等技术参数来表示。

(3)耐用性:指设备的使用寿命要长。选购设备时,必须考虑到设备的技术升级换代保证。汽车新技术层出不穷,电脑化、智能化、各种控制系统不断完善,使得汽车检测维修设备必须具备技术升级保障。

(4)安全性:指设备安全防护设施的自动化程度,操作失误后防止事故的能力,如自动切断电源、自动停车装置等。

(5)节能性:指设备对能源利用的性能。节能性好的设备,表现为热效率、能源利用率高、能源消耗少,一般以设备单位开动时间的能源消耗量(如每小时耗电量、耗气量)来表示。

(6)维修性(可修性):维修性好坏直接影响设备维护和修理的工作量和费用。维修性好的设备,一般是指设备结构简单、零部件组合合理、维修时易于接近,可迅速拆卸、检查,零件互换性强等。

(7)环保性:指设备由于噪声、振动和产生有害物质所造成的环境污染程度。

(8)成套性:指设备的成套、成系列情况。如果设备不配套,设备的性能就不能充分发挥,在选购维修设备时,一定要注意设备的有机组合,能以最少的投资,取得最佳的、实用的仪器设备组合,要兼顾现代高档汽车检修的方方面面,切实有效地解决维修现场所出现的各种疑难问题。

(9)灵活性:有三个方面内容,一是在工作对象固定的条件下,设备能够适应不同的工作条件和环境,操作使用比较灵活方便;二是对于工作对象可变的加工设备,要求能够适应多种加工,性能,通用性强;三是设备结构紧凑,重量轻,体积小。在选择设备时要从实际出发,不能盲目追求高、精、尖。

(10)设备投资:它是选择设备时要综合考虑的重要因素之一。在计算投资费用时,还应考虑采用新设备所带来的提高生产率、节约能源、保证产品质量等方面的经济效果。

2.1.2 常见误区

常见误区

汽车维修企业在选购设备时,应注意克服以下误区:

(1)盲目购买,买非所用。这主要表现在一些新建汽车维修厂的负责人或决策者,本身对汽车维修(特别是进口汽车维修)是外行,在选购设备时,盲目追求高、精、尖、新,购进后造成闲置浪费。

(2)贪大求全,耗费巨资。一些汽车修理厂,在选购设备时,为了在规模和设备上压倒本地同行,不惜巨资追求设备的大、全、新。其结果却是汽车维修业务不足,经营情况不佳,设备利用率不高,资金运作困难。

(3)忽视质量,贪图便宜。与上述两条相比,这种情况更为常见,尤其是一些中小型汽车修理厂,由于资金紧张,购买设备时,往往将注意力放在价格上,与设备厂家斤斤计较、讨价还价,以求最低成交价格,却忽视了最关键的一点,即产品的质量与售后服务(如技术培训和设备保修等)。其结果往往是购买到的产品无质量保证、无技术培训、无设备保修等,吃了大亏。

(4)重设备、轻服务。只知设备的价值,不知服务的价值。须知仪器设备的价值是有形的价值,服务则是无形的价值,而且可能是更为重要的价值,设备经销商之间的竞争,已经由单纯的产品质量、价值、品牌、付款方式竞争转变为技术与服务的竞争。因此,修理厂选购高精检测维修设备时,对设备经销商技术与服务力量的考察,显得尤为重要。特别是进口检测维修设备,技术比较先进、操作比较复杂,没有专业技术人员的指导和培训,一般人员较难掌握。在购买这类设备时,首先要考察设备销售商的技术和服务力量,并应在专业技术人员的指导培训上舍得投资。许多修理厂在选购设备时,在价格、运输、包装、付款方式上注意多,而在对方提供技术服务方面则注意少,舍不得投资,其结果是虽然购买到了所需设备,但因缺乏技术服务保障,设备的作用很有限。

2.2　设备安装验收

2.2.1　设备入库验收

入库验收

采购设备到厂后，首先交给设备动力部门进行验收，验收合格后，由部门主管在验收单和发票上签章。设备验收是按照一定的程序和手续，对设备数量和质量经行检查，以验收它是否符合订货合同的一项工作。验收对设备的保管和使用提供可靠依据，验收也是对供货方提出退换或索赔的重要依据。因此，验收工作必须做到及时、准确，在规定期限内完成。凡设备要入库存放，库管员在办理入库手续时，须认真核对实物，据实填写入库单。

2.2.2　安装调试

安装调试

新购的设备抵达验收后，要认真做好安装、调试工作，以便及时将设备投入使用。对新设备使用初期在质量、效率、操作等方面存在的问题和故障，设备管理部门应及时与有关方面交涉。

进口设备应当按照有关规定认真验收，及时安装调试、投产运行，应在索赔期内发现问题，提出索赔。

自制设备须按规定鉴定验收后方可投产使用，转入固定资产。设备制成后须经 3 ~5 个月生产试用期，并按有关规定组织技术鉴定和验收工作，确保有完整的技术资料。对本企业自制设备必须组织设备管理、维修、使用方面的人员参加设计方案的研究和审查工作。

2.3　设备技术档案

企业设备动力部门在办完设备验收手续移交生产时，必须按照规定逐台统一编号，建立设备卡片和台账，建立设备档案，做到随机附件和技术资料齐全（进口设备的技术资料应全套翻释入档）。每年进行复查核实，做到账、卡、物相符，发现问题及时纠正。

2.3.1　设备卡片

设备卡片

设备卡片又称固定资产卡片，它是登记设备资产的形式之一。设备卡片是设备的简要档案，它按设备编号，一台一卡，便于查阅，由企业设备动力部门掌握，如表 8-3 是某企业的设备卡片。凡设备在 30 台以上的车间，也应建立一本设备分类登记账册和一套设备卡片，由车间设备管理员掌握。

2.3.2　设备台账

设备台账

设备台账是企业用来记录固定资产的又一种形式。记录形式可有两种，一是按设备的工艺性质，如按车床、钻床、铣床等逐一登记，便于掌握企业各种设备生产能力状况；另一种则是按车间、班组逐台登记，以便了解企业各种设备分布利用情况。两者相结合，能比较全面反映企业设备的类型、数量和分布情况。表 8-4 是某企业设备资产登记表。

设备卡片、固定资产台账等是设备技术档案的一个组成部分，一般存放于设备资料袋中。其他技术档案（如设备调拨单、各种修理记录和验收单、设备事故报告表及其他技术文件）都存于设备资料袋中。设备资料袋一般由设备技术部门保存，因工作需要使用可以借阅。设备调拨时，其资料应随设备转入调入单位保存。

设 备 片 卡 表 8-3

<table>
<tr><td>设备名称</td><td></td><td>资产编号</td><td></td><td>原厂编号</td><td></td></tr>
<tr><td>型号</td><td></td><td>制造厂名</td><td></td><td>制造年月</td><td></td></tr>
<tr><td>详细规格</td><td></td><td></td><td></td><td></td><td></td></tr>
<tr><td>设备尺寸</td><td colspan="3">长：　宽：　高：</td><td>设备净重</td><td></td></tr>
<tr><td>全部使用年　限</td><td></td><td>已使用年　限</td><td></td><td>尚可使用年　限</td><td></td></tr>
<tr><td>设备到达日　期</td><td></td><td>安装竣工日　期</td><td></td><td>开始生产日　期</td><td></td></tr>
<tr><td>总　价</td><td></td><td>期　中安装费</td><td></td><td>残　值</td><td></td></tr>
<tr><td>基　本折旧率</td><td></td><td>大　修折旧费</td><td></td><td>已　提基本折旧</td><td></td></tr>
<tr><td colspan="6">主要附件及附属设备</td></tr>
<tr><td>序号</td><td colspan="3">名称及规格</td><td>数　量</td><td>备　注</td></tr>
<tr><td>1</td><td colspan="3"></td><td></td><td></td></tr>
<tr><td>2</td><td colspan="3"></td><td></td><td></td></tr>
<tr><td>3</td><td colspan="3"></td><td></td><td></td></tr>
<tr><td>4</td><td colspan="3"></td><td></td><td></td></tr>
<tr><td>5</td><td colspan="3"></td><td></td><td></td></tr>
<tr><td>6</td><td colspan="3"></td><td></td><td></td></tr>
<tr><td>7</td><td colspan="3"></td><td></td><td></td></tr>
<tr><td>8</td><td colspan="3"></td><td></td><td></td></tr>
<tr><td>9</td><td colspan="3"></td><td></td><td></td></tr>
<tr><td>10</td><td colspan="3"></td><td></td><td></td></tr>
<tr><td>11</td><td colspan="3"></td><td></td><td></td></tr>
<tr><td>12</td><td colspan="3"></td><td></td><td></td></tr>
<tr><td>13</td><td colspan="3"></td><td></td><td></td></tr>
<tr><td>14</td><td colspan="3"></td><td></td><td></td></tr>
<tr><td>15</td><td colspan="3"></td><td></td><td></td></tr>
</table>

续上表

大修理记录			
完工日期	精度等级	主要修理内容及换件情况	大修验收单号

设备改装记录			
改装日期		批准改装文号	
主要改装部分：			
改装后性能：			

附属电机(器)设备									
序号	电机名称	制造厂名	型式	功率	电压	电流	转速	原厂编号	原值
1									
2									
3									
4									
5									

填卡日期	填卡人	备注：

安装及移动情况				
安装地点	移动凭证	安装日期	拆除日期	附　　注

设备资产登记表　　　　表8-4

序号	自编号	原厂编号	设备名称	型号规格	制造厂名	设备来源	原值	使用车间	投产日期	主要附件名称及数量	备注
……											

3 设备使用

合理使用设备是汽车维修设备管理的基础,保持设备处于正常运行状态,是保证汽车维修质量、降低生产成本的重要环节。

3.1 设备使用条件

3.1.1 合格的操作人员

合格的人员

随着现代汽车工业的发展,新型汽车不断出现,汽车维修设备将朝着精密化、自动化、电子化方向发展,这就要求设备的使用者不仅是一名体力劳动者,而且是掌握相当科学技术知识和生产技术水平的脑力劳动者。因此,操作人员在独立使用设备前,须对其进行设备的结构、性能、技术规范、维护知识和安全操作规程等技术理论教育及实际操作技能培训,经过考试合格发给设备操作证后,方可上岗。操作人员须具备"三好"、"四懂"、"四会"的基本功。凡未经培训或考核不合格的人员,一律不得上岗操作或独立操作,对违章操作者应追究其责任。

(1)三好:指管好、用好、维护好;

(2)四懂:指懂原理、懂结构、懂性能、懂用途;

(3)四会:指会使用、会维护、会检查、会排除故障。

3.1.2 合适的工作环境

合适的环境

文明的工作环境是保证汽车维修设备正常运行、延长使用寿命、保证安全生产的重要条件。因此,应根据汽车维修设备的不同要求,将汽车维修设备安装在适宜的工作环境中。一般来说,安装汽车维修设备的厂房应清洁、宽敞、明亮。根据设备的具体要求,必须配备必要的防尘、防潮、防腐、保温、通风等装置。精密的检测设备仪器应设立单独的工作室,其室内的温度、湿度、防尘、防振等工作条件应符合设备使用说明书规定。

3.1.3 合理的规章制度

合理的制度

汽车维修企业须建立以岗位责任制为基础的设备使用、维护和管理的规章制度,明确设备使用规程和操作规程,组织职工开展正确使用和爱护生产设备的宣传教育、劳动竞赛活动,教育职工要像战士爱护武器一样爱护设备,使设备经常处于良好的技术状况,使操作人员养成维护设备的良好习惯。

3.2　设备使用规程

设备使用规程是对操作人员使用设备的有关要求和规定。例如;操作人员必需经过设备操作基本功的培训,并经过考试合格,发给操作证,凭证操作;不准超负荷使用设备;遵守设备交接班制度等。操作人员使用设备须严格执行“四项要求”和“五项纪律”。

3.2.1　四项要求

使用设备的“四项要求”解释如下:

四项要求

3.2.1.1　整齐:工具、工件、附件放置整齐,安全防护装置齐全,线路、管道安全完整。

3.2.1.2　清洁:设备内外清洁,各滑动面、丝杠、齿条、齿轮等处无油垢、无碰伤,各部分不漏水、不漏油,切屑、垃圾清扫干净。

3.2.1.3　润滑:设备润滑要“五定”,实行油质状态监测换油的科学方法。设备润滑的“五定”内容如下:

(1)定点:规定润滑部位、名称及加油点数;

(2)定质:规定每个加油点润滑油脂牌号;

(3)定时:规定加、换油时间;

(4)定量:规定每次加油、换油数量;

(5)定人:规定每个加、换油点的负责人。

3.2.1.4　安全:实行定人定机、凭证操作和交接班制度;熟悉设备结构和遵守操作规程,合理使用,精心维护,安全无事故;对于多人操作的设备和生产线,必须实行机长负责制;单班制生产的设备应有运行记录,多班制生产的设备应有交接班记录,表8-5所示为某企业设备使用交接班记录。

交接班记录　　表8-5

<table>
<tr><td rowspan="2">清扫、润滑情　况</td><td colspan="2">机床各部位</td><td colspan="2">冷却液</td><td colspan="2">油毡</td><td colspan="2">周围场地是否清洁</td><td colspan="2">是否缺油</td><td colspan="2">油孔是否堵塞</td></tr>
<tr><td colspan="2"></td><td colspan="2"></td><td colspan="2"></td><td colspan="2"></td><td colspan="2"></td><td colspan="2"></td></tr>
<tr><td rowspan="2">使用情况</td><td colspan="3">传动机构是否正常</td><td colspan="3">零部件有无损坏</td><td colspan="3">附件、工具是否齐全</td><td colspan="3">电　器</td></tr>
<tr><td colspan="3"></td><td colspan="3"></td><td colspan="3"></td><td colspan="3"></td></tr>
<tr><td>生产上需要交付事宜</td><td colspan="12"></td></tr>
<tr><td>其　他</td><td colspan="12"></td></tr>
<tr><td>时间及交接班人</td><td colspan="12">年　月　日　班　　交班人:　　接班人:</td></tr>
</table>

3.2.2 五项纪律

五项纪律

使用设备的“五项纪律”解释：

3.2.2.1 凭操作证使用设备，遵守安全操作规程。

3.2.2.2 经常保持设备清洁.并按规定加油。

3.2.2.3 遵守设备交接班制度。

3.2.2.4 管理好工具、附件，不得遗失。

3.2.2.5 发现异常，立即停车，自己不能处理的问题应及时通知有关人员检查处理。

3.3 设备操作规程

设备操作规程是指对操作工人正确操作设备的有关规定和程序。各类设备的结构不同，操作设备的要求也会有所不同，编制设备操作规程时，应该以制造厂提供的设备说明书的内容要求为主要依据。

3.3.1 安全操作规程

安全操作规程

安全操作汽车维修设备是严格执行有关操作规程的重要内容。设备操作规程有技术方面的，也有安全方面的，所以又称为技术安全操作规程。各种汽车维修设备安全操作规程由企业设备管理部门制定，生产车间负责贯彻执行。

汽车维修设备安全操作规程一般包括下列内容：

(1)汽车维修设备的使用范围和操作要点。

(2)汽车维修设备的润滑注油规定。

(3)汽车维修设备的维护事项，使用汽车维修设备的严禁事项和事故处理步骤。

3.3.2 设备故障与事故处理

故障与事故处理

设备或零部件失去原有精度性能，不能正常运行，技术性能降低等，造成停产或经济损失者为设备故障。设备故障造成停产时间或修理费用达到规定数额者为设备事故。设备事故分为一般事故、重大事故和特大事故。

3.3.2.1 一般事故：修复费用一般设备在1万元以下者；精、大、稀及机械工业关键设备在3万元以下者；因设备事故造成全厂供电中断10～30min者为一般事故。

3.3.2.2 重大事故：修复费用一般设备达1万元以上者；机械工业关键设备及精、大、稀设备达3万元以上者；因设备事故而使全厂电力供应中断30min以上者为重大事故。

3.3.2.3 特大事故：修复费用达50万元以上或由于设备事故造成全厂停产2d以上、车间停产1周以上者为特大事故。

发生设备事故,应当立即切断动力源,停止设备运转,保持现场,及时上报。然后由车间会同设备动力等有关部门共同查明事故原因及责任,提出处理意见,组织力量抢修,尽快恢复生产。设备事故频率应按规定统计,按期上报。

事故处理要做到“三不放过”(事故原因分析不清不放过,事故责任者与群众未受教育不放过,防范措施没有落实不放过)。所有事故都要查清原因和责任,按情节轻重和责任大小,分别给予行政处分或经济处罚,触犯法律者要依法制裁。对设备事故隐瞒不报或弄虚作假的单位和个人应加重处罚,并追究领导责任。对修复费用低于500元或全厂供电中断10min以下的设备故障,也要查明原因,分清责任。

3.4　设备管理考核

3.4.1　设备新度

设备新度=账面值/设备原值。设备新度是反映企业装备的新旧程度,从一定的意义上说,反映了企业装备的技术水平状况。随着企业经济体制改革的不断深入,设备新度已作为评价企业装备改造、更新的一个主要指标。

设备新度

3.4.2　设备完好率

设备完好率=(完好设备数/设备总数)×100%。设备完好率是反映企业装备技术状况的综合指标之一。计算式中:

设备完好率

“设备总数”是全部生产设备数(包括备用的、封存的和检修的设备)。

“完好设备数”应包括优级完好设备数和一般完好设备数。正在检修的设备,应按检修前的实际状况计算;检修竣工的设备,按检修后的状况计算。

设备完好标准分为优级完好设备、一般完好设备、带病运转设备和停机检修设备四种。

3.4.2.1　优级完好设备。

(1)设备性能良好,如动力设备的技术性能达到原设计标准,机械设备精度达到原出厂检验精度标准,设备运转无超温、超压现象。

(2)设备运转正常,零部件齐全,没有较大缺陷,无不正常磨损及腐蚀现象,计量仪器、仪表和润滑系统正常,安全防护装置齐全。

(3)原料、燃料消耗正常,没有漏油、漏气、漏水和漏电现象。

3.4.2.2　一般完好设备。

(1)设备性能基本良好,如动力设备的技术性能基本达到原设计标准,机械设备精度能满足生产工艺要求,设备运转无超温、超压现象。

(2)设备运转正常,零部件齐全,没有较大缺陷,无严重磨损和腐蚀情况,计量仪器、仪表和润滑系统正常,安全防护装置齐全。

(3)原料、燃料等消耗在允许范围内,基本没有漏油、漏气、漏水和漏电现象。

3.4.2.3　带病运转设备。

(1)设备运转不正常,经常出故障。

(2)设备精度达不到工艺要求。

(3)设备磨损、腐蚀严重,燃、润料消耗不正常,有漏油、漏气、漏水或漏电现象。

3.4.2.4　停机维修设备。在检修期间,因检修而未使用的设备,考核时按检修前的实际情况计算。

设备完好率的考核要每年进行,通过检查确定设备等级,并为企业编制设备维修和备件申请计划打下基础。考核结果要汇总成报表(如表8-6所示),上报企业技术管理部门,报表一般分两部分,一部分是表格,另一部分为文字,用来说明问题。

设备完好率情况表　　　　表8-6

单位:______________　填报日期:____年____月____日

机具设备名称	规格	型号	单位	总数	其中				完好率
					优级完好设备数	一般完好设备数	带病运转设备数	停机维修设备数	
说明:									

3.4.3　设备利用系数

设备利用系数

设备利用系数可分时间利用系数、能力利用系数和综合利用系数三种计算方式,其目的均是为了更好地发现设备使用中的薄弱环节,以便有针对性的采取相应措施。

3.4.3.1　时间利用系数=有效作业时间/同期日历时间。计算设备时间利用系数是衡量设备在时间上存在的潜

力,从而可根据需要和可能的条件,采取相应措施,提高其利用程度。计算式中:

同期日历时间 = 工作日数 × 工作制时间(按每工作日内所开的班次而定);

有效作业时间 = 计划有效作业时间 - 计划外停工时间
= 工作制时间 - 计划停工时间 - 计划外停工时间

3.4.3.2　能力利用系数 = 产量/同期有效作业时间。计算设备能力利用系数是衡量设备在功能上存在的潜力。

能力利用系数

3.4.3.3　综合利用系数 = 产量/同期日历时间 = 时间利用系数 × 能力利用系数。提高设备的综合利用系数是提高企业经济效益,降低企业生产成本的有效途径之一。如某汽车修理厂为满足其规定的车辆修理业务需要,配置相应的各种设备(表 8-7 所示为某汽车修理厂设备配置的数量),但对其中某些设备来说,综合利用系数很低。该汽车修理厂在完成其车辆修理业务的同时,积极开发以设备加工业务为主的工业生产,提高了设备综合利用系数,增加了经济效益。

综合利用系数

某汽车修理厂设备配置的参考数量　　表 8-7

序号	设备类型	单位	按汽车修理生产组织配备设备数量			
			300 辆/年	600 辆/年	1000 辆/年	5000 辆/年
1	专用修理设备	台	14	16	24	31
2	检验、测试设备	台	17	19	22	28
3	通用机床	台	27	39	52	69
4	锻、冲、压设备	台	10	10	11	13
5	焊接设备	台	6	10	12	15
6	热处理设备	台	3	6	6	7
7	木工设备	台	5	6	8	11
8	起重运输设备	台	14	20	23	27
9	动力设备	台	6	7	9	10
10	其他设备	台	5	6	9	10
	合计	台	107	133	176	222

4　设备维修

设备经过一定时间的使用以后,不可避免地要发生磨损与损坏。及时地进行维护和修理,是保证其技术性能,延长使用寿命的有效途径。企业应广泛采用国内外先进的设备管理技术，逐步实行以设备状态监测技术为基础的维修方法。

4.1 设备维修制度

设备维修制度是指对设备进行维护、检查和修理所制定的制度，其内容是随着生产和技术的发展而不断变化的。

4.1.1 计划预修制

计划预修

计划预修制是指我国工业企业上世纪50年代从前苏联引进，后普遍推行的一种设备维修方式。这种维修是进行有计划的维护、检查和修理，以保证设备经常处于完好状态。其特点在于预防性与计划性，即在设备未曾发生故障时就有计划地进行预防性的维修。这种按事先规定计划进行的设备维修是一种比较科学的设备维修制度，有利于事先安排维修力量，有利于同生产进度安排相衔接，减少了生产的意外中断和停工损失。运用这种维修制度，要求了解和掌握设备的故障理论和规律，充分掌握企业设备及其组成部分的磨损与破坏的各种具体资料与数据。在设备众多、资料有限的情况下，可以在重点设备以及设备的关键部件上应用。计划预修制的内容主要有：日常维护、定期检查、清洗换油和计划修理。

4.1.2 计划维修制

计划维修

计划维修制是上世纪60年代，在总结计划预修制经验的基础上，建立的一种设备维修制度。它的主要内容是定期维护和计划检修相结合，定期维护包括日常维护、一级维护和二级维护（又称三级维护制），计划检修包括日常检查、定期检查、小修理、项目修理和大修理。

4.1.3 全员生产维修制

全员生产维修

全员生产维修制，又称预防维修制，是日本在学习美国预防维修的基础上，吸收设备综合工程学的理论和以往设备维修制度中的成就逐步发展起来的一种制度。我国是上世纪80年代初期，引进研究和推行这种维修制度的。全员生产维修制的核心是全系统、全效率、全员。

4.2 设备维护作业

设备维护作业是保持设备清洁、整齐、润滑良好、安全运行，包括及时紧固松动的紧固件，调整活动部分的间隙等；简言之，即“清洁、润滑、紧固、调整、防腐”10字作业法。维护依工作量大小和难易程度分为日常维护、一级维护和二级维护。设备维护作业周期一般根据设备分类和设备利用率而确定。

通常一级维护每3个月进行1次，二级维护每12个月进行1次。实践证明，设备使用寿命在很大程度上决定于维护的质量，凡严格执行三级维护制的企业，其设备完好率都比较高。

4.2.1　日常维护

日常维护

又称例行保养，由设备操作人员负责作业，每日班前、班中和班后对所操作的设备进行清洁、润滑、紧固易松动的零件，检查零部件的完整，作业情况记录在交接班记录上。这类作业项目和部位较少，大多数在设备的外部进行。日常维护是维护作业的基础，要求做到经常化、制度化。

4.2.2　一级维护

一级维护

由设备操作人员负责作业，以清洁、润滑、检查、紧固为主，按设备润滑"五定"要求加油或换油，按设备维修计划检查设备安全、操纵等主要或重要部位，清洗设备内外表面，调整设备主要间隙，紧固螺栓，做好维护记录。

4.2.3　二级维护

二级维护

由设备维修人员负责作业，以检查、调整、防腐为主，内容包括清洗设备内部、疏通油路、更换机油和滤清器、全面检查和调整各处间隙、检修设备电器转装置、更换或修复磨损件、恢复设备精度，做好维护记录。表8-8是某企业设备二级维护鉴定表。

4.3　设备修理作业

设备的修理是指为恢复设备规定的功能而进行的技术活动，是对设备物质损耗的局部补偿。设备预防性修理类别般划分为大修理、项目修理和小修理。

4.3.1　大修理

大修理

设备的大修理是计划修理工作中工作量最大的一种修理。在大修时，要对被修设备进行全部解体，修理基准件，修复或更换全部磨损件，同时修理、修整电气部分以及外表翻新，更换，修复全部磨损零部件，从而完全消除设备修前存在的缺陷，恢复设备原有的精度、性能和效率。

4.3.2　项目修理

项目修理

根据设备的技术状态，对设备精度、功能达不到工艺要求的某些项目按需要进行针对性修理。修理时一般要部分解体、修复或更换磨损机件，必要时进行局部刮研、校正设备座标，以恢复设备精度和性能。

4.3.3　小修理

小修理

设备的小修理是针对定期维修、日常维护和定期检查中发现的问题，及时拆卸部分设备零部件进行检查、修整、更换或修复少量磨损件的作业，同时通过检查、调整、紧固机件等技术手段，恢复设备使用性能。

设备二级维护鉴定表 表8-8

使用部门：

<table>
<tr><td>资产编号</td><td></td><td>设备名称</td><td></td><td rowspan="2">复杂系数</td><td>机</td></tr>
<tr><td>型号规格</td><td></td><td>上　次
二保时间</td><td></td><td>电</td></tr>
<tr><td colspan="6">几何精度</td></tr>
<tr><td>序　号</td><td colspan="3">检　查　项　目</td><td>允　差</td><td>实　测</td></tr>
<tr><td></td><td colspan="3"></td><td></td><td></td></tr>
<tr><td></td><td colspan="3"></td><td></td><td></td></tr>
<tr><td></td><td colspan="3"></td><td></td><td></td></tr>
<tr><td></td><td colspan="3"></td><td></td><td></td></tr>
<tr><td></td><td colspan="3"></td><td></td><td></td></tr>
<tr><td></td><td colspan="3"></td><td></td><td></td></tr>
<tr><td></td><td colspan="3"></td><td></td><td></td></tr>
<tr><td></td><td colspan="3"></td><td></td><td></td></tr>
<tr><td></td><td colspan="3"></td><td></td><td></td></tr>
<tr><td></td><td colspan="3"></td><td></td><td></td></tr>
<tr><td></td><td colspan="3"></td><td></td><td></td></tr>
<tr><td>二保内容及要求</td><td colspan="5"></td></tr>
<tr><td rowspan="8">维修配件明细表</td><td>名称</td><td>型号规格</td><td>数量</td><td colspan="2">备注</td></tr>
<tr><td></td><td></td><td></td><td colspan="2"></td></tr>
<tr><td></td><td></td><td></td><td colspan="2"></td></tr>
<tr><td></td><td></td><td></td><td colspan="2"></td></tr>
<tr><td></td><td></td><td></td><td colspan="2"></td></tr>
<tr><td></td><td></td><td></td><td colspan="2"></td></tr>
<tr><td></td><td></td><td></td><td colspan="2"></td></tr>
<tr><td></td><td></td><td></td><td colspan="2"></td></tr>
<tr><td colspan="6">机床电气设备二级保养鉴定</td></tr>
<tr><td>目前运行情况</td><td colspan="2"></td><td>何时更换电机，元件等</td><td colspan="2"></td></tr>
</table>

续上表

<table>
<tr><td rowspan="6">电动机</td><td>型　号</td><td>功能</td><td>绝缘电阻</td><td>轴承情况</td><td>空载电流</td><td>运转情况</td></tr>
<tr><td></td><td></td><td></td><td></td><td></td><td></td></tr>
<tr><td></td><td></td><td></td><td></td><td></td><td></td></tr>
<tr><td></td><td></td><td></td><td></td><td></td><td></td></tr>
<tr><td></td><td></td><td></td><td></td><td></td><td></td></tr>
<tr><td></td><td></td><td></td><td></td><td></td><td></td></tr>
<tr><td>缺损电器</td><td colspan="2"></td><td>配电箱及整机线路状况</td><td colspan="3"></td></tr>
<tr><td rowspan="2">鉴定意见</td><td colspan="2" rowspan="2">设备部门
年　月　日</td><td>保养人员</td><td colspan="3">机械员:
电　工:
维修工:</td></tr>
<tr><td>鉴定人</td><td colspan="3">机械:
电器:
年　月　日</td></tr>
</table>

为压缩因设备维修而停车的时间,提高设备维修质量,降低生产成本,应做好设备维修前的准备工作,包括准备图纸资料,拟定修理工艺,准备工具、量具、备品和配件等。

设备大修竣工后,以技术检验部门为主,组织修理单位、使用单位按设备的性能和精度标准进行验收,其质量应达到该设备出厂时的标准,完全恢复了工作能力,配齐必要的附件和安全装置,并保证一定的使用期限。

5　设备更新与报废

5.1　设备更新

汽车维修设备在使用中损耗,随时间延长,性能下降,虽经修理但仍满足不了工艺要求;随着汽车业发展,“四新技术”应用,陈旧落后的汽车维修设备已不适应现实生产的需要,必须对汽车维修设备进行更新。

设备更新是指用技术先进、性能优良的新设备代替原有设备,设备更新是对设备损耗的完全补偿。设备在使用过程中有损耗就需要补偿,损耗的形式不同,补偿的方式也不一样,补偿分为局部补偿和完全补偿。设备有形损耗的局部补偿是维护和修理,设备无形损耗的局部补偿是改造,有形和无形损耗的完全补偿,则是更新。

5.1.1 设备更新的条件

设备更新

汽车维修设备凡有下列情况之一者,均可更新:

(1)经过大修已不能达到维修生产工艺要求的;

(2)技术性能落后,经济效益很差的;

(3)耗能大或严重污染环境,危害人身安全与健康,进行技术改造又不经济的。

5.1.2 设备寿命

设备寿命

设备寿命一般分为物质寿命、技术寿命和经济寿命。

5.1.2.1 物质寿命:是根据设备的物质损耗确定的使用年限,即指从设备投入使用到因损耗、老化直到报废为止的时间。

5.1.2.2 技术寿命:是指由于科学技术的发展,不断出现技术上更先进、经济上更合理的替代设备,使现有设备在物质寿命或经济寿命尚未结束之前就已报废。这种从设备投入使用到因技术进步而使其丧失使用价值所经历的时间称为设备的技术寿命。技术寿命的长短决定于设备无形损耗的速度。

5.1.2.3 经济寿命:是根据设备的使用费(包括维持费和折旧费)来确定的设备使用寿命,通常取设备总成本的平均值最低的使用年份,即经济寿命。经济寿命用于确定设备的最佳折旧年限和最佳更新时机。在设备物质寿命的后期,因设备故障频繁而引起的损耗急剧增加。设备的使用年数越多,每年分摊的投资越少,但是设备的保养和操作费用越多。

假定汽车维修设备经过数年使用之后残值为 L,用 K_0 代表设备的原始值,T 代表已使用年数,则每年的设备费用为 K_0/T。随着设备使用年数增加,平均设备费用不断减少。设备使用时间越长,它的有形磨损和无形磨损越加剧,维修费、燃料动力费越增加,这就叫设备的低劣化。

一般可用低劣化数值法计算汽车维修设备的经济寿命,其计算公式如下:

$$T=[2(K_0-P)/\lambda]1/2$$

式中 T——汽车维修设备的经济寿命;

K_0——汽车维修设备的原值;

P——汽车维修设备的净值;

λ——年低劣化增长值。

5.2　设备报废

汽车维修设备的报废有两种情况：一是在正常使用中受到磨损，年久而丧失使用价值；二是自然和意外事故造成无法修复的毁损。维修企业对汽车维修设备的报废，要严格掌握，谨慎处理。因技术进步或维修车型的改变，有些维修设备在本企业被淘汰不用了，但在其他维修企业尚可使用，就不应该报废而应作价转让。

汽车维修设备有下列情况之一者，可以申请报废：

(1)已超过使用年限，其主要结构和主要部件损坏无法修复或经济上不宜修复的。

(2)因灾害和意外事故，设备受到严重损坏，已无法修复和改造的。

(3)严重污染环境，已超过法定标准而又无法改造治理的。

(4)自制非标准的汽车维修设备，经维修生产验证和技术鉴定，确认已不能使用或无法使用，也无法修复、改装的。

(5)型号过于老旧，性能达不到最低使用要求，又失去修理与改造价值的。

汽车维修设备报废，须有设备管理部门鉴定，主管领导签字，上级主管部门批准。待批准报废已停止使用的设备，不允许在未批准之前拆卸零部件，以保持设备完整，表8-9所示为某企业的设备报废申请表。

设备报废申请表　　表8-9

<table>
<tr><td>资产编号</td><td></td><td>使用部门</td><td></td><td>已用年限</td><td></td></tr>
<tr><td>设备名称</td><td></td><td>出厂日期</td><td></td><td>原　值</td><td></td></tr>
<tr><td>型　号</td><td></td><td>制造厂</td><td></td><td>已提折旧</td><td></td></tr>
<tr><td>规　格</td><td></td><td>使用年限</td><td></td><td>净　值</td><td></td></tr>
<tr><td>报废原因</td><td colspan="5"></td></tr>
<tr><td>可利用的</td><td colspan="5"></td></tr>
<tr><td>技术鉴定</td><td colspan="5"></td></tr>
<tr><td>使用部门</td><td colspan="2">年　月　日</td><td>设备部门</td><td colspan="2">年　月　日</td></tr>
<tr><td>财务部门</td><td colspan="2">年　月　日</td><td>厂级领导</td><td colspan="2">年　月　日</td></tr>
<tr><td>上级主管部门</td><td colspan="5">年　月　日</td></tr>
</table>

思考与练习

简答题

1. 什么是汽车维修设备的全过程管理？

2. 按照《汽车维修业开业条件》规定，汽车维修企业须有哪些设备？

3. 什么是设备操作人员应具备的“三好”、“四懂”、“四会”基本功？

4. 什么是使用设备的“四项要求”和“五项纪律”？

5. 什么是设备事故处理的“三不放过”原则？

6. 简述设备完好标准的内容。

7. 设备计划维修制度主要内容是什么？

8. 简述汽车维修设备更新、报废的条件。

选择题

1. 汽车维修企业须有的电焊设备属于________。

A. 专用设备　　B. 通用设备

C. 检测诊断设备　　D. 主要工具

2. 以下设备中________是汽车维修检测诊断设备。

A. 气缸量表　　B. 喷油器清洗机

C. 喷油泵试验台　　D. 柴油车烟度计

3. 设备精度或准确度的保持性、零件的耐用与安全性等是________。

A. 生产性　B. 可靠性　C. 耐用性　D. 安全性

4. 自制设备须经________生产试用期，并按有关规定组织技术鉴定和验收工作。

A. 一至三个月　　B. 三至五个月

C. 半年　　D. 一年

5. 设备修复费用达________万元以上者，即为设备的重大事故。

A. 1　B. 5　C. 10　D. 50

6. 设备二级维护通常每________个月进行一次。

A. 3　B. 6　C. 12　D. 18

判断题

1. 汽车举升吊运设备及工具属于通用设备。（　）

2. 空气压缩机、砂轮机、除锈设备属于通用设备。（　）

3. 设备选型应按照技术上先进、经济上合理，生产上适

用的原则。 ( )

4. 对操作人员正确操作设备的有关规定和程序就是设备使用规程。 ( )

5. 全员生产维修制的核心是全系统、全效率、全员。 ( )

6. 设备修理是对设备物质损耗的完全补偿。 ( )

相关链接

全员生产维修(TPM) 最早提出是美国的 W · 爱德华 · 德明博士;最早将 TPM 技术引入维修领域的是日本的企业。TPM 概括为:T—全员、全系统、全效率,PM—生产维修(包括事后维修、预防维修、改善维修、维修预防)。TPM 是以达到最高的设备综合效率为目标,确立以设备一生为对象的生产维修全系统,涉及设备的计划、使用、维修等所有部门,从最高领导到第一线工人全员参加,依靠开展小组自主活动来推行

企业资产管理(EAM) 用计算机系统辅助管理企业有形资产(如生产设备、厂房设施、交通工具、仪器仪表等),实现物尽其用,安全运转,保护环境,提高维护效率,降低维修成本。EAM 的前身是 CMMS(计算机化的设备维护管理系统),但是比 CMMS 涵盖了更多的业务范围。

参考资料

《汽车技术管理》. 上海科学技术出版社,2002 年

中国设备网. http://www. china - plant. com/

附录 **汽车检测维修设备及工具分类与代码**

代码		设备及工具类别名称	代码		设备及工具类别名称
大类	小类		大类	小类	
A		汽车检测诊断设备	A	19	汽车 车速表检测仪
A	01	汽车侧滑检测仪	A	21	汽车制动力及车速表检测仪
A	03	汽车车轮定位检测仪	A	23	汽车前灯检测仪
A	05	汽车车轮前束尺	A	25	汽车可视光线透过率检测仪
A	07	汽车转向轮转角检测仪	A	27	汽车排放气体检测仪
A	09	汽车行驶制动参数检测仪	A	29	柴油车烟度计
A	11	汽车制动力检测仪	A	31	汽车油耗仪
A	13	汽车制动踏板力计	A	33	气体燃料车辆检测器
A	15	汽车轴(轮)重仪	A	35	汽车底盘测功仪
A	17	汽车轴(轮)重及制动力检测仪	A	37	汽车底盘性能检测仪

续上表

代码 大类	代码 小类	设备及工具类别名称
A	39	汽车车轮就车平衡机
A	41	汽车转向盘自由转角检测仪
A	43	汽车转向盘转向力及转向角检测仪
A	45	汽车转向器及悬架系统间隙检查仪
A	47	汽车传动系异响检测仪
A	49	汽车密封性试验装置
B		汽车发动机检测诊断设备
B	01	汽油机性能检测仪
B	03	柴油机性能检测仪
B	05	发动机水力测功器
B	07	发动机电力测功器
B	09	发动机电涡流测功器
B	11	发动机无外载测功仪
B	13	发动机异响检测仪
B	15	发动机燃烧室容积检测仪
B	17	发动机转速量表
B	19	气缸压力量表
B	21	气缸漏气量(率)检测仪
B	23	发动机机油压力量表
B	25	汽车润滑油质检测仪
B	27	发动机曲轴箱窜气量检测仪
B	29	汽油机点火正时仪
B	31	柴油机喷油正时及转速量表
B	33	汽油机转速及分电器闭合角检测仪
B	35	发动机测温计
B	37	发动机皮带张紧力量表
B	39	发动机内窥镜
B	41	柴油机供油系性能检测仪
B	43	柴油机燃油喷射压力量表
B	45	发动机进气歧管真空度表
B	47	进气歧管真空度及燃油压力量表
B	49	散热器盖密封性检测仪
C		汽车发动机检修设备及工具
C	01	气缸体位置公差检测仪
C	03	气缸体轴瓦量表
C	05	气缸量表
C	07	连杆校验器
C	09	曲轴平衡机
C	11	曲轴及飞轮离合器平衡机
C	13	发动机轴瓦间隙检查塑料塞规
C	15	气门弹簧试验机
C	17	发动机配气机构密封性检验器
C	19	机油泵试验台
C	21	柴油机调速器试验台
C	23	燃油输油泵检验器
C	25	空气滤清器检验仪
C	27	空气净化器件检验仪
C	29	发动机电控燃油喷射检测仪
C	31	柴油机燃油喷射泵试验台
C	33	柴油机喷油器径部密封性试验台
C	35	柴油机喷油器锥面密封性试验台
C	37	柴油机喷油器柱塞偶件减压阀试验台
C	39	柴油机喷油器检验器
C	41	发动机零件磁粉探伤机
D		汽车发动机维修作业设备及工具
D	01	发动机维修作业台
D	03	发动机翻转架
D	05	发动机维修作业机
D	07	发动机冷磨机
D	09	活塞加热器
D	11	活塞环拆装器
D	13	活塞环压缩器
D	15	气门弹簧拆装钳
D	17	顶置式气门调整器
D	19	气门挺杆调整器
D	21	发动机软管夹钳

续上表

代码 大类	代码 小类	设备及工具类别名称
D	23	发动机软管剪钳
D	25	柴油机燃油喷射泵拆装作业台
D	27	柴油机燃油喷射泵拆装工具
D	29	柴油机燃油喷射泵清洗机
D	31	柴油机喷油器清洗机
E		汽车发动机维修加工设备及工具
E	01	发动机轴瓦镗床
E	03	气缸体轴瓦镗床
E	05	气缸体轴瓦拉床
E	07	气缸体轴瓦铰刀
E	09	曲轴瓦拉刀
E	11	凸轮轴瓦拉刀
E	13	气缸体平面磨床
E	15	气缸镗床
E	17	气缸珩磨机
E	19	气缸珩磨头
E	21	气缸镗磨机
E	23	气缸抛光器
E	25	气缸口刮削器
E	27	气缸口可调铰刀
E	29	气缸盖铣磨床
E	31	活塞销孔铰压机
E	33	活塞销孔铰刀
E	35	连杆瓦镗床
E	37	连杆瓦拉(推)削机
E	39	连杆瓦拉(推)刀
E	41	连杆衬套滚压机
E	43	连杆衬套铰压机
E	45	连杆衬套铰刀
E	47	活塞销孔及连杆衬套铰压刀
E	49	活塞销孔及连杆衬套铰刀
E	51	曲轴磨床
E	53	凸轮轴磨机
E	55	气门修磨机
E	57	气门研磨机
E	59	气门座镗削机
E	61	气门座修磨机
E	63	气门座镗铰机
E	65	气门座铰刀
F		汽车底盘检测诊断设备及工具
F	01	变速壳位置公差检测仪
F	03	变速器试验台
F	05	变速器机油压力量表
F	07	传动轴检测校正机
F	09	传动轴平衡机
F	11	传动轴十字轴检测仪
F	13	差速器壳位置公差检测仪
F	15	前轴位置公差检测仪
F	17	汽车车轮平衡机
F	19	轮胎气压量表
F	21	轮胎磨损量表
F	23	轮胎金属探测器
F	25	半轴套管磁粉探伤机
F	27	制动鼓量表
F	29	制动助力器检测仪
F	31	制动防抱死装置检测仪
G		汽车底盘维修作业设备及工具
G	01	汽车底盘总成拆装机
G	03	离合器拆装作业台
G	05	变速器拆装作业台
G	07	前桥维修作业台
G	09	减速器拆装作业台
G	11	后桥差速器传动凸缘止转工具
G	13	车架校正机
G	15	汽车钢板弹簧 U 形螺栓拆装机
G	17	汽车车轮拆装车

续上表

代码		设备及工具类别名称
大类	小类	
G	19	汽车车轮螺母拆装机
G	21	车轮平块夹钳
G	23	轮毂螺母拆装工具
G	25	轮胎拆装机
G	27	轮胎拆装工具
G	29	轮胎热修复机
G	31	轮胎翻转扩张器
G	33	轮胎烙印机
G	35	轮胎充气装置
G	37	轮胎气门旋具
G	39	实心轮胎装配器
G	41	内胎热修复机
G	43	汽车制动装置维修成套工具
G	45	盘式制动器压装器
G	47	制动液更换器
G	49	制动蹄回位弹簧夹钳
H		汽车底盘维修加工设备及工具
H	01	半轴套管螺纹修正器
H	03	转向节螺纹修正器
H	05	转向节主销衬套铰刀
H	07	转向节衬套滚压
H	09	转向盘立柱承孔铰刀
H	11	制动蹄摩擦片切削机
H	13	制动蹄摩擦片修磨机
H	15	制动蹄摩擦片铆接机
H	17	制动蹄摩擦片钻铆机
H	19	制动蹄摩擦片钻铆磨机
H	21	制动蹄摩擦片粉尘清理机
H	23	制动蹄摩擦片粘接加热炉
H	25	制动鼓切削机
H	27	制动鼓及制动蹄摩擦片切削机
H	29	制动盘切削机
J		汽车电气设备及车用辅助装置检修设备及工具
J	01	电气设备试验台
J	03	电气设备线路检测仪
J	05	电气设备绝缘电阻检测仪
J	07	低压电气设备检测仪
J	09	电容器及电气设备绝缘电阻检测仪
J	11	发电机及起动机试验台
J	13	直流发电机检测仪
J	15	直流发电机试验台
J	17	交流发电机检测仪
J	19	交流发电机试验台
J	21	电机电枢检测仪
J	23	发电机调节器检测仪
J	25	蓄电池检测仪
J	27	蓄电池电解液密度计
J	29	点火线圈检测仪
J	31	点火线圈及电容器检测仪
J	33	汽车点火模拟装置
J	35	分电器试验台
J	37	起动机故障检测仪
J	39	车用空调设备维修检查器
J	41	车用空调设备制冷剂泄漏检查器
K		汽车电气设备及车用辅助装置维修作业设备及工具
K	01	汽车维修作业电源设备
K	03	蓄电池充电器
K	05	蓄电池放电叉
K	07	分电器触点间隙调整旋具
K	09	分电器触点磨平机
K	11	火花塞清洁器
K	13	火花塞清洁检验器
K	15	火花塞拆装扳手
K	17	车用空调制冷剂自动更换器
K	19	车用空调制冷剂回收再生装置

续上表

代码		设备及工具类别名称
大类	小类	
L		汽车车身维修整形设备及工具
L	01	车身检测校正机
L	03	车身校正外形检测器
L	05	车身校正装置
L	07	车身校正支撑器
L	09	车身校正真空吸附盘拉器
L	11	车身校正液压泵
L	13	车身钣件液压校正工具
L	15	车身钣件校正焊接拉器
L	17	车身钣件校正工具
L	19	车身钣件延伸工具
L	21	车身钣件电热变形校正机
L	23	车身钣件拆弯冲孔器
L	25	车身钣件拆除钳
L	27	车身钣焊打孔钳
L	29	车身钣焊剪钳
L	31	车身点焊打孔器
L	33	车身整形焊斑切除器
L	35	车身整形敛缝胶充填枪
N		汽车维修喷涂电镀设备及工具
N	01	车身维修涂装成套设备
N	03	汽车喷漆烤漆房
N	05	汽车静电涂装机
N	07	汽车喷漆红外线干燥装置
N	09	车身底部喷涂装置
N	11	汽车维修喷砂设备
N	13	汽车喷漆调色设备
N	15	汽车维修电刷镀机
P		汽车清洗除尘设备及工具
P	01	汽车清洗机
P	03	汽车清洗刷
P	05	汽车打蜡机
P	07	汽车零件清洗机
P	09	发动机不解体燃烧室清洁器
P	11	油箱清洗机
R		汽车润滑加注设备及工具
R	01	汽车软管卷盘加注成套设备
R	03	汽车润滑油分配成套设备
R	05	汽车润滑脂加注器
R	07	汽车润滑脂加注器
R	09	汽车润滑油更换机
Q		汽车举升吊运设备及工具
Q	01	汽车维修作业举升吊运成套设备
Q	03	柱式汽车举升机
Q	05	菱架式汽车举升机
Q	07	倾斜式汽车举升机
Q	09	地坑式汽车举升机
Q	11	汽车车轮维修举升机
Q	13	汽车底盘检查升降台
Q	15	汽车千斤顶
Q	17	发动机拆装架
Q	19	变速器拆装架
Q	21	后桥差速器拆装架
Q	23	钢板弹簧拆装架
Q	25	发动机吊架
Q	27	变速器吊架
Q	29	汽车救援拖运装置
S		汽车过盈配合件拆装设备及工具
S	01	汽车零件拆装压力机
S	03	汽车零件拆装成套拉器
S	05	汽车壳体件轴承拉器
S	07	连杆衬套拆装机
S	09	汽车轴承油封拆取器
S	11	汽车齿轮拉器
S	13	发动机气缸套拉器
S	15	气门座圈拉器

续上表

代码		设备及工具类别名称	代码		设备及工具类别名称
大类	小类		大类	小类	
S	17	变速器轴承拉器	S	37	扭杆轴瓦拆装器
S	19	半轴套管拆装机	S	39	制动蹄支承销拉器
S	21	车轮轴承拉器	S	41	发电机轴承拉器
S	23	车轮内轴承座圈拉器	S	43	电机电枢轴承拉器
S	25	轮毂轴承安装器	W		汽车检测维修设备微机控制系统
S	27	轮毂轴承拉器	W	01	汽车故障诊断微机控制系统
S	29	后轴轴承拉器	W	03	汽车检测设备微机控制系统
S	31	转向盘拉器	W	05	汽车维修设备微机控制系统
S	33	转向臂拉器	W	07	发动机检测设备微机控制系统
S	35	转向横拉杆球头拆卸器	W	09	汽车喷涂设备微机控制系统

参 考 文 献

1 上海市汽车运用职业资格考试指定教材编委会. 法律基础知识和专业政策法规. 上海:上海科学技术出版社,2003

2 李作敏. 现代汽车运输企业管理. 北京:人民交通出版社,2003

3 上海市职业技术教育课程改革与教材建设委员会. 汽车技术管理. 上海:上海科学技术出版社,2002

4 贾逵钧,莫远. 如何做好汽车维修业务接待. 北京:机械工业出版社,2004

5 刘锐. 汽车使用与技术管理. 北京:人民交通出版社,2001

6 陈焕江. 汽车运用基础. 北京:机械工业出版社,2004

7 刘立户. 全面质量管理. 北京:北京大学出版社,2004

8 张国方,朱杰,吴森. 汽车配件销售员培训教程. 北京:人民交通出版社,2001

9 胡建军. 汽车维修企业创新管理. 北京:机械工业出版社,2002

10 李葆文. 简明现代设备管理手册. 北京:机械工业出版社,2004